电气控制
速成教程

基础 · 电路 · 设计 · 调试 · 维修 · 综合实例

阳鸿钧　阳育杰　等编著

化学工业出版社

·北京·

内容简介

本书采用全彩图解＋视频讲解的形式，系统讲解了电气控制的相关知识，主要内容包括：电气基础知识，常用工具及材料，常用电气元件及设备，电气控制原理与常见控制电路，电气设计，电气安装、接线与布线，电气调试，电气维修等。

全书内容丰富实用，讲解循序渐进，图解直观易懂，同时辅以视频教学，手机扫码即可观看，使学习更轻松高效。

本书非常适合电工、电力电子、自动控制技术人员自学使用，也可用作职业院校、培训学校中相关专业的教材及参考书。

图书在版编目（CIP）数据

电气控制速成教程：基础·电路·设计·调试·维修·综合实例/阳鸿钧等编著.—北京：化学工业出版社，2022.11

ISBN 978-7-122-42050-3

Ⅰ.①电…　Ⅱ.①阳…　Ⅲ.①电气控制-教材　Ⅳ.①TM921.5

中国版本图书馆CIP数据核字（2022）第153994号

责任编辑：耍利娜　　　　　　　文字编辑：林　丹　吴开亮
责任校对：边　涛　　　　　　　装帧设计：张　辉

出版发行：化学工业出版社（北京市东城区青年湖南街13号　邮政编码100011）
印　　装：河北京平诚乾印刷有限公司
787mm×1092mm　1/16　印张19¹/₂　字数441千字　
2023年3月北京第1版第1次印刷

购书咨询：010-64518888　　　　售后服务：010-64518899
网　　址：http://www.cip.com.cn
凡购买本书，如有缺损质量问题，本社销售中心负责调换。

定　　价：99.00元　　　　　　　　　　　　　　版权所有　违者必究

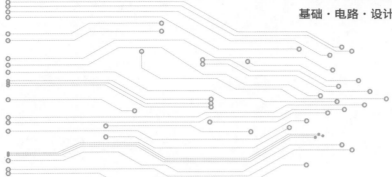

电气控制速成教程

基础·电路·设计·调试·维修·综合实例

前 言

电气控制系统是指由若干电气元件组合，用于实现对某个或某些对象的控制，从而保证被控设备安全、可靠地运行，其主要功能有自动控制、保护、监视和测量等。随着智能制造的发展，越来越多的自动化设备被应用到各种生产线，这些设备的工作都离不开电气控制。可见，在电气自动化时代，掌握电气控制的相关知识是十分重要且必需的。因此，我们组织一线技术人员编写了本书。

本书从实战应用的角度出发，详细介绍了电气控制涉及的方方面面，并通过轻松灵活的形式展现出来，从而帮助读者快速掌握电工及电气控制技术，并学以致用。本书的主要特点如下。

① 内容全面，一步到位。本书基本涵盖了电气控制相关的全部知识与技能，从电气基础到设计、安装、接线布线，再到调试、维修。既有理论知识，又有实操案例，内容丰富，知识体系完善。

② 涉及面广，实用性强。本书结合生产生活中的实际应用场景，介绍了企业与工厂、建筑与物业、家庭装修、电力电子、自动控制等相关领域的电气控制，具有较强的实用性，适合不同岗位的技术人员学习。

③ 全彩图解，直观易懂。本书采用彩色印刷＋完全图解的形式，辅以简明扼要的文字说明，细致剖析技术要点，清晰标明操作步骤，大大提升了整体阅读体验感，使读者学习起来不枯燥、更轻松。

④ 视频教学，高效快捷。本书重点难点章节及部分操作案例配套高清视频讲解，扫书中对应的二维码即可随时随地边学边看，使读者仿佛置身于电工现场，学习也更直观便捷。

本书主要由阳鸿钧、阳育杰编著，阳许倩、许秋菊、欧小宝、许四一、阳红珍、许满菊、唐许静、许小菊、阳梅开、阳苟妹等也为本书的编写做了大量资料整理、图表绘制等工作。此外，在编写本书的过程中，得到了同行、朋友及有关单位的帮助与支持，在此向他们表示衷心的感谢！

由于时间和水平有限，书中难免存在不足之处，敬请批评指正。

编著者

电气控制速成教程

基础·电路·设计·调试·维修·综合实例

目 录

第1章 电气基础

第2章 常用电气元件及设备

第3章 电气原理与电路

第4章 电气设计

第5章 电气安装、接线与布线

第6章 电气调试

第7章 电气维修

附录 视频讲解，掌握现场真技能

参考文献

第1章

电气基础

1.1 电路基础

1.1.1 电流

电流就是指电荷的定向移动。电流的大小叫作电流强度,简称电流,符号为I。电流的基本单位(国际单位制)为安培,简称安,用 A 表示。另外,电流还有毫安(mA)、微安(μA)等单位。

电流可分为直流电、交流电,如图 1-1 所示。

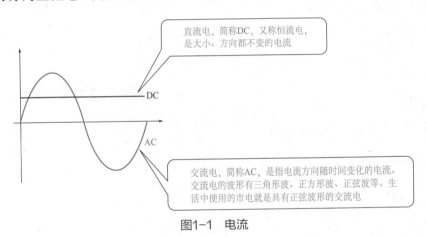

直流电,简称DC,又称恒流电,是大小、方向都不变的电流

DC

AC

交流电,简称AC,是指电流方向随时间变化的电流。交流电的波形有三角形波、正方形波、正弦波等。生活中使用的市电就是具有正弦波形的交流电

图1-1 电流

1.1.2 电压

电压也叫作电势差、电位差。电压是衡量单位电荷在静电场中由于电势不同所产生的能量差的物理量。电压一词一般只用于电路当中。电势差、电位差则普遍应用于一切电现象当中。

电压的国际单位制为伏特,简称伏,用 V 表示。常用的电压单位还有毫伏(mV)、微伏(μV)、千伏(kV)等。

电压可分为直流电压、交流电压,如图 1-2 所示。

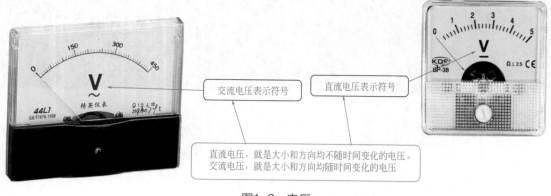

图1-2 电压

1.1.3 电阻

电阻就是导体对电流的阻碍作用，是导体本身的一种性质。导体的电阻越大，则表示导体对电流的阻碍作用越大。不同的导体，电阻一般不同。

导体的电阻一般用字母 R 表示，电阻的单位为欧姆，简称欧，用 Ω 表示。常用的电阻单位还有千欧姆（$k\Omega$）、兆欧姆（$M\Omega$）。

电阻并联、串联的计算如图 1-3 所示。

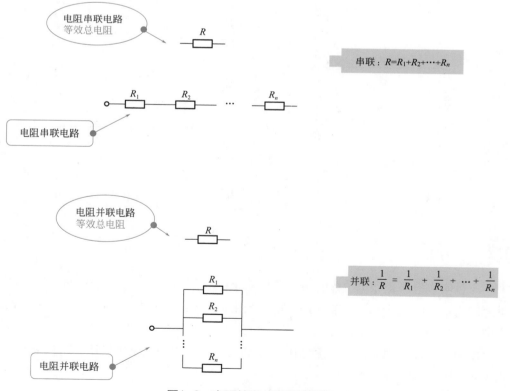

图1-3 电阻并联、串联的计算

1.1.4 欧姆定律

欧姆定律是指在同一电路中，通过某段导体的电流跟这段导体两端的电压成正比，跟这段导体的电阻成反比。欧姆定律的形象表达与公式如图 1-4 所示。

标准式：$I=\dfrac{U}{R}$

变形公式：$\begin{cases} U=IR \\ R=\dfrac{U}{I} \end{cases}$

部分电路公式：$I=\dfrac{U}{R}$ 或 $I=\dfrac{U}{R}=\dfrac{P}{U}(I=U \div R)$

图1-4　欧姆定律的形象表达与公式

1.2　电气常识

1.2.1　低压电器的概述

电器就是一种根据外界施加的信号与技术要求，能够手动或者自动地断开或接通电路，断续或连续地改变电路参数，以实现对电或非电对象的切换、控制、保护、变换、调节的电工器械。

电器的分类如图 1-5 所示。

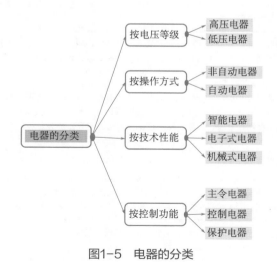

图1-5　电器的分类

低压电器常指用在 50Hz 或 60Hz、交流电压为 1000V 及以下，直流额定电压为 1500V 及以下的电路中起通断、保护、转换、控制、调节等作用的电器。

常见的低压电器见表 1-1。

表 1-1 常见的低压电器

名称	解说
变频器	一种用来改变交流电频率的电气设备，其还具有改变交流电电压的辅助功能
变阻器	由电阻材料制成的电阻元件或部件和转换装置组成的电器，可在不分断电路的情况下有级地或均匀地改变电阻值。变阻器主要类型有启动变阻器、励磁变阻器、频敏变阻器。变阻器主要用作发电机调压以及电动机的平滑启动、调速等
电磁铁	需要电流来产生并保持磁场的磁铁。电磁铁一般由线圈和铁芯组成，通电时产生吸力将电磁能转变为机械能来操作，牵引某机械装置或铁磁性物体，以完成预期目标。电磁铁主要类型有牵引电磁铁、起重电磁铁、制动电磁铁。电磁铁主要用于起重操纵或牵引机械装置等
电涌保护器	也叫作浪涌保护器，是限制瞬态过电压、泄放电涌电流的一种电器
电阻器	具有由于限制调整电路电流或将电能转变为热能等用途的一种电器。电阻器主要类型有铁基合金电阻器。电阻器主要用作改变电路参数或变电能为热能等
断路器	能够接通、承载、分断正常电路条件下的电流，也能够在规定的非正常电路条件下接通、承载、分断电流的一种机械开关电器。断路器主要类型有限流断路器、直流快速断路器、万能式断路器、塑料外壳式断路器、灭磁断路器、漏电保护断路器。断路器的作用如下： ① 主要用于交流、直流电路的过载、短路或欠电压保护，也可用于不频繁通断操作电路 ② 漏电保护断路器主要用于人身触电保护 ③ 灭磁断路器用于发电机励磁电路保护等
隔离开关	在断开状态下，能够符合隔离器的隔离要求的一种开关
隔离器	在断开状态下，能够符合规定的隔离功能要求的一种机械开关电器
接触器	仅有一个休止位置，能够接通、承载、分断正常电路条件下的电流的非手动操作的一种机械开关电器。接触器主要类型有直流接触器、真空接触器、交流接触器、半导体接触器。接触器主要用作远距离频繁地启动或控制交流、直流电动机以及通断正常工作的主电路、控制电路等
开关	在正常电路条件下，能够接通、承载、分断电流，以及在规定的非正常电路条件下，能够在规定的时间内承载电流的一种机械开关电器
启动器	启动、停止电动机所需的所有接通、分断方式的组合电器，以及与适当的一种过载保护组合。启动器主要类型有手动启动器、可逆启动器、电磁启动器、自耦降压启动器、Y-△启动器。启动器主要用作交流电动机的启动或正反向控制等
熔断器	当电流超过规定值足够长的时间后，通过熔断一个或几个特殊设计的相应部件，断开其所接入的电路并分断电源的电器。熔断器主要类型有保护半导体器件熔断器、无填料密闭管式熔断器、有填料封闭管式熔断器、自复熔断器。熔断器主要用作交流、直流电路和设备的短路、过载保护等
熔断器组合电器	将一个机械开关电器与一个或数个熔断器组装在同一个单元内的一种组合电器
软启动器	一种特殊形式的交流半导体电动机控制器，其启动功能限于控制电压和（或）电流上升，也可包括可控加速。软启动器附加的控制功能限于提供全电压运行。软启动器也可提供电动机的保护功能
剩余电流保护电器	在正常运行条件下能接通、承载、分断电流，以及在规定条件下当剩余电流达到规定值时能使触点断开的一种机械开关电器
刀开关	刀开关主要类型有大电流刀开关、熔断器式刀开关、负荷开关。刀开关主要用作电路隔离，也能接通与分断电路额定电流等
控制继电器	控制继电器主要类型有时间继电器、中间继电器、热继电器、电流继电器、电压继电器、温度继电器。控制继电器在控制系统中，用于控制其他电器或作为主电路的保护等

名称	解说
控制器	控制器主要类型有凸轮控制器、平面控制器。控制器主要用于电气控制设备中转换主回路或励磁回路的接法，以达到电动机启动、换向、调速等作用
主令电器	主令电器主要类型有限位开关、微动开关、按钮、万能转换开关。主令电器主要用作接通、分断控制电路，以发出命令或用作程序控制等
转换开关	转换开关主要类型有组合开关、换向开关。转换开关主要用作两种及以上电源或负载的转换和通断电路等

1.2.2 特定导体的标识

特定导体的标识见表 1-2。

表 1-2 特定导体的标识

项目	标识
中性导体的字母数字标识	N
保护导体的字母数字标识	PE
保护连接导体的字母数字标识	PB
有必要区别接地保护连接导体和不接地保护连接导体，接地保护连接导体的字母数字标识	PBE
有必要区别接地保护连接导体和不接地保护连接导体，不接地保护连接导体的字母数字标识	PBU
功能接地导体的字母数字标识	FE
功能连接导体的字母数字标识	FB
中间导体的字母数字标识	M
PEN 导体的字母数字标识	PEN
PEL 导体的字母数字标识	PEL
PEM 导体的字母数字标识	PEM
线导体的字母数字标识	以字母"L"开头，后缀加： 交流电路，从数字"1"开始顺序编号 直流电路，在正极端加标识"＋"，在负极端加"—"，如果使用的线导体只有一个，则可以省略后缀

1.2.3 模拟母线

模拟母线是屏（台）上模拟主电路、母线的示意图。盘、柜上模拟母线的标识颜色需要符合图 1-6 的规定。

电压/kV	颜色	颜色编码
交流0.23	深灰	B01
交流0.40	赭黄	YR02
交流3	深绿	G05
交流6	深酞蓝	PB02
交流10	铁红	R01
交流13.80~20	淡绿	G02
交流35	柠黄	Y05
交流60	橘黄	YR04
交流110	朱红	R02
交流154	天酞蓝	PB09
交流220	紫红	R04
交流330	白	—
交流500	淡黄	Y06
交流1000	中蓝	PB03
直流	棕	YR05
直流500	紫	P02

模拟母线的标识颜色

注:1.模拟母线的宽度宜为 6~12mm;
2.设备模拟的涂色应与相同电压等级的母线颜色一致。

图1-6　盘、柜上模拟母线的标识颜色

知识贴士 小母线为成套柜、控制屏及继电器屏安装的二次接线公共连接点的导体。

1.2.4　安全警告标志

安全警告标志包括禁止标志、警告标志、指令标志、提示标志,如图 1-7 所示。

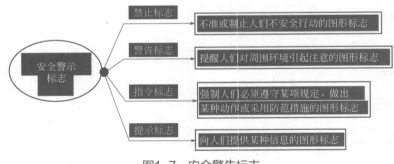

图1-7　安全警告标志

1.3　工具

1.3.1　数字试电笔

有的数字试电笔能够检测 12 ～ 220V 交直流电压,并且还能进行电线断点检测。

有的数字试电笔的屏显数字依次为固定的 12V、36V、55V、nov、220V,并且平时不显示。

如果检测市电的火线，其屏显出最高数值为220V。如果检测直流电压12V，其屏显为12V。如果检测电压高于12V但是低于36V，其屏显仍是12V。如果检测电压高于36V但是低于55V，其屏显为36V。如果数字试电笔屏显大致是上述情况，则说明该数字试电笔只能粗略测量、判断。

　　有的数字试电笔可以感应检测。具体操作时，按住断点检测负电极，然后把数字试电笔笔尖靠近交流电源线。此时，屏显会感应电压数值。如果存在断点，则数字试电笔显示的数字会消失。各种数字试电笔特点与操作略有差异，如图1-8所示。

　　试电笔的分类结构见表1-3。

表1-3　试电笔的分类结构

试电笔	试电笔结构
试电笔220～250V（AC/DC）	一字螺丝刀杆长55mm
	一字螺丝刀杆长107mm
	一字螺丝刀杆长100mm
试电笔100～500V（AC/DC）	一字螺丝刀杆长107mm

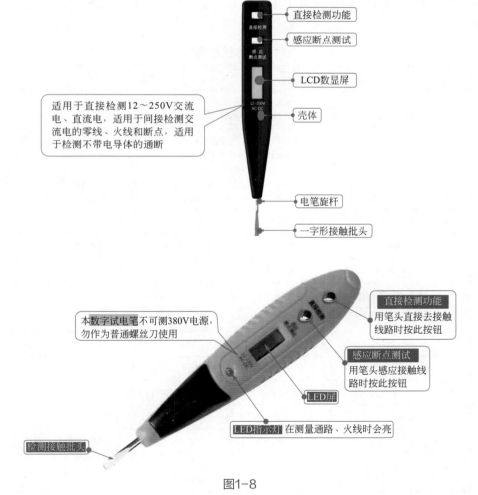

图1-8

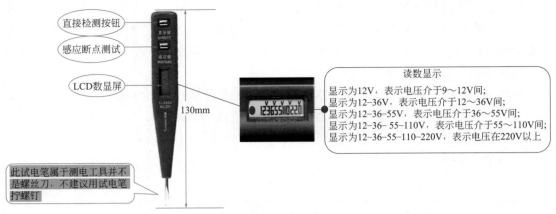

图1-8　常见的数字试电笔

1.3.2　螺丝刀

由于螺丝刀（螺钉旋具）属于常用工具，并且属于传统工具，为此对螺丝刀进行精讲，具体解说见表1-4。

表1-4　螺丝刀解说

依据	名称	解说
规格型号	一字螺丝刀的型号	一字螺丝刀的型号表示：刀头宽度 × 刀杆。例如2mm×65mm表示刀头宽度为2mm，杆长为65mm（非全长）
	十字螺丝刀的型号	① 十字螺丝刀的型号表示：刀头大小 × 刀杆。例如2#×65mm表示刀头为2号，金属杆长为65mm（非全长）。 ② 有的厂家以PH2来表示2#。 ③ 工业上是以刀头大小来区别的。型号为0#、1#、2#、3#对应的金属杆粗细大致为3mm、5mm、6mm、8mm
螺丝刀头形分类	星形六角螺丝刀	星形六角螺丝刀常见的型号：T3、T4、T5、T6、T7、T8、T9、T10等
	内六角螺丝刀	内六角螺丝刀常见的型号：H1.5、H2.0、H2.5、H3.0、H4等
	一字螺丝刀	一字螺丝刀常见的型号：1.0、1.5、2.0、3.0等
	十字螺丝刀	十字螺丝刀常见的型号：1.0、1.5、2.0、3.0等
	星形螺丝刀	星形螺丝刀常见的型号：1、2等
	三角形螺丝刀	三角形螺丝刀常见的型号：2.0、2.3等
	Y形（三角）螺丝刀	Y形（三角）螺丝刀常见的型号：Y2.0、Y3.0等
	M形（U形、叉形）螺丝刀	M形（U形、叉形）螺丝刀常见的型号：M2.6等
特点	普通螺丝刀	由于螺钉有多种不同长度与粗度，因此，有时需要准备多个不同的螺丝刀
	组合型螺丝刀	把螺丝批头与手柄分开的螺丝刀，使用时，只需把螺丝批头换掉即可，无须带大量备用的螺丝刀。但是，组合型螺丝刀容易遗失螺丝批头
	电动螺丝刀	以电动机代替人手安装与移除螺钉

依据	名称	解说
特点	钟表螺丝刀	常用在修理手带型钟表等应用中
	小金刚螺丝刀	其头柄、身长尺寸比一般常用的螺丝刀小
形状	直形螺丝刀	属于最常见的一种螺丝刀。直形螺丝刀头部形状有十字、米字、一字、H形（六角）、T形（梅花形）等
	L形螺丝刀	多见于六角螺丝刀，其是利用较长的杆来增大力矩，以达到更省力的目的
	T形螺丝刀	常用于汽修等行业中

1.3.3 适用于干燥、一般条件下的螺丝刀

对于适用于干燥、一般条件下的螺丝刀，其起子杆可以选择高级铬钒钼钢，是经过镀铬与热处理的。螺丝刀的手柄可以选择符合人体工程学的复合材质软手柄，有防脱落保护。适用于干燥、一般条件下的螺丝刀的选择参考见表1-5。

表1-5 适用于干燥、一般条件下的螺丝刀的选择参考

适用范围	选择参考	特点
适用于将星形螺钉安装、紧固在难以触及的场所	星形带卡簧的螺丝刀	弹簧可以吸附星形螺钉在任何位置
适用于大扭力操作	内六角螺丝刀	内六角起子杆
	曲头内六角螺丝刀	内六角起子杆
适用于干燥、一般条件下的场所	一字螺丝刀	圆起子杆
	十字螺丝刀	圆起子杆
	星形螺丝刀	圆起子杆
	十字螺丝刀	六角形杆、六角形刀座
	一字螺丝刀	六角形杆、六角形刀座
	带刻度的一字螺丝刀	带刻度标尺要清晰准确
	带刻度的十字螺丝刀	带刻度标尺要清晰准确
	带刻度的米字螺丝刀	带刻度标尺要清晰准确
适用于难以触及的地方，球头使用时能够使倾斜范围达到25°以上	球头六角螺丝刀	带球头的弹簧可以吸附六角螺钉在任何位置
	球头内六角螺丝刀	六角形杆
适用于狭窄地方的操作	一字短螺丝刀	长度短、圆起子杆
	十字短螺丝刀	圆起子杆
适用于星形带孔安全螺钉的场所	星形带孔（抗干扰）螺丝刀	刀尖适用于星形带孔螺钉

充磁器、退磁器主要用于将起子杆和类似金属工具充磁或退磁，常见规格为 52mm×50mm×29mm（长×宽×高）。

1.3.4　专业钳的特点与选用

专业钳的特点与选用见表 1-6。

表 1-6　专业钳的特点与选用

名称	应用	举例	特点
多应用助力斜口钳	用于软铜线和钢琴丝	强力斜口钳	半圆形钳头
简单剥线的钳子	用于简单剥电缆皮以及导线截面积大约为 5mm² 的线束等	剥线钳	精密刀刃适用于切剥电缆绝缘层
普通应用的钳子	用于夹持与剪切软铜线、硬线、电缆	平嘴钳	① 特长刀刃用于剪平扁形与圆形电缆 ② 锯齿形钳用于夹持
	适用于软和中等硬度电线	斜口钳	半圆形钳头
普通应用的助力钳	用于夹持与剪切硬度范围从软到硬的软铜线、硬线、电缆	强力平嘴钳	① 特长刀刃用于剪平扁形与圆形电缆 ② 锯齿形钳用于夹持
专业剥线的钳子	用于夹持和剪切软铜线、硬线、电缆	专业尖嘴钳（直）	① 直头钳头 ② 特长刀刃用于剪切扁形与圆形电缆 ③ 锯齿形钳用于夹持 ④ 刀刃经过额外感应强化，硬度高
	用于夹持和剪切软铜线、硬线、电缆	专业尖嘴钳（弯）	钳头呈约 40° 角
专业应用的钳子	用于夹持和剪切软铜线、硬线、电缆	专业尖嘴钳（直）	① 直头钳头 ② 特长刀刃用于剪切扁形与圆形电缆 ③ 锯齿形钳用于夹持 ④ 刀刃经过额外感应强化，硬度高
	用于夹持、折弯电线与金属板件	长平头钳	① 钳头特长 ② 锯齿形钳用于夹持
	用于夹持、折弯电线与金属板件	长圆头钳	① 钳头特长 ② 锯齿形钳用于夹持，并经感应热处理
	用于夹持管子与有角的型材	水泵钳（箱式带按钮）	钳头窄

1.3.5　通用钳的特点与选用

通用钳的特点与选用见表 1-7。

表 1-7　通用钳的特点与选用

名称	应用	特点
长平头钳	夹持、折弯电线、金属板件	钳头特长
长圆头钳	夹持、折弯电线、金属板件	钳头特长
电缆切线钳	铜线和铝线用特殊切线钳	镰刀形刀刃
高杠杆作用平嘴钳	用于夹持与剪切硬度范围从软到硬的软铜线、硬线、电缆	① 特长刀刃用于剪切扁形和圆形电缆 ② 锯齿形钳用于夹持
平嘴钳	用于夹持与剪切软铜线、硬线、电缆	① 特长刀刃用于剪切扁形和圆形电缆 ② 锯齿形钳用于夹持
通用顶扣剪钳	适用于软铜线、钢琴丝，也适用于捆扎（打结）和剪切铁丝	钳头传统形状
通用尖嘴钳	夹持与剪切软铜线、硬线、电缆	直头钳头
		钳头呈约 40° 角
通用迷你电工斜嘴钳	适用于软与中等硬度电线	半圆形钳头
自调式剥线钳	精确地剥切混合和精细电线和电缆	根据不同截面的铜线和导线，自动调整刀口大小
自调式压线钳	用于绝缘和非绝缘对接连接头和套管式端子压接	① 切口形状为方形 ② 根据端子尺寸自动调节，端子侧面进入压线钳

1.3.6　PVC电线管内用弯管器

PVC 电线管弯管器有内用弯管器、外用弯管器。从弯管的效果来讲，内用弯管器的效果好，容易控制 PVC 电线管的弯度。外用弯管器不容易控制，弯不到位，并且 PVC 电线管弯过了很难变回原来的形状与要弯的角度。

PVC 电线管内用弯管器俗称弹簧、弯管簧，如图 1-9 所示。应用操作时，只需要将型号合适的 PVC 电线管内用弯管器穿入 PVC 电线管内，然后略用力，掰到所要的弯度即可。

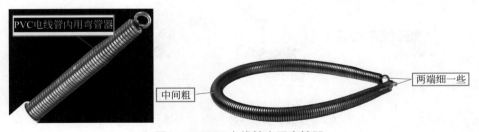

中间粗　　　两端细一些

图1-9　PVC电线管内用弯管器

PVC 电线管是可以直接弯折的，但在弯折过程中电线管很容易瘪掉，内用弯管器可从里面撑住不让它瘪掉。PVC 电线管内用弯管器的外径比 PVC 电线管内径稍小。使用时塞到 PVC 电线管要弯的部位内部，然后直接弯管。弯好后将内用弯管器抽出（有时需要拴根绳子便于抽出：弯管的位置离管端比较远，则可以在内用弯管器上拴一根有硬度也有韧性的单股电线）。

PVC 电线管内用弯管器的规格有 16、20、25、32 等。40、50 以上规格管需要使用成品大弧弯。

PVC 电线管内用弯管器分为 A 管弯管器、B 管弯管器。B 管弯管器的弹簧比同管径的 A 管弯管器的略粗。A、B 管弯管器不能通用。

PVC 电线管内用弯管器弯 PVC 电线管后，一般会稍有回弹。

如果 PVC 电线管过短，则弯管器不方便操作。因此，有时首先在长 PVC 电线管用弯管器弯，然后根据所需尺寸剪断。

PVC 电线管内用弯管器弯 PVC 电线管时，如果用腿去弯，虽省力但不规范，遇到小弯用腿做不了。

弯 PVC 电线管时的正确手势：双手握管呈正反方向，再用前臂与腰部固定住电线管，反手向下弯管，注意是双手同时向前移动，每次幅度不大于 2cm。做弯时，需要稍微弯过一点儿，以考虑 PVC 电线管的回弹。安装时，再调整成正 90°。

PVC 电线管人工弯管的弯头主要有过桥弯、上墙弯、135° T 形弯、90° 大弯等类型。其中，过桥弯适用于 PVC 电线管交叉过线时应用，上墙弯适用于 PVC 电线管上墙布线时应用，90° 大弯适用于 PVC 电线管 90° 转弯时应用，135° T 形弯适用于 PVC 电线管 T 形布线时应用。

> 🔧 **知识贴士** PVC电线管内用弯管器不可以连续反向折弯。

1.3.7 金属弯管器

金属弯管器可以弯 PVC 线管、金属线管等，如图 1-10 所示。有的金属弯管器可以脚踏、手动，或者脚踏兼手动。另外还有一种套筒弯管器，如图 1-11 所示。

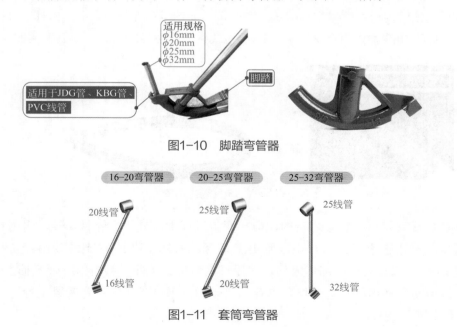

图1-10　脚踏弯管器

图1-11　套筒弯管器

1.4 电线电缆

1.4.1 单股铜芯硬线

BV 线是指较硬的单芯硬线。单股铜芯硬线的特点与选择如图 1-12 所示。住户套内电源布线时除了考虑机械强度、使用寿命等因素外,还需要考虑导体的载流量、直径、接触电阻等安装因素。一般 16A 电源插座回路选用 2.5mm² 单股铜芯导线即可。

铜芯导体 BV-6mm² 进户线,环境温度为 25℃、30℃、35℃、40℃时,两根负荷导体的持续载流量分别为 36A、34A、31A、29A,一般能够满足套型的用电要求。单间配套住宅照明用电大约 500W,则照明回路支线采用铜芯导体 BV-1.5mm² 即可满足要求。

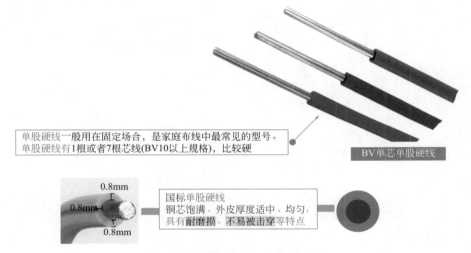

单股硬线一般用在固定场合,是家庭布线中最常见的型号。
单股硬线有1根或者7根芯线(BV10以上规格),比较硬

BV单芯单股硬线

0.8mm
0.8mm
0.8mm

国标单股硬线
铜芯饱满、外皮厚度适中、均匀,
具有耐磨损、不易被击穿等特点

图1-12 单股铜芯硬线的特点与选择

1.4.2 多股铜芯硬线

多股铜芯硬线的特点与选择如图 1-13 所示。相对而言,多股铜芯硬线的载流量一般比较大。

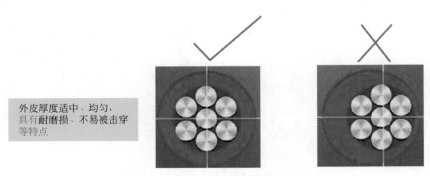

外皮厚度适中、均匀,
具有耐磨损、不易被击穿
等特点

图1-13 多股铜芯硬线的特点与选择

1.4.3 扁平硬线

扁平硬线的特点与应用如图 1-14 所示。在建筑电气中，扁平硬线中的扁平二芯护套线一般用于明装。

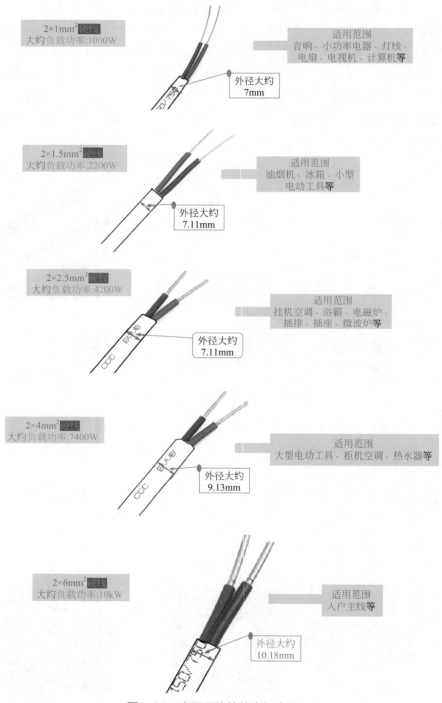

图1-14 扁平硬线的特点与应用

1.4.4　软铜芯电线

BVR 线是指较软的多芯软线。软铜芯电线的特点如图 1-15 所示。在民用建筑电气中，弱电间（弱电竖井）需要设接地干线、接地端子箱。接地干线一般宜采用不小于 BVR（BV）$25mm^2$ 的导体与机房接地端子箱连接。

在住宅装修电气中，LEB（局部等电位连接）线一般采用 BVR-1×$4mm^2$ 导线在地面内或墙内穿塑料管暗敷。

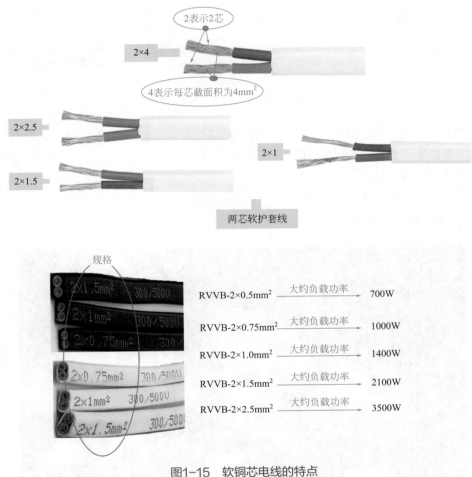

图1-15　软铜芯电线的特点

1.5　接线端子

1.5.1　接线柱电线连接器

接线柱电线连接器又叫作螺纹连接器，有一位、两位、三位等类型。接线柱电线连接器的应用如图 1-16 所示。

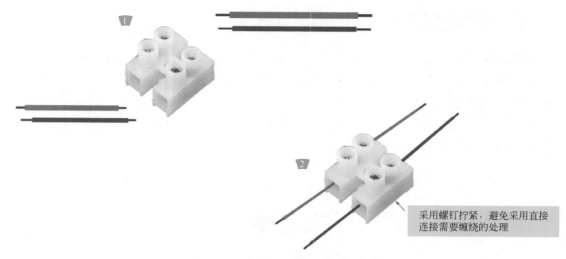

图1-16　接线柱电线连接器的应用

接线柱电线连接器一般采用压线框与螺纹自锁设计，使得接线连接可靠、安全。接线柱电线连接器常见参数有额定电压、额定电流。常用的接线柱电线连接器的额定电压为250V，额定电流为10A。

三位接线柱电线连接器可以单独分别接三根电线，两位接线柱电线连接器可以单独分别接两根电线，如图1-17所示。

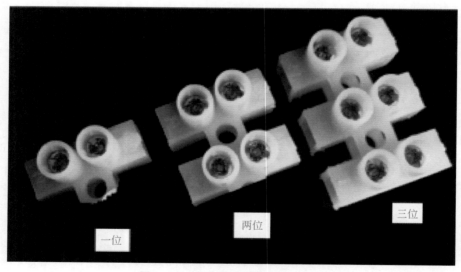

图1-17　接线柱电线连接器的种类

1.5.2　按压式快速接线端子

按压式快速接线端子的特点与应用如图1-18所示。采用按压式快速接线端子，可以代替常规的导线连接。

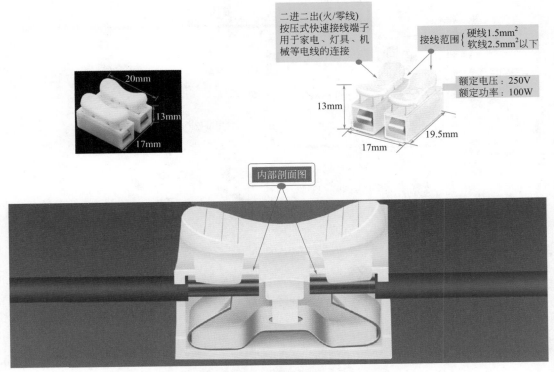

图1-18 按压式快速接线端子的特点与应用

1.5.3 免破线分线接线端子

免破线分线接线端子有不同的规格，适用于不同的导线，如图 1-19 所示。例如适用导线 0.3 ～ 1mm²（10A）、适用导线 0.75 ～ 2.5mm²（10A）、适用导线 2 ～ 4mm²（20A）等。

常见的免破线分线接线端子颜色有红色、蓝色、黄色等。有的厂家是利用颜色进行规格区分的。例如红色适用导线 0.3 ～ 1mm²（10A）、蓝色适用导线 0.75 ～ 2.5mm²（10A）等。

使用免破线分线接线端子，具有连线免破线、免剥线、不需剪、轻轻压卡即可实现连接的特点，如图 1-20 所示。

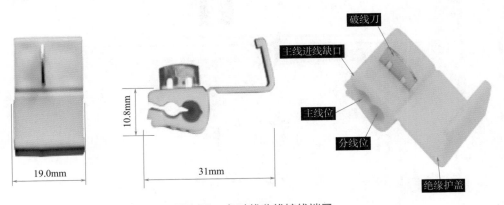

图1-19 免破线分线接线端子

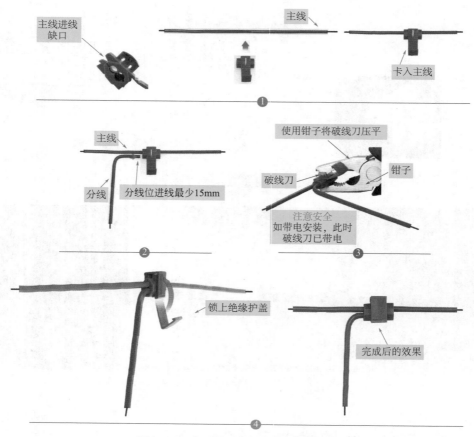

图1-20　免破线分线接线端子的连接

1.5.4　T形免破线接线端子

T形免破线接线端子的应用如图 1-21 所示。

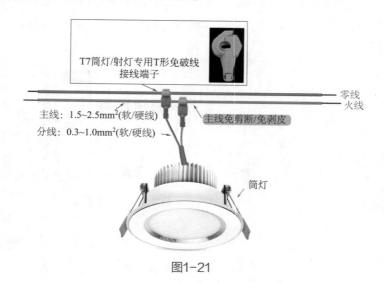

图1-21

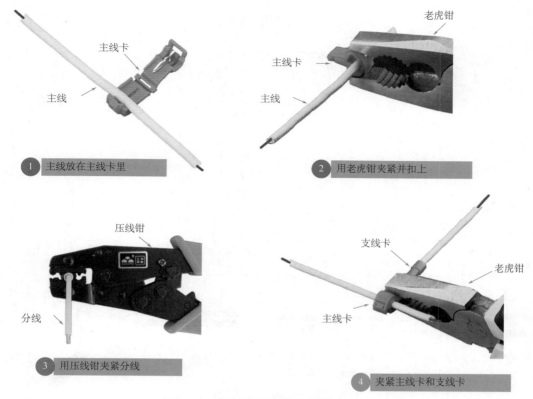

图1-21　T形免破线接线端子的应用

1.5.5　尼龙压线帽

压线帽的规格特点、应用如图 1-22 所示。

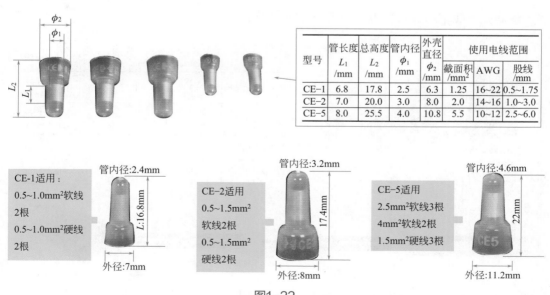

型号	管长度 L_1 /mm	总高度 L_2 /mm	管内径 ϕ_1 /mm	外壳直径 ϕ_2 /mm	使用电线范围		
					截面积 /mm²	AWG	股线 /mm
CE-1	6.8	17.8	2.5	6.3	1.25	16~22	0.5~1.75
CE-2	7.0	20.0	3.0	8.0	2.0	14~16	1.0~3.0
CE-5	8.0	25.5	4.0	10.8	5.5	10~12	2.5~6.0

图1-22

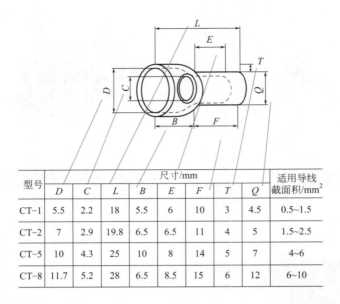

型号	尺寸/mm								适用导线截面积/mm²
	D	C	L	B	E	F	T	Q	
CT-1	5.5	2.2	18	5.5	6	10	3	4.5	0.5~1.5
CT-2	7	2.9	19.8	6.5	6.5	11	4	5	1.5~2.5
CT-5	10	4.3	25	10	8	14	5	7	4~6
CT-8	11.7	5.2	28	6.5	8.5	15	6	12	6~10

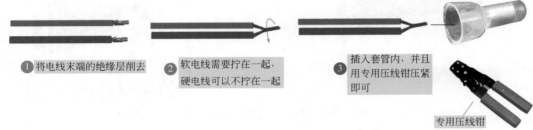

❶ 将电线末端的绝缘层削去

❷ 软电线需要拧在一起，硬电线可以不拧在一起

❸ 插入套管内，并且用专用压线钳压紧即可

专用压线钳

图1-22 压线帽的规格特点、应用

1.5.6 螺旋式接线帽

螺旋式接线帽的规格特点、应用如图 1-23 所示。

型号	喇叭口内径/mm	喇叭口外径/mm	总高度/mm	适用电线
螺旋式压线帽 P1	6.3	8.1	14.9	2根1.5mm²/4根0.5mm²
螺旋式压线帽 P2	7.7	9.4	16.8	3根0.5~1.5mm²/2根2.5mm²
螺旋式压线帽 P3	10.3	12.3	21.6	2根2.5mm²
螺旋式压线帽 P4	11	13.12	22.7	3根2.5mm²

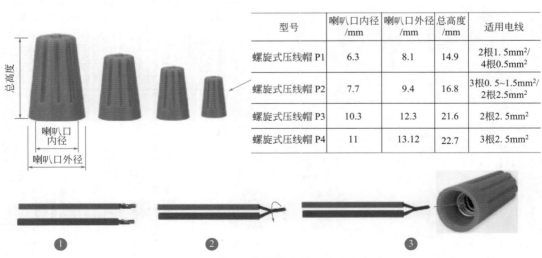

❶ ❷ ❸

图1-23 螺旋式接线帽的规格特点、应用

1.5.7　O形冷压接线端子

O形冷压接线端子也称O形铜线鼻子、O形接线耳。有的O形冷压接线端子采用了镀银。

O形冷压接线端子接线方式多数为插拔式接线。O形冷压接线端子规格有OT1、OT1.5、OT2.5、OT4、OT5、OT6、OT8、OT10、OT16等。O形冷压接线端子的应用如图1-24所示。

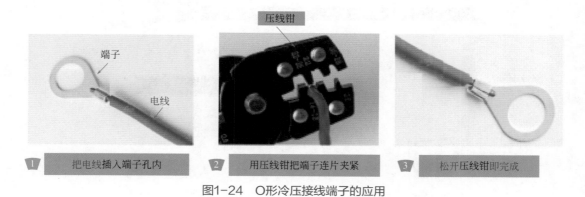

图1-24　O形冷压接线端子的应用

1.5.8　叉形冷压接线端子

叉形冷压接线端子有普通叉形冷压接线端子、加厚叉形冷压接线端子。叉形冷压接线端子接线方式一般为插拔式接线。5.2mm叉形冷压接线端子有关尺寸如图1-25所示。

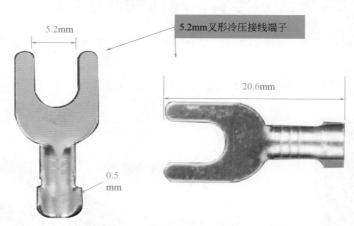

图1-25　5.2mm叉形冷压接线端子有关尺寸

1.5.9　插簧端子、插片端子

插簧端子、插片端子与其护套如图1-26所示。

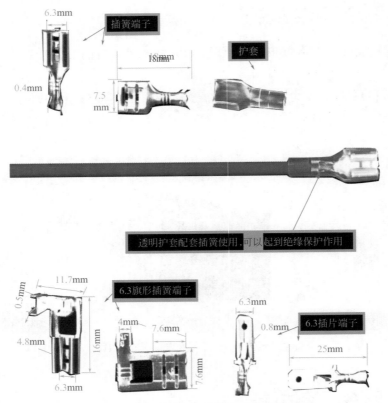

图1-26　插簧端子、插片端子与其护套

1.5.10　子弹头电线对接头、冷压快速接线端子

子弹头电线对接头有不同的规格，适用于横截面积为 $0.5 \sim 1.5mm^2$ 的导线，最大电流一般为10A。

子弹头电线对接头、冷压快速接线端子的特点、应用如图 1-27 所示。

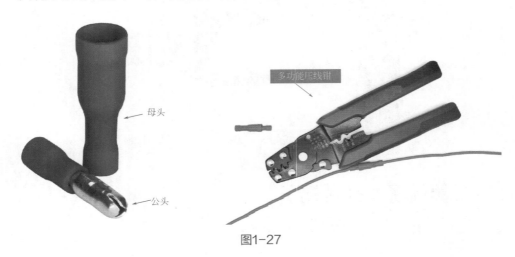

图1-27

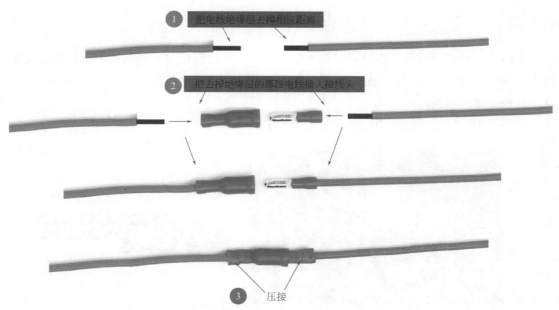

图1-27　子弹头电线对接头、冷压快速接线端子的特点、应用

1.5.11　一分二可插拔子母插头

　　一分二可插拔子母插头为可插拔的子母插头、子弹头插件,其可以把一根电线分为同功能的两根电线,相当于一根电线具有两分支电线。

　　一分二可插拔子母插头的特点、应用如图1-28所示。

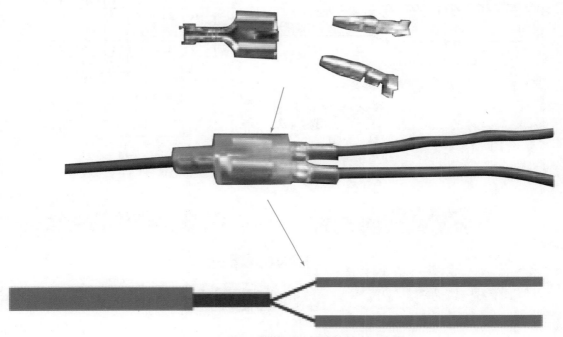

图1-28　一分二可插拔子母插头的特点、应用

1.5.12 带螺钉铜铝过渡连接管

采用带螺钉铜铝过渡连接管可以免液压操作。带螺钉铜铝过渡连接管可以结合配套导电膏、热缩绝缘套管使用。带螺钉铜铝过渡连接管可以实现电缆不切断时的干线分线，以及实现铜铝线的过渡。

带螺钉铜铝过渡连接管的特点、应用如图 1-29 所示。

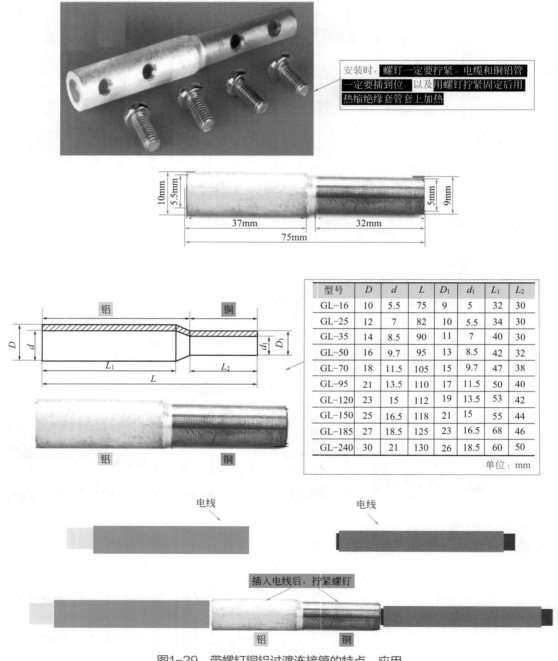

型号	D	d	L	D_1	d_1	L_1	L_2
GL-16	10	5.5	75	9	5	32	30
GL-25	12	7	82	10	5.5	34	30
GL-35	14	8.5	90	11	7	40	30
GL-50	16	9.7	95	13	8.5	42	32
GL-70	18	11.5	105	15	9.7	47	38
GL-95	21	13.5	110	17	11.5	50	40
GL-120	23	15	112	19	13.5	53	42
GL-150	25	16.5	118	21	15	55	44
GL-185	27	18.5	125	23	16.5	68	46
GL-240	30	21	130	26	18.5	60	50

单位：mm

图1-29 带螺钉铜铝过渡连接管的特点、应用

1.6 安装材料

1.6.1 自攻螺钉

在电气安装中，难免采用螺钉、螺母等进行安装操作。其中，自攻螺钉应用较多。

自攻螺钉与一般螺钉的区别在于，一般螺钉需要有加工好的螺孔才能拧入；自攻螺钉尖头具有"自己攻丝"功能，可以直接拧入，如图1-30所示。

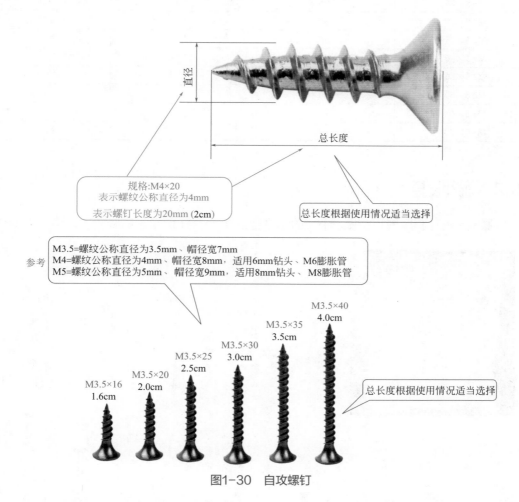

规格:M4×20
表示螺纹公称直径为4mm
表示螺钉长度为20mm (2cm)

总长度根据使用情况适当选择

参考
M3.5=螺纹公称直径为3.5mm、帽径宽7mm
M4=螺纹公称直径为4mm、帽径宽8mm，适用6mm钻头、M6膨胀管
M5=螺纹公称直径为5mm、帽径宽9mm，适用8mm钻头、M8膨胀管

M3.5×16
1.6cm

M3.5×20
2.0cm

M3.5×25
2.5cm

M3.5×30
3.0cm

M3.5×35
3.5cm

M3.5×40
4.0cm

总长度根据使用情况适当选择

图1-30　自攻螺钉

自攻螺钉主要用于一些较薄板件的连接、固定，其穿透能力一般不超过6mm，最大不超过12mm。如果连接、固定较厚板件，则应采用其他螺钉。

自攻螺钉往往在室外使用，应选择耐腐蚀的螺钉，尽量选择镀锌自攻螺钉。

自攻螺钉也适合在木质材质上使用。

自攻螺钉一般用螺钉直径级数、每英寸长度螺纹数量、螺杆长度等参数来描述。螺钉直径级数有10级、12级，分别对应螺纹直径为4.87mm、5.43mm。每英寸长度螺纹数量有14、16、24等级别。自攻螺钉每英寸长度螺纹数量越多，则表示其自钻能力越强。

自攻螺钉的参考规格见表 1-8。

表 1-8　自攻螺钉的参考规格

规格	总长 B/mm	线径 C/mm	帽宽 A/mm
M3.5×16	16	3.5	7.7
M3.5×20	20	3.5	7.7
M3.5×25	25	3.5	7.7
M3.5×30	30	3.5	7.7
M3.5×35	35	3.5	7.7
M3.5×40	40	3.5	7.7
M3.5×50	50	3.5	7.7
M3.5×60	60	3.5	8.0
M3.5×63	63	3.5	8.0
M3.5×70	70	3.5	8.0

1.6.2　膨胀套

膨胀套（也称膨胀管、膨胀套管）的规格特点如图 1-31 所示，膨胀套的规格见表 1-19。

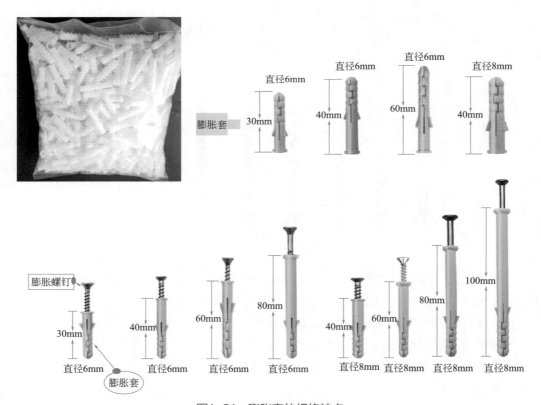

图1-31　膨胀套的规格特点

表1-9　膨胀套的规格

单位：mm

型号	膨胀套		膨胀螺钉		钻孔	
	直径	长度	螺纹直径	长度	钻孔直径	钻孔深度
6×30	6	30	M4	30	$\phi6$	40
6×40		40		40		50
6×60		60		60		70
6×80		80		80		90
6×100		100		100		110
8×40	8	40	M5	40	$\phi8$	50
8×60		60		60		70
8×80		80		80		90
8×100		100		100		110
8×120		120		120		130
8×135		135		135		145
10×80	10	80	M6	80	$\phi10$	90
10×100		100		100		110
10×160		160		160		170

膨胀套的应用安装如图 1-32 所示。

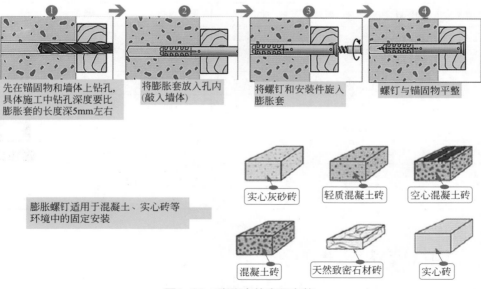

图1-32　膨胀套的应用安装

1.7 保护、整理材料

1.7.1 黄蜡管

黄蜡管有厚蜡款（耐压 2500V）、普通款（耐压 1500V、耐压 660V）等规格。黄蜡管的规格一般是指内径，而不是压扁后的尺寸，如图 1-33 所示。选择黄蜡管时，有的应用环境需要考虑选择耐高温、防鼠的黄蜡管。

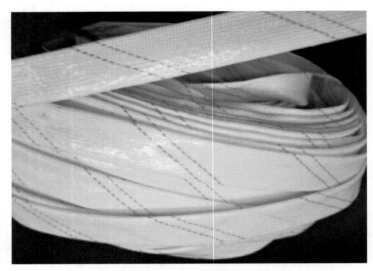

图1-33 黄蜡管

黄蜡管的有关尺寸见表 1-10。

表 1-10 黄蜡管的有关尺寸 单位：mm

规格型号	圆管直径 R	压扁宽度 L	规格型号	圆管直径 R	压扁宽度 L
1	1.2	2.7	6	6.8	9.8
1.5	1.8	3.4	8	8.6	14.2
2	2.4	4.6	10	10	16.4
2.5	2.8	5.1	12	12	19
3	3.6	6.4	14	14	22
3.5	3.9	6.8	16	16	25
4	4.3	7.3	18	18	26
5	5.3	8.8	20	20	27.5

圆管内直径

压扁宽度

1.7.2 电线收纳整理缠绕管

电线收纳整理缠绕管又称螺旋保护套，其材质一般为塑料材料。电线收纳整理缠绕管可以缠绕三根电源线，常用于弱电线路的整理等。许多电线收纳整理缠绕管可以自由剪切、自由加长。

电线收纳整理缠绕管规格如图 1-34 所示。

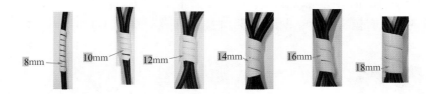

规格ϕ/mm	应用参考
8	适合1根电源线加1根鼠标线
10	适合2根电源线
16	适合3根电源线
22	适合3根电源线加4根鼠标线
24	适合4~5根0.5mm电源线
28	适合5根电源线加6根鼠标线
32	适合7根电源线加6根鼠标线
42	适合12根电源线加8根鼠标线

图1-34　电线收纳整理缠绕管规格

电线收纳整理缠绕管的颜色有红、黄、蓝、绿、黑、白等，如图 1-35 所示。有的电线收纳整理缠绕管还带有理线夹，如图 1-36 所示。

图1-35　电线收纳整理缠绕管的颜色

1.7.3　热缩管

圆形热缩管的直径尺寸不是压扁后的宽度，

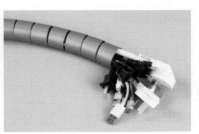

图1-36　带有理线夹的电线收纳整理缠绕管

而是热缩管的内径。圆形热缩管的选择技巧：一般需要比测量直径大一号。例如 10mm 的线需要选择 12mm 的热缩管。

正方形或者长方形热缩管的选择技巧：（长 + 宽）×2÷3.14= 直径。例如（10+20）mm×2÷3.14=19.1mm，则需要选择 20mm 的热缩管。

热缩管的颜色有蓝、绿、红、黄、黑、白、透明等，如图 1-37 所示。

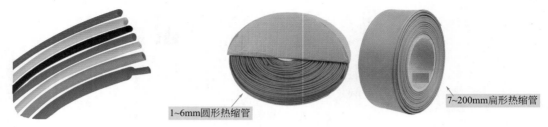

1~6mm圆形热缩管 7~200mm扁形热缩管

图1-37 热缩管的颜色

热缩管直径均指其内径，所有的内径均比其标识规格大。例如 10mm 热缩管的内径通常为 10.50 ～ 11.00mm。

1.7.4 明装三角弧形保护线槽

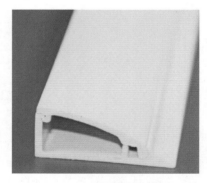

有的明装三角弧形保护线槽是采用 PVC 材料制成的。有的明装三角弧形保护线槽外径为 40mm×17mm，内径为 25mm×14mm，适合放网线 7 ～ 8 根，如图 1-38 所示。

安装明装三角弧形保护线槽时，将双面胶一面撕开贴于地线槽底部，撕开双面胶另一面贴于光滑地面即可固定。

图1-38 明装三角弧形保护线槽

1.7.5 背胶式电线收纳座

背胶式电线收纳座往往与扎带配合使用。背胶式电线收纳座规格如图 1-39 所示。

单位：mm

型号	L	W	H	螺纹孔	扎带穿孔
HS-100	12.5	12.5	3.2	—	3.2
HS-101	21.0	21.0	3.5	—	4.7
HS-101S	19.5	19.5	3.5	—	5.0
HS-102	28.0	28.0	4.0	5.0	5.0

图1-39 背胶式电线收纳座规格

1.7.6 电线管

电线管有 16mm、20mm 等规格。电线管的配件有许多类型，例如三通、直通等。电线管一分多配件的应用如图 1-40 所示。电线管直通接头就是电线管的直接加长，规格有16mm、20mm 等，如图 1-41 所示。

图1-40　电线管一分多配件的应用

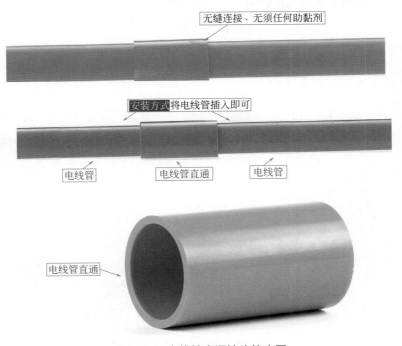

图1-41　电线管直通接头的应用

1.8 其他

1.8.1 号码管

号码管用于连线端头的标识，具有识别线路的功能。号码管有 0.5mm²、0.75mm²、1.0mm² 等规格。有的号码管由 PVC 材料制作而成。

号码管规格与电线规格一般是相匹配的，即 1mm² 电线选用 1mm² 号码管。例如：

0.5mm² 线孔径为 1.8mm，适用于 0.5mm² 线

0.75mm² 线孔径为 2.2mm，适用于 0.75mm² 线

1.0mm² 线孔径为 2.8mm，适用于 1.0mm² 线

1.5mm² 线孔径为 3.2mm，适用于 1.5mm² 线

2.5mm² 线孔径为 3.6mm，适用于 2.5mm² 线

4.0mm² 线孔径为 4.0mm，适用于 4.0mm² 线

6.0mm² 线孔径为 5.2mm，适用于 6.0mm² 线

有时为了使号码管套在冷压端子上起到绝缘的作用，要选内径粗一些的号码管。例如 1mm² 的电线要选择 1.5mm² 号码管。

号码管可以采用线号机打印清晰一些，如图 1-42 所示。

图1-42 号码管

1.8.2 接线端子排

接线端子排有双 5 位、10 位、15 位、20 位、25 位等规格。

常见接线端子排为零排、地排。零排、地排螺钉常见的规格为 M5、M8 等。接线端子排宽度有 20mm、25mm、30mm 等。接线端子排的应用如图 1-43 所示。

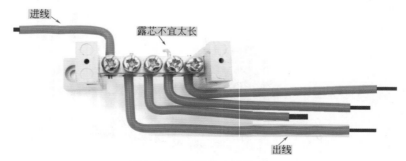

图1-43 接线端子排的应用

第 2 章

常用电气元件及设备

2.1 电机

2.1.1 电机的概念与分类

电机俗称马达，是根据电磁感应定律实现电能转换或传递的一种电磁装置，分为电动机和发电机。电动机可以产生驱动转矩，作为用电器或各种机械的动力源。电动机在电路中常用字母 M 来表示。

电动机的分类如图 2-1 所示。

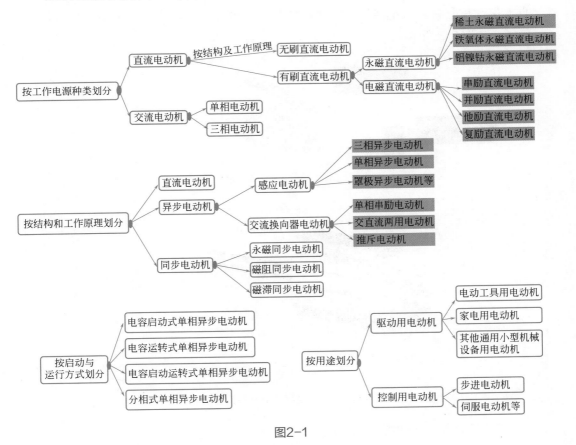

图2-1

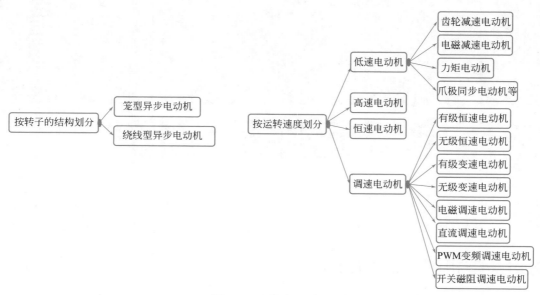

图2-1 电动机的分类

2.1.2 直流电机的特点、类型与励磁方式

直流电动机是将直流电能转换为机械能的一种电动机。直流电动机基本构造包括定子、转子，如图 2-2 所示。

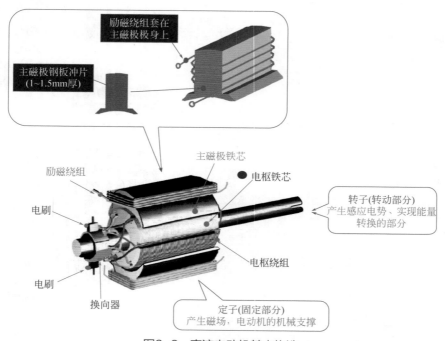

图2-2 直流电动机基本构造

直流电机的常见类型如图 2-3 所示。

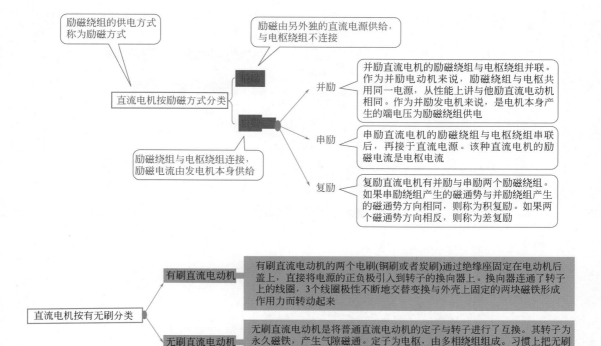

图2-3 直流电机的常见类型

直流电动机的励磁方式特点如图 2-4 所示。

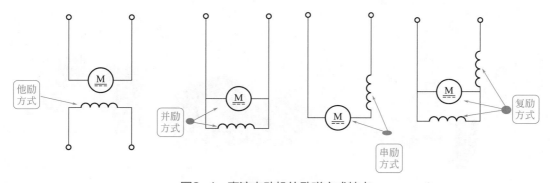

图2-4 直流电动机的励磁方式特点

> **知识贴士** 串励直流电动机电枢绕组两端的电压很高，而励磁绕组两端的电压很低，反接较容易。因此，串励直流电动机的反转常采用励磁绕组反接法来实现。

2.1.3 交流电机的特点、类型与结构

交流电机是用于实现机械能与交流电能相互转换的一种电机。交流电机与直流电机相比，交流电机没有换向器。交流电机功率覆盖范围大，从几瓦到几十万千瓦甚至上百万千瓦。

交流电机的分类如图 2-5 所示。

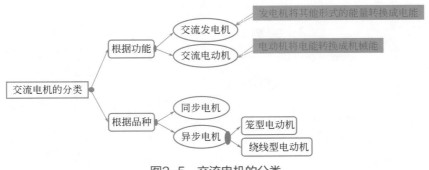

图2-5　交流电机的分类

异步电机的结构如图 2-6 所示。

图2-6　异步电机的结构

2.1.4　微特电机的特点、类型与结构

微特电机又叫作微电机、微型特种电机，是指直径小于 160mm 或具有特殊性能、特殊用途的一种电机。

微特电机常用于控制系统中，可以实现机电信号或能量的检测、解算、放大、执行、转换等功能。微特电机也可以应用于传动机械负载、设备交流电源、设备直流电源等。

微特电机的结构分类如图 2-7 所示。

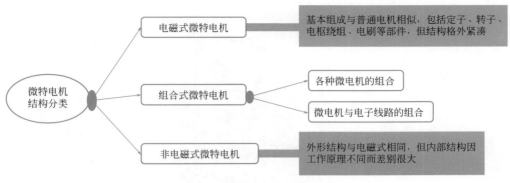

图2-7　微特电机的结构分类

2.1.5　步进电机的特点、类型与结构

步进电机又叫作脉冲电动机、步进电动机，是一种将电脉冲信号转换成相应角位移或线位移的一种电动机。每输入一个电脉冲信号，转子就转动一个角度或前进一步，其输出的角位移或线位移与输入的脉冲数成正比，转速与脉冲频率成正比。

电脉冲信号类似于脉搏，感受到脉搏跳动时，类似于脉冲为高电平；感受不到脉搏跳动时，类似于脉冲为低电平。

> **知识贴士**　步进电机一般根据需要的力矩与工作转速来选择，也就是要根据力矩、转速两因素间的分布情况，参考步进电机的矩频图来选择步进电机。

步进电机的分类如图 2-8 所示。

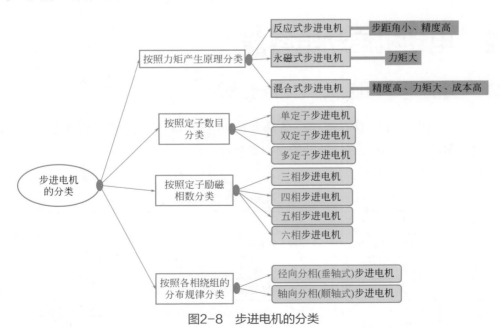

图2-8　步进电机的分类

步进电机的结构图例如图 2-9 所示。步进电机的结构图示如图 2-10 所示。

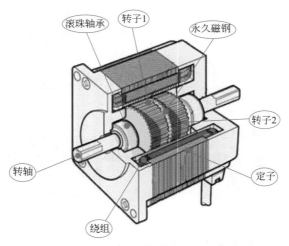

图2-9　步进电机的结构图例

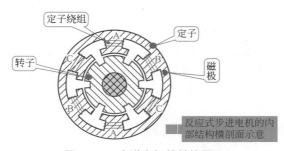

反应式步进电机的内部结构横剖面示意

图2-10　步进电机的结构图示

2.2　电动机启动电容器

2.2.1　交流电动机启动电容器基础

电动机启动电容器（简称电容器）就是一种向电动机辅助绕组提供超前电流，并且一旦电动机正常运转，即从电路中断开的电力电容器。

常见电容器的解说见表2-1。

表2-1　常见电容器的解说

名称	解说
金属箔电容器	电极由介质隔开的金属箔或金属带构成的一种电容器
金属化电容器	电极由蒸镀在介质上的金属层构成的一种电容器
自愈式电容器	在介质局部击穿后其电气性能可迅速且实质上自行恢复的一种电容器
隔离膜电容器	在至少一层金属化膜涂层上具有重复图案的金属化电容器，设计成用来隔离电介质上发生局部击穿的电容器部分
电解电容器	以阳极氧化法在电极的一面或两面形成的氧化膜为电介质的一种电容器

电容器的参数与特性解说见表 2-2。

表 2-2　电容器的参数与特性解说

名称	解说
连续运行	在电容器的正常寿命期内无时间限制的一种运行
间歇运行	电容器通电一段时间紧接着不通电一段时间的一种运行
启动运行	间歇运行的一种特殊形式，在这种运行形式下，当电动机加速到额定转速前仅对电容器进行一段非常短时间的通电
额定工作周期	电容器适合间歇工作或启动工作比率的额定值
工作周期持续时间	在间歇运行时，一次通电和紧接着一次不通电的时间总和
相对运行时间	电容器通电时间占工作周期持续时间的百分比
连续和启动运行	在连续运行下以一种电压运行，而在启动运行下以不同电压（通常较高）运行
最低允许电容器运行温度	在投入瞬间，电容器外壳表面的最低允许温度
最高允许电容器运行温度	在运行期间，电容器外壳表面最热区域的最高允许温度
额定电压	设计电容器时采用的交流电压的均方根值
最高电压	从启动到断开电容器期间，启动电容器引出端子上的允许最高电压的均方根值
额定频率	设计电容器时采用的最高频率
额定电容	设计电容器时采用的电容值
额定电流	设计电容器时在额定电压和额定频率下交流电流的均方根值
额定容量	由额定电容、额定频率和额定电压（或电流）计算得出的无功功率
损耗	电容器所消耗的有功功率
损耗角正切	在规定的正弦交流电压和频率下，电容器的等效串联电阻与容抗的比值
功率因数	电容器的有功功率与视在功率之比
容性泄漏电流（仅适用于金属外壳的电容器）	当电容器由具有中性点接地的交流电源系统施加电压时，在连接于金属外壳与地之间的导体中流过的电流

📟 知识贴士　电动机启动电容器，是一种用来与电动机辅助绕组相连接，以帮助电动机启动并改善在运行状况下的转矩的电力电容器。启动电容器通常与电动机绕组永久性连接，并在电动机整个运行期间均处于回路中。在启动期间，如果与启动电容器并联，则有助于电动机的启动。

2.2.2　电动机启动电容器的选择与应用

电动机启动电容器的选择、应用要点如下。

① 优先选择电容偏差为 ±5%、±10%、±15%。允许采用不对称偏差，但是偏差不得超过 15%。

② 电动机启动用电解电容器外观检查：标志、表面处理要良好，标志在电容器寿命期内要清晰，无任何填充物渗漏与其他可见损伤。

③ 电动机启动用电解电容器标志识读如图 2-11 所示。其中，电容器根据气候类别

分类，可用每一气候类别用最低、最高允许电容器运行温度和湿热严酷度来表示。例如 25/70/21 表示最低、最高允许电容器运行温度为 −25℃和 70℃，湿热严酷度为 21d。

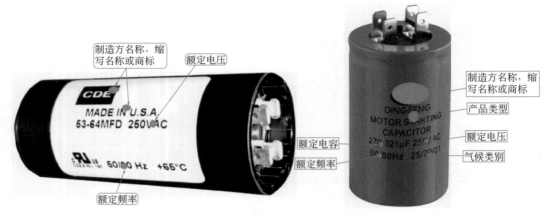

图2-11　电动机启动用电解电容器标志识读

④ 电动机启动电容器所要求的额定电压，需要通过与相关电动机连接的正在运行的电容器上的测量电压来确定。测量时，电动机要在最高电源电压下运行，并且配置有符合规定的电容值。其负荷变化范围为从最小可用负荷到最大允许负荷。电容器的额定电压要不小于电容器从启动阶段到电容器从电路中断开瞬间的电容器引出端子上的最高电压。该测量电压要不超过 $1.2U_N$。在启动期间，电容器引出端子上的电压可以根据如图 2-12 所示的关系式来估算。

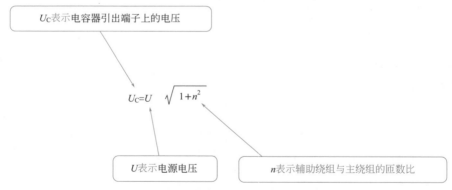

图2-12　在启动期间，电容器端子上的电压估算

⑤ 启动电容器引出端子上的电压，除了取决于电源系统电压、接有电容器的电动机的主绕组和辅助绕组间的感应耦合外，还取决于其自身的电容值。特别是当电容器与辅助绕组在接近谐振点运行时，在选择电容器的额定电压时要考虑到该情况，并且还需要适当注意电动机最大允许电流。

⑥ 与多数电气设备不同，电动机启动电容器不作为独立设备与电力系统连接。在各种情况下，电容器均与电动机的辅助绕组串联连接，也可能与电动机或其他设备直接接触，故电动机和其他设备的这些特性对电容器的运行情况产生很大的影响。电动机启动电

容器与单相感应电动机的辅助绕组串联连接时，在运行转速下，电容器引出端子的电压通常远高于电源电压。当与电动机直接接触时，电容器不仅遭受电动机的振动应力，而且遭受来自通电绕组、铁芯的热应力。

> **知识贴士** 电动机启动用电解电容器运行温度一般在−40～+100℃之间。优先的最低、最高允许电容器运行温度为：最低温度为−40℃、−25℃、−10℃、0℃，最高温度为55℃、70℃、85℃、100℃。电容器一般适合在低至−25℃或最低运行温度（取较低者）下运输、储存，对其质量不得有不利的影响。湿热严酷度一般在4～56d间，优先的湿热严酷度为21d。

2.3 变压器

2.3.1 变压器的特点与分类

变压器是利用电磁感应的原理来改变交流电压的一种装置，其主要部件是一次绕组、二次绕组、铁芯（或磁芯）。

常用变压器的分类如图 2-13 所示。

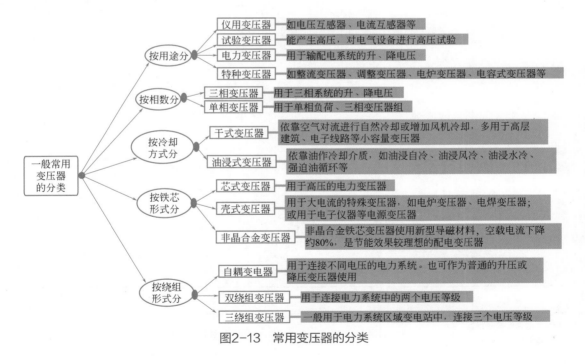

图2-13 常用变压器的分类

2.3.2 单相变压器的特点与结构

单相变压器的特点解说如图 2-14 所示。

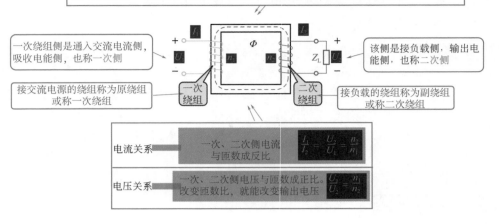

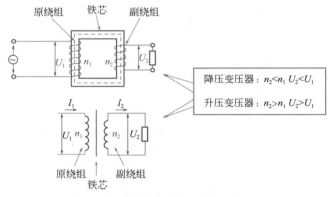

图2-14 单相变压器的特点解说

2.4 断路器

2.4.1 低压断路器的种类

低压断路器的种类见表 2-3。

表 2-3 低压断路器的种类

名称	解说
剩余电流保护断路器 （漏电保护断路器）	可以分为电磁式电流动作型、电磁式电压动作型、晶体管式电流动作型等类型
塑料外壳式断路器	除了接线端子外，触点、灭弧室、脱扣器、操作机构一般装在一个塑料外壳中。塑料外壳式断路器一般适合作为支路的保护开关。塑料外壳式断路器可以分为工业用、非熟练人员用等类型
万能式断路器	所有零件都装在一个绝缘的金属框架内，常为开启式，可装设多种附件。万能式断路器一般用作电源端总开关

名称	解说
限流断路器	一般利用短路电流在触点回路间所产生的电动力，使触点快速斥开达到限制短路电流上升。触点斥开后产生电弧，电弧电压上升，从而限制短路电流的增加
直流快速断路器	可分为电磁保持式、电磁感应斥力式等类型。对于电磁保持式直流快速断路器，在电磁铁的去磁线圈中的电流达到一定值时，衔铁所受的吸力骤减，机构在弹簧作用下迅速向断开位置运动而使触点断开等

知识贴士 断路器有单相断路器、三相断路器，家装断路器基本上选用单相断路器。单相断路器额定电流有6A、10A、16A、20A、25A、32A、40A、50A、63A等。额定电压有AC230V、AC400V等。接线能力$I_n \leqslant 32A$一般适用于横截面积为10mm^{2}的线路，$I_n \geqslant 40A$一般适用于横截面积为25mm^{2}的线路。家装单相断路器属于小型断路器，适用于照明配电系统（C型），用于交流50Hz/60Hz、额定电压400V或者230V的电路中。另外，家装单相断路器也可以在正常情况下不频繁地通断电器装置与照明线路。小型断路器安装方式一般是35mm轨宽安装。

2.4.2 低压断路器的选用

选择配电用断路器，需要考虑短延时短路通断能力与延时梯级的配合。选择电动机保护用断路器，需要考虑电动机的启动电流，并且使其在启动时间内不动作。选择漏电保护断路器，需要考虑合理的漏电动作电流与漏电不动作电流。选择的漏电保护断路器应能断开短路电流，如果不能断开短路电流，则需要和合适的熔断器配合使用。低压断路器的选用要点如图2-15所示。

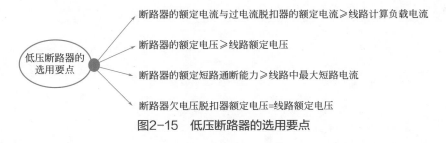

图2-15 低压断路器的选用要点

配电用断路器额定电流选择时，需要考虑能够安全通过的负载电流，以及与环境条件相对应的额定电流。与环境条件相对应的额定电流的选择见表2-4。

表2-4 与环境条件相对应的额定电流的选择

环境条件	负载电流与额定电流之比
配电用断路器单独安装时，不安装在配电盘（箱）和分电盘上，配电用断路器的环境温度不会超过40℃	90%以下
配电用断路器集中安装在配电盘、分电盘上，盘内温度有可能超过40℃	80%以下

配电用断路器的额定电流，一般是以 40℃ 作为基准进行调节的。因此，当其安装场所温度超过 40℃ 时，则配电用断路器的额定电流变小（选择配电用断路器额定电流时，需要考虑该点）。如果环境温度为 50℃、60℃，则应分别乘以 90%、80% 作为设备允许的负载电流。安装配电用断路器场所附近空气温升参考值见表 2-5。

表 2-5　安装配电用断路器场所附近空气温升参考值

盘类型		大厦用分电盘	内部分电盘	控制中心	负载中心	简易控制柜
主要使用设备		配电用断路器、漏电保护断路器、刀开关、熔断器	配电用断路器、漏电保护断路器、刀开关、电流限制器	配电用断路器、漏电保护断路器、电磁接触器、热继电器	框架式断路器、配电用断路器、漏电保护断路器	负荷开关、配电用断路器、漏电保护断路器
盘内配电用断路器安装场所附近的温升	80% 通用	24℃	20℃	30℃	20℃	15℃
	100% 通用	40℃	30℃	—	30℃	—

注：配电用断路器安装场所的环境温度与温度升高后的配电用断路器安装场所附近的环境温度有地区差别，必须考虑在上述温升值上再加上外部空气温度（最高为 35～40℃）。

影响断路器额定电流选择的其他因素为负载设备额定电流的精度、导线的粗细、电源电压波动、日光直射情况、环境的振动与冲击情况等。这些因素最好考虑其 10%～15% 的裕量。

知识贴士 断路器的额定分断电流值，需要选择大于通过其安装点的短路电流值。

2.4.3　低压断路器的安装与接线

低压断路器的安装与接线特点、要求见表 2-6。

表 2-6　低压断路器的安装与接线特点、要求

项目	解说
低压断路器安装前需要的检查	① 一次回路对地的绝缘电阻需要符合有关技术文件等要求 ② 抽屉式断路器的工作、试验、隔离三个位置的定位要明显，以及要符合产品有关技术文件等要求 ③ 抽屉式断路器抽拉数次无卡阻，机械联锁可靠
低压断路器安装与接线的要求	① 低压断路器的飞弧距离需要符合有关技术文件等要求 ② 低压断路器接线时，裸露在箱体外部且易触及的导线端子需要加绝缘保护 ③ 低压断路器接线需要符合有关技术文件等要求 ④ 低压断路器与熔断器配合使用时，熔断器需要安装在电源侧 ⑤ 低压断路器主回路接线端配套绝缘隔板，需要安装牢固
低压断路器安装后的检查	① 低压断路器安装后触点闭合、断开过程中，可动部分不得有卡阻现象 ② 低压断路器安装后断路器辅助触点动作正确可靠，接触良好 ③ 低压断路器的电动操作机构接线正确。合闸过程中，断路器不得跳跃。断路器合闸后，限制合闸电动机或电磁铁通电时间的联锁装置要及时动作。合闸电动机或电磁铁通电时间不得超过其规定值

2.4.4　直流快速断路器的安装、接线与调整试验

直流快速断路器的安装、接线与调整试验见表 2-7。

表 2-7　直流快速断路器的安装、接线与调整试验

项目	解说
直流快速断路器安装与接线的规定	① 触点的压力、开距、分断时间、主触点调整后灭弧室支持螺杆与触点间的绝缘电阻要符合相关技术文件等要求 ② 当直流快速断路器触点及线圈标有正、负极性时，其接线需要与主回路极性一致 ③ 直流快速断路器与相邻设备、建筑物的距离不得小于 500mm。如果不能够满足要求，则要加装高度不小于断路器总高度的隔弧板 ④ 灭弧室内绝缘衬垫要完好，电弧通道要畅通 ⑤ 灭弧室上方要留有不小于 1000mm 的空间。如果不能够满足要求，在 3000A 以下断路器的灭弧室上方 200mm 处需要加装隔弧板，在 3000A 及以上断路器的灭弧室上方 500mm 处需要加装隔弧板 ⑥ 直流快速断路器安装时，要防止断路器倾倒、碰撞、激烈振动，以及基础槽钢与底座间需要根据设计等要求采取相关的防振措施 ⑦ 直流快速断路器配线时，应使控制线与主回路分开 ⑧ 直流快速断路器与母线连接时，出线端子不应承受附加应力
直流快速断路器的调整、试验的规定	① 直流快速断路器安装后，需要根据相关技术文件要求进行交流工频耐压试验，不得有闪络、击穿等异常现象 ② 直流快速断路器灭弧触点与主触点的动作顺序要正确 ③ 直流快速断路器脱扣装置需要根据设计要求进行整定值校验。在短路、模拟短路情况下合闸时，脱扣装置要动作正确 ④ 直流快速断路器衔铁的吸合动作要均匀 ⑤ 直流快速断路器轴承转动要灵活，要涂润滑剂

2.4.5　直流快速断路器的选用

直流快速断路器的选用要点如下。

① 额定电流大于或等于直流线路的负载电流。对于短时间周期负载，可以根据其等效发热电流来考虑。

② 额定短路通断能力大于电路可能出现的最大短路电流。直流快速断路器初始上升陡度大于电路可能出现的最大短路电流的初始上升陡度。

③ 额定工作电压大于直线线路的电压。考虑到反接制动、逆变条件，一般要大于 2 倍电路电压。

④ 过电流动作整定值大于或等于电路正常工作电流最大值。启动直流电动机，需要避免电动机启动电流。

⑤ 直流快速断路器的 I^2t 小于与其配合的快速熔断器的 I^2t。

⑥ 逆流动作整定值小于被保护对象允许的逆流数值。

2.4.6　过电流断路器的特点与选择

需要根据电源、负载、安装场所、运行条件、操作条件、可靠性等选择过电流断路器，使之与保护系统相一致。

额定电压的选择——使其额定电压大于电路的电压值。

额定电流的选择——需要考虑安全通过导线的负载电流（包括启动电流在内），还能

够满足可靠保护负载所用的导线等需求。

过电流断路器的全容量分断方式，就是以一个保护器来分断流经断路器安装点的短路电流。

过电流断路器的级联（后备）分断方式，就是当一个保护器分断能力不够时，与安装在电源侧断路器协同进行短路分断。

过电流断路器的不同保护方式特点见表2-8。

表2-8　过电流断路器的不同保护方式特点

保护方式		保护目的	特点	保护器
全容量分断	选择分断	能够分断过电流；在全部过电流范围内，对导线、负载设备进行热保护与机械保护	提高系统的供电可靠性	组合
	非选择分断		—	单体组合
级联（后备）分断	非选择分断		保护系统较经济	组合

> **知识贴士** 过电流断路器的选择分断方式，就是分支电路发生短路时，仅由离故障点最近的电源侧断路器来分断，电源侧其他断路器不跟着动作，以使断路器之间的动作协调，保证正常电路的连续供电。

2.4.7　交流断路器的特点与选择

根据交流断路器结构类型来选择，具体见表2-9。

表2-9　交流断路器结构类型

项目	万能式断路器	塑料外壳式断路器
安装方式	适合装在开关柜内，有抽屉式结构	可以单独安装，也可以装在开关柜内
操作方式	变化多，有手操作、杠杆操作，带电动传动机构等	变化少，多为手操作，少数带电动传动机构
短路通断能力	较高	较低
短时耐受电流	较高	较低
额定电流	一般为200～4000A，也有其他产品	多为600A以下
额定电压	较高，高达1140V	较低，在660V以下
飞弧距离	较大	较小
接触防护	差	好
使用范围	适合作主开关	适合作支路开关
脱扣器种类	可具有各种形式的脱扣器	多数只有过电流脱扣器。欠电压脱扣器与分励脱扣器一般只能够装设二者之一
外形尺寸	较大	较小
维修	较方便	不方便
选择性	有短延时，可满足选择性保护	多数无短延时，不能够满足选择性保护

选择交流断路器时，需要考虑其额定电压、额定电流、通断能力、断路器过电流脱扣器的整定电流与保护特性、交流断路器配合情况等。

采用级联保护方式，利用上一级断路器和该断路器一起动作来提高短路分断能力。该方案需将上一级断路器的脱扣器瞬动电流整定在下级断路器额定短路通断能力的80%左右。

断路器欠电压脱扣器额定电压等于线路额定电压。是否选择带欠电压保护的断路器，需要根据实际情况来定。对于具有短延时的断路器，如果带欠电压脱扣器，则欠电压脱扣器必须是延时的，并且其延时时间需要大于或等于短路延时时间。

> **知识贴士** 断路器的分励脱扣器额定电压一般等于控制电源电压。电动传动机构的额定工作电压一般等于控制电源电压。

2.4.8 漏电保护断路器的选择

许多漏电保护断路器实际上是在塑料外壳式断路器上加设了漏电保护脱扣器构成的。该类漏电保护断路器中断路器部分的选择条件与一般交流断路器相同。选择该类漏电保护断路器中的漏电保护脱扣器部分，则需要选择合适的漏电动作电流。

漏电保护断路器的触点类型：一类触点有足够的短路分断能力，可以用于过载与短路保护；另一类触点不能分断短路电流，只能分断额定电流与漏电电流。

> **知识贴士** 选择不能分断短路电流的漏电保护断路器，需要另外考虑短路保护，例如设置熔断器配合使用。

2.5 剩余电流保护电器

2.5.1 剩余电流保护电器的术语

剩余电流保护电器（RCD）的术语与其解说见表 2-10。

表 2-10　剩余电流保护电器的术语与其解说

名称	解说
AC 型 RCD	对突然施加或缓慢上升的剩余正弦交流电流能确保脱扣的一种 RCD
A 型 RCD	对突然施加或缓慢上升的剩余正弦交流电流和剩余脉动直流电流，能够确保脱扣的一种 RCD
B 型 RCD	对突然施加或缓慢上升的剩余正弦交流电流、剩余脉动直流电流、平滑直流电流，能够确保脱扣的一种 RCD
RCD 的分断时间	从突然施加剩余动作电流的瞬间起到所有极电弧熄灭瞬间为止所经过的时间
不带过电流保护的剩余电流动作断路器	简称为 RCCB（即 residual current operated circuit-breaker without integral overcurrent protection 的缩写），是不能执行过载和 / 或短路保护功能的一种剩余电流动作断路器

名称	解说
带过电流保护的剩余电流动作断路器	简称为 RCBO（即 residual current operated circuit-breaker with integral overcurrent protection 的缩写），是能执行过载和／或短路保护功能的一种剩余电流动作断路器
动作功能与电源电压无关的 RCD	其是检测、判断、分断功能与电源电压无关的一种 RCD
动作功能与电源电压有关的 RCD	其是检测、判断、分断功能与电源电压有关的一种 RCD
对地泄漏电流	无绝缘故障，从设备的带电部件流入地的电流
额定剩余不动作电流	额定剩余不动作电流用 $I_{\triangle n0}$ 表示，其是制造厂对 RCD 规定的剩余不动作电流值。在该电流值时，RCD 在规定的条件下不动作
额定剩余动作电流	额定剩余动作电流用 $I_{\triangle n}$ 表示，其是制造厂对 RCD 规定的剩余动作电流值。在该电流值时，RCD 应在规定的条件下动作
分级保护	RCD 分别装设在电源端、负荷群首端、负荷端，构成两级及以上串联保护系统，并且各级 RCD 的主回路额定电流值、剩余动作电流值与动作时间协调配合，实现具有选择性的一种分级保护
负荷群	具有共同分支点的所有电力负荷的集合
极限不驱动时间	对 RCD 施加一个大于剩余不动作电流的剩余电流值而不使 RCD 动作的最大延时时间
间接接触	人、动物与故障情况下变为带电的设备外露导体的接触
接地故障电流	由于绝缘故障而流入地的电流
脉动直流电流	每一个额定工频周期内，角度至少为 150° 的一段时间间隔内电流值为 0 或不超过直流 0.006A 的脉动波形电流
末端保护	住宅配电保护（即户保）或单台用电设备的保护（即三级保护）
剩余不动作电流	在小于或等于该电流时，RCD 在规定条件下不动作
剩余电流	剩余电流用 $I_{\triangle}$ 表示，其是通过 RCD 主回路的电流矢量和的有效值
剩余电流动作断路器	用于接通、承载、分断正常工作条件下电流，以及在规定条件下，当剩余电流达到规定值时，使触点断开的一种机械开关电器
剩余电流动作继电器	在规定的条件下，当剩余电流达到规定值时，发出动作指令的一种电器
剩余动作电流	使 RCD 在规定条件下动作的一种剩余电流值
试验装置	装设在 RCD 内的模拟 RCD 在剩余电流条件下动作的一种装置
延时型 RCD	专门设计的对应一个给定的剩余电流值，能够达到预定的极限不驱动时间的一种 RCD
移动式 RCD	可以移动使用的一种 RCD
直接接触	人、动物与带电导体的一种接触
中级保护	安装在总保与户保间的低压干线或分支线上的一种剩余电流动作保护器，也叫作中保（二级保护）。中保因安装地点、接线方式不同，可以分为"三相中保""单相中保"
总保护	安装在配电台区低压侧的第一级剩余电流动作保护器，也叫作总保（一级保护）
组合式 RCD	利用剩余电流互感器、剩余电流动作继电器、断路器、报警或通信装置等独立部件分别安装，通过电气连接组合成的一种 RCD

知识贴士 在直接接触电击事故的防护中，RCD 只能够作为直接接触电击事故基本防护措施的补充保护措施（不包括对 L 线与 L 线、L 线与 N 线间形成的直接接触电击事故的保护）。用于直接接触电击事故防护时，需要选用无延时的 RCD，有的项目要求其额定剩余动作电流不超过 30mA。

2.5.2 剩余电流保护电器的特点

剩余电流保护电器如图 2-16 所示。剩余电流保护电器有 1P、2P、1P+N、3P、4P、4P+N 等类型。其中，P 是指装设了保护的极（即刀极），N 是指中性线，只装设了刀极而未装设保护模块。2P、1P+N 型为两极开关，4P、3P+N 型为四极开关。

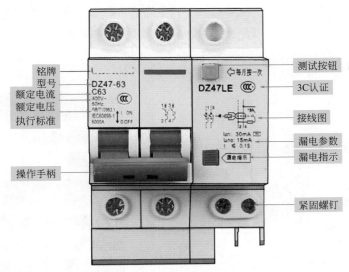

图2-16 剩余电流保护电器

知识贴士 小型断路器的选择如下。

① 一般家庭用断路器可选额定工作电流为16～32A。

② 家庭配电箱总开关一般选择双极32～63A的小型断路器。

③ 照明回路一般选择10～16A的小型断路器。

④ 插座回路一般选择16～20A的小型断路器。

⑤ 空调回路一般选择16～25A的小型断路器。

⑥ 一般安装6500W热水器需要选择型号为C32A的小型断路器。

⑦ 一般安装7500W、8500W热水器需要选择型号为C40A的小型断路器。

⑧ 在浴室、游泳池等场所，漏电保护器的额定动作电流不宜超过10mA。

⑨ 在触电后可能导致二次事故的场合，需要选用额定动作电流为6mA的漏电保护器。

2.5.3 剩余电流保护电器的应用

剩余电流保护电器的应用如下。

① 在民用建筑工程中，剩余电流保护电器运行环境要求如图 2-17 所示。

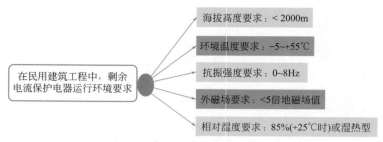

图2-17 剩余电流保护电器运行环境要求

② 宜装设剩余电流保护电器的场所如图 2-18 所示。

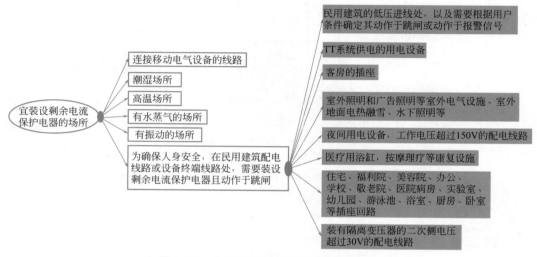

图2-18 宜装设剩余电流保护电器的场所

③ 不应装设剩余电流保护电器，但是可以装设剩余电流报警信号的场所如图 2-19 所示。

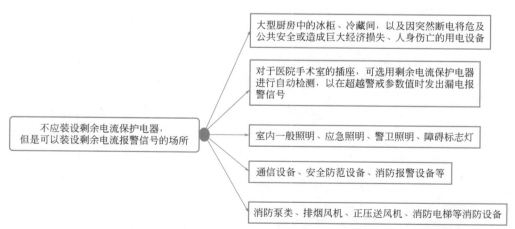

图2-19 不应装设剩余电流保护电器，但是可以装设剩余电流报警信号的场所

④ 选用剩余电流保护电器的原则如图 2-20 所示。

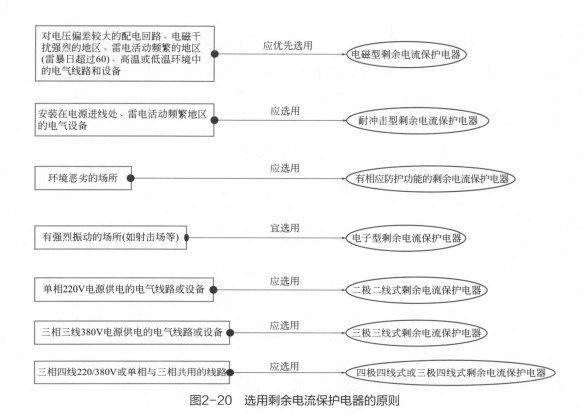

图2-20 选用剩余电流保护电器的原则

▌知识贴士 剩余电流保护电器的分断能力应能够满足回路的过负荷、短路保护要求。如果不能满足分断能力要求，则应另行增设短路保护断路器。

2.5.4 剩余电流保护电器参数的选择

为了防止人身遭受电击伤害，在室内正常环境下设置的剩余电流保护电器，其动作电流不大于 30mA，并且动作时间不大于 0.1s。在不同场所，剩余电流保护电器的动作要求见表 2-11。

表 2-11 在不同场所，剩余电流保护电器的动作要求

分类	接触状态	场所示例	允许接触电压	保护动作要求
Ⅰ类	人体非常潮湿	浴池、游泳池、桑拿浴室等照明灯具及插座	< 15V	6 ～ 10mA < 0.1s
Ⅱ类	人体比较潮湿	厨房灶具用电设备、洗衣机房动力用电设备等	< 25V	10 ～ 30mA 0.1s
Ⅲ类	人体意外触电时，危险性较大	客房中的照明及插座、试验室的试验台电源、锅炉房动力设备、地下室电气设备、住宅中插座等	< 50V	30 ～ 50mA 0.1s

2.5.5 RCD的分级

分级安装的剩余电流保护电器配合性要求如图 2-21 所示。一般在室内正常环境下，末端线路剩余电流保护电器的动作电流值不大于 30mA，上一级不宜大于 300mA，配电干线不大于 500mA。

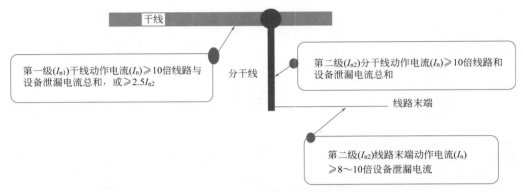

图2-21 分级安装的剩余电流保护电器配合性要求

企事业单位的建筑物、住宅需要采用分级保护。在低压供用电系统中，为了缩小发生人身电击事故与接地故障切断电源时引起的停电范围，RCD 需要采用分级保护，如图2-22所示。

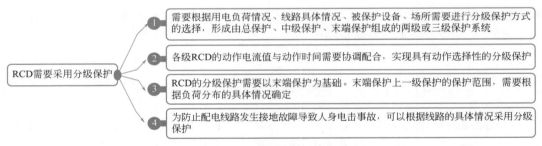

图2-22 RCD需要采用分级保护

低压配电线路根据具体情况采用两级或三级保护时，在电源端、负荷群首端或线路末端安装 RCD。

> **知识贴士** 选用剩余电流保护电器报警时，其报警动作电流可以根据被保护回路最大电流的1/3000～1/1000选取，动作时间为0.2～2s。

2.5.6 RCD的选用

RCD 选用的要点如下。

① RCD 的技术参数额定值需要与被保护线路或设备的技术参数、安装使用的具体条件相配合。RCD 动作参数的选择如图 2-23 所示。

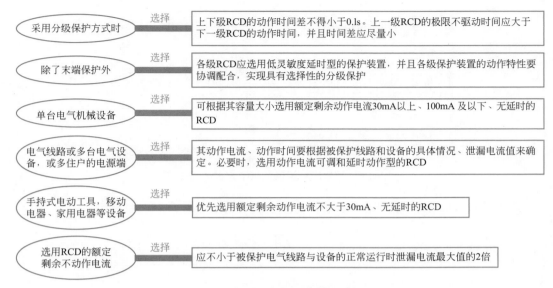

图2-23 RCD动作参数的选择

② 采用分级保护方式时，安装使用前需要利用试验装置进行串联模拟分级动作试验，以保证其动作特性协调配合。

③ RCD 的额定动作电流选择时，需要考虑的因素如图 2-24 所示。

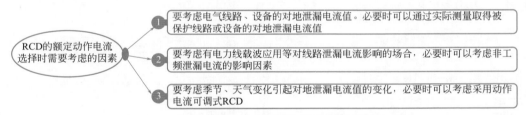

图2-24 RCD的额定动作电流选择时需要考虑的因素

④ 根据电气设备的工作环境条件选用 RCD，如图 2-25 所示。

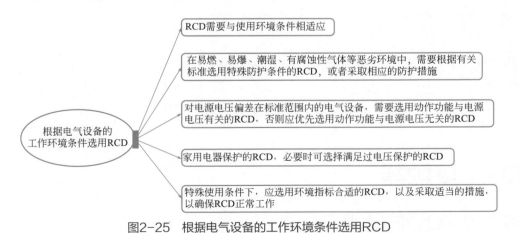

图2-25 根据电气设备的工作环境条件选用RCD

⑤ 根据电气设备的供电方式选用 RCD，如图 2-26 所示。

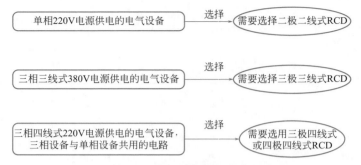

图2-26 根据电气设备的供电方式选用RCD

⑥ 根据特殊负荷、场所选用 RCD，如图 2-27 所示。

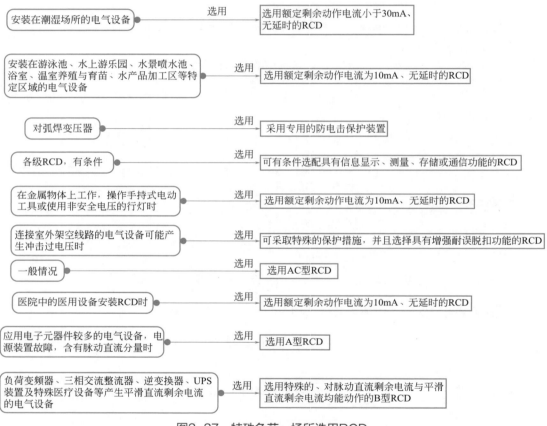

图2-27 特殊负荷、场所选用RCD

2.6 接触器

2.6.1 接触器的特点与分类

接触器广义上是指工业中利用线圈中流过的电流产生磁场，使触点闭合，以达到控制负载的一种电器。接触器主要控制对象是电动机，也可以用来控制照明设备、电容器、电焊机、电热设备等负载。

接触器不仅能接通、切断电路，还具有低电压释放保护作用，以及适用于频繁操作与远距离控制。20A 以上的接触器，一般加有灭弧罩。

接触器可以分为交流接触器（交流电压）、直流接触器（直流电压）、低压真空接触器、半导体接触器等，具体见表 2-12、表 2-13。

表 2-12　接触器的分类 1

分类依据	分类名称
根据操作电磁系统的控制电源种类	交流接触器、直流接触器
根据灭弧的介质	空气式接触器、真空式接触器
根据有无灭弧室	有灭弧室接触器、无灭弧室接触器
根据主触点的极数	单极接触器、双极接触器、多极接触器
根据主触点的类别	常开式接触器、常闭式接触器、常开常闭兼有式接触器
根据主触点所控制电流的种类	交流接触器、直流接触器

表 2-13　接触器的分类 2

使用类别代号	类型	用途
DC-1	直流接触器	无感或微感负载、电阻炉等应用
DC-3	直流接触器	并励电动机的启动、反接制动或反向运转、点动以及电动机在动态中分断等应用
DC-5	直流接触器	串励电动机的启动、反接制动或反向运转、点动以及电动机在动态中分断等应用
DC-6	直流接触器	白炽灯的通断等应用
AC-1	交流接触器	无感或微感负载、电阻炉等应用
AC-2	交流接触器	绕线转子电动机的启动、分断等应用
AC-3	交流接触器	笼型电动机的启动、运转中分断等应用
AC-4	交流接触器	笼型电动机的启动、反接制动或反向运转、点动等应用
AC-5a	交流接触器	放电灯的通断等应用
AC-5b	交流接触器	白炽灯的通断等应用
AC-6a	交流接触器	变压器的通断等应用
AC-6b	交流接触器	电容器组的通断等应用
AC-7a	交流接触器	家用电器和类似用途的低感负载等应用
AC-7b	交流接触器	家用的电动机负载等应用
AC-8a	交流接触器	具有手动复位过载脱扣器的密封制冷压缩机中的电动机控制等应用
AC-8b	交流接触器	具有自动复位过载脱扣器的密封制冷压缩机中的电动机控制等应用

知识贴士　交流低压接触器常见结构有双断点直动式、单断点转动式等。中大容量直流低压接触器常采用单断点平面布置整体结构，小容量直流低压接触器常采用双断点立体布置结构。

2.6.2 接触器的选择技巧与注意点

接触器的选择技巧如图 2-28 所示。选择接触器时，不能仅考虑线路的额定电流、工作电压，还得先考虑接触器所控制负载的工作是重任务还是轻任务，然后选择相应使用类别的接触器。

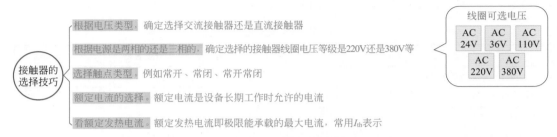

图2-28 接触器的选择技巧

选择接触器的注意点如下。

① 接触器的工作电压——接触器的最高工作电压不能超过接触器的额定绝缘电压。接触器在较低电压下工作时，工作电流不应超过同一接触器的额定发热电流。

② 接触器的使用环境——安装在密闭箱中或环境温度高于规定条件等场合下，则需要适当降容使用，以及选择对应派生型产品。

③ 接触器控制对象的操作频率——如果操作频率高，则需要根据等效发热电流留取适当裕量来选择接触器的容量等级。

④ 接触器控制对象的工作制——接触器控制对象是长期工作制时，则尽量选用银、银合金、镀银触点的接触器。接触器控制对象是重复短时工作制，则可以选择铜触点的接触器。接触器控制对象是断续周期工作制、短时工作制时，接触器的额定发热电流要不低于电动机实际运行的等效电流。

⑤ 接触器线圈的额定电压——接触器线圈的引入电压需要符合额定电压，控制回路尽量与接触器线圈额定电压相配。否则，可能需要考虑升降设备来转换。

⑥ 用于控制电动机负载的低压接触器——接触器的额定工作电压、额定电流（功率）、额定操作频率均不得低于电动机的相应值。

⑦ 用于控制电热设备的低压接触器——一般接触器 AC-1 等使用类别，额定工作电流大于或等于电热设备的额定电流。电热设备一般为多路单极并联运行，可将多极接触器并联，以提高其允许负载电流。

⑧ 用于控制电容器的低压接触器——一般接触器 AC-6b 等使用类别，额定工作电流不小于电容器的额定工作电流。

⑨ 用于控制变压器的低压接触器——一般接触器 AC-6a 等使用类别，额定工作电流不小于变压器的额定工作电流。

⑩ 用于控制照明装置的低压接触器——放电灯、白炽灯等照明装置的灯具，则分别选择 AC-5a 或 AC-5b 等使用类别的交流接触器，额定工作电流不小于相应灯具的额定工作电流。

⑪ 用于控制电磁铁的低压接触器——根据电磁铁的额定电压、额定电流、通电持续率、时间常数、功率因数等参数来选择接触器。

⑫ 直流接触器的选择——可以根据控制性质来选择，具体选择参考表 2-14。

表 2-14 直流接触器的参考选择

回路类型	负载性质	选择直流接触器类别	直流接触器的容量
动力制动回路	AC-2 ～ AC-4	具有二常开主触点接触器	根据接触器额定工作电流来选择
高电感回路	电磁铁	具有二常开主触点接触器	选用比回路电流大一电流等级的接触器
能耗回路	DC-3、DC-5	具有一常闭主触点接触器	根据接触器额定工作电流来选择
启动回路	DC-3、DC-5	具有一常开主触点接触器	根据接触器额定工作电流来选择
主回路	DC-1、DC-3	具有二常开或者二常闭主触点接触器	根据接触器额定工作电流来选择
主回路	DC-5	具有二常开或者二常闭主触点接触器	根据接触器额定工作电流的 30% ～ 50% 来选择

知识贴士 根据实际负载计算使用功率，并且一般以额定电流为标准进行选择。如果两相电实际功率为1kW，则对应的电流为4.5A（≈1kW÷220V）。如果三相电实际功率为1kW，则对应的电流为2A（≈1kW÷380V÷1.732），其中功率因数为0.75～0.9。另外，采用磁吹串联线圈灭弧的直流接触器降容使用时，则其实际回路的工作电流不应小于直流接触器的工作电流的30%。

2.6.3　交流接触器的选择

在民用建筑工程中，交流接触器的选择要求如下。

① 交流接触器的额定电压、电流、分断能力、动稳定电流、热稳定电流，均不小于该回路的相应参数。

② 交流接触器需要与短路保护电器协调配合。回路中短路电流较大时，接触器需要配用合适的短路保护电器，两者性能要协调配合。

③ 交流接触器的形式选择，需要满足其安装场所、运行环境的要求。

④ 接触器的允许操作频率，需要满足工艺要求。

⑤ 接触器吸引线圈的额定电压、耗电功率、辅助触点容量、辅助触点数量等，均需要满足控制回路的负载要求、接线要求。

⑥ 所控电动机功率一般不大于交流接触器的额定值。

⑦ 用于电容器、电焊机、照明等非电动机负载，除了满足通断容量外，还需要满足运行中出现的过电流要求。

⑧ 用于断续工作制时，需要考虑启动电流、通电持续率的影响。

⑨ 用于连续工作制时，宜选用银或镀银触点的接触器。如果选择铜触点的接触器，则需要根据降容 50% 来选择。

根据控制设备所能耐受的操作频率、工作制度、负载特性等条件，正确选用交流接触器的额定电流，以及一般要优先选择低噪声、节能的交流接触器。

2.7　刀开关

2.7.1　刀开关的常识

刀开关又叫作闸刀，一般用于不需经常切断与闭合的交直流低压（不大于 500V）电路，在额定电压下其工作电流不能超过额定值。刀开关结构如图 2-29 所示。

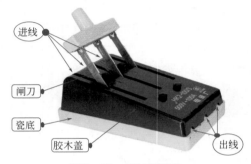

图2-29　刀开关结构

根据极数，刀开关分为单极刀开关、双极刀开关、三极刀开关；根据操作机构方式，刀开关分为中央手柄式刀开关、侧面操作手柄式刀开关、中央正面杠杆操作机构刀开关、侧方正面操作机械式刀开关；根据工作原理、使用条件、结构形式不同，刀开关分为刀形转换开关、开启式负荷开关（胶盖瓷底刀开关）、封闭式负荷开关（铁壳开关）、熔断器式刀开关、组合开关等，如图 2-30 所示。

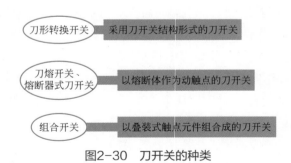

图2-30　刀开关的种类

常用三极刀开关长期允许通过电流的种类有 100A、200A、400A、600A、1000A 等。

常见的刀开关有 HD 型单掷刀开关、HH 型铁壳开关、HK 型闸刀开关、HR 型熔断器式刀开关、HS 型双掷刀开关、HY 型倒顺开关、HZ 型组合开关等。

在民用建筑工程中，当选用刀开关作隔离电器时，不得用中央手柄式刀开关切断负荷电流，而其他能断开一定负荷电流的刀开关，则必须选用带灭弧罩的刀开关。

在民用建筑工程中，刀形转换开关与刀熔开关选择的要求如图2-31所示。

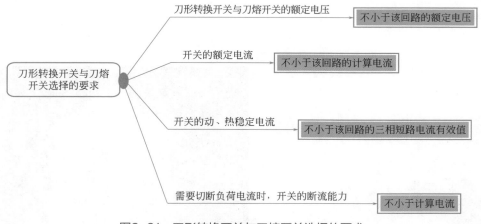

图2-31　刀形转换开关与刀熔开关选择的要求

知识贴士　刀开关在合闸位置时，闸刀应与固定触点接合紧密。检查时，在安全情况下可以利用塞尺检查其紧密度。

刀开关、隔离器、隔离开关主要用于不频繁地接通和分断电路。

2.7.2　双投倒顺刀开关的特点与应用

双投倒顺刀开关属于特殊刀开关，其具有双投倒顺特点，具结构特点如图2-32所示。

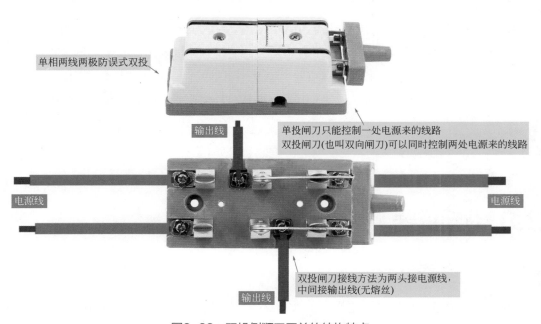

图2-32　双投倒顺刀开关的结构特点

2.7.3 HK2开启式负荷开关的特点与应用

HK2 开启式负荷开关就是黑色老式闸刀开关，也叫作负荷式隔离开关，其结构如图 2-33 所示。

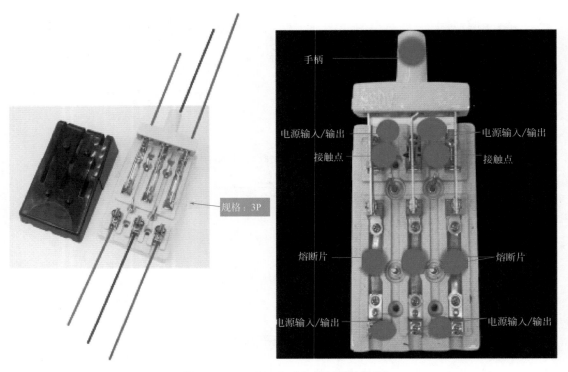

图2-33 HK2开启式负荷开关的结构

HK2 开启式负荷开关适用于交流 50Hz，额定电压为单相 220V、三相 380V 及以下，额定电流至 100A 的电路，可作为电路的总开关、支路开关以及电灯、电热器等操作开关，也可用作手动不频繁地接通和分断有负载电器及小容量线路，起短路保护作用。

HK2 开启式负荷开关规格有 220V/16A、220V/32A、220V/63A、380V/63A 等。

> **知识贴士** 一些地方建设领域淘汰类的产品包括HK1/HK2/HK2P/HK8型闸刀开关、石板闸刀开关、木制配电箱、瓷插式熔断器等。

2.8 熔断器

2.8.1 熔断器的基础

熔断器是指当电流超过规定值时，以本身产生的热量使熔体熔断，断开电路的一种电器，如图 2-34 所示。

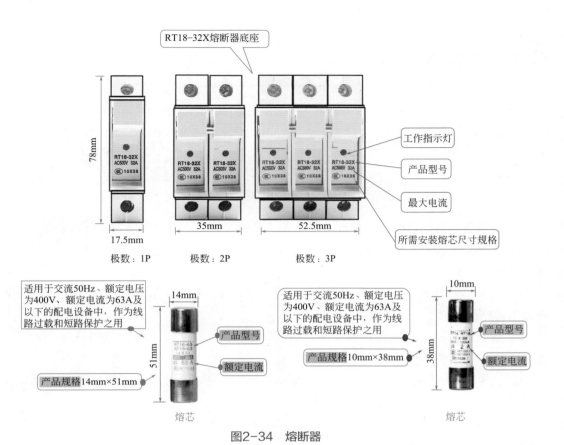

图2-34 熔断器

根据结构形式，低压熔断器的分类如图 2-35 所示。

图2-35 低压熔断器的分类

知识贴士 根据使用电压，熔断器可以分为高压熔断器、低压熔断器；根据保护对象，熔断器可以分为保护变压器用熔断器、一般电气设备用熔断器、保护电压互感器熔断器、保护半导体器件熔断器、保护家用电器熔断器、保护电动机熔断器等；根据结构，熔断器可以分为管式熔断器、喷射式熔断器、敞开式熔断器、半封闭式熔断器。

2.8.2 熔断器的使用与维修

熔断器使用、维修的要点如下。

① 选择熔断器类型时，主要考虑短路电流的大小、使用场合、负载的保护特性。一般工业用熔断器的选择如图 2-36 所示。

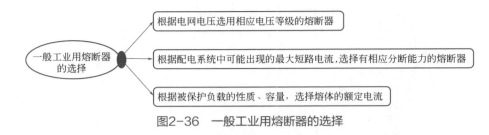

图2-36　一般工业用熔断器的选择

② 安装管式熔断器时，除需要保证相关接触良好外，还需要根据规定垂直安装。

③ 安装熔断器时，除了保证足够的电气距离外，还需要保证足够的间距，便于拆卸、更换熔体等。

④ 安装熔断器时，需要保证熔体与触刀、触刀和刀座接触良好，以免因熔体温度升高发生误动作。

⑤ 安装熔体时必须保证接触可靠，以免造成接触电阻发热、断相及阻值过大，从而引起负载缺相运行，引发烧毁机器事故。

⑥ 安装熔体时不能有机械损伤，以免使截面积变小，电阻增大，引发发热，破坏保护特性，引发误动作。

⑦ 安装引线时，要有足够的截面积，并且要拧紧接线螺钉，以免接触不良，引起接触电阻过大，使熔体提前熔断，造成误动作。

⑧ 拆换熔断器时不应带电进行。有的熔断器允许带电更换，但也需要注意切断负荷，以免发生危险。

⑨ 更换快速熔断器的熔体时，不能选用普通熔断器的熔体代替。

⑩ 更换熔体时，新熔体的规格尺寸、形状应与原熔体相同，不得随意凑合使用。

⑪ 更换三相负载回路一相熔断器时，应同时检查或更换另两相熔断器。

⑫ 检查发现熔体氧化腐蚀或损伤后，应及时更换。

⑬ 应经常清除熔断器及导电插座上的灰尘、污垢。

知识贴士　保护硅元件，常选择保护半导体器件熔断器。供家庭使用，常选择螺旋式或半封闭插入式熔断器。作电网配电用的熔断器，常选择一般工业用熔断器。

2.9　避雷器

2.9.1　避雷器的工作原理

避雷器是一种限制过电压的保护电器，它往往与被保护电气设备并联使用，如图 2-37 所示。

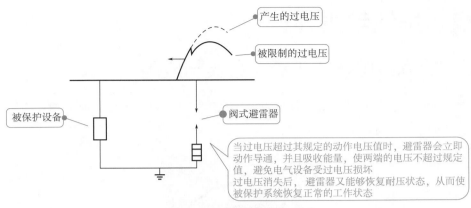

图2-37 避雷器的工作原理

2.9.2 避雷器的分类与用途

从结构上，避雷器可以分为阀式避雷器、管式避雷器等，其细分种类、用途见表2-15。

表 2-15 避雷器的分类、用途

<table>
<tr><th colspan="3">种类</th><th>系列</th><th>应用</th></tr>
<tr><td rowspan="12">阀式避雷器</td><td rowspan="7">碳化硅避雷器</td><td rowspan="6">交流型</td><td>电站型磁吹阀式避雷器</td><td>FCZ</td><td>保护 35 ～ 500kV 系统电站设备绝缘</td></tr>
<tr><td>线路型磁吹阀式避雷器</td><td>FCX</td><td>保护 330kV 及以上交流系统线路设备绝缘</td></tr>
<tr><td>电站型普通阀式避雷器</td><td>FZ</td><td>保护 3 ～ 220kV 交流系统电站设备绝缘</td></tr>
<tr><td>低压型阀式避雷器</td><td>FS</td><td>保护低压网络电器、电表、配电变压器低压绕组绝缘</td></tr>
<tr><td>配电型普通阀式避雷器</td><td>FS</td><td>保护 3kV、6kV、10kV 交流配电系统配电变压器、电缆头绝缘</td></tr>
<tr><td>保护旋转电动机磁吹阀式避雷器</td><td>FCD</td><td>保护旋转电动机绝缘</td></tr>
<tr><td>直流型</td><td>直流磁吹阀式避雷器</td><td>FCL</td><td>保护直流系统电气设备绝缘</td></tr>
<tr><td rowspan="5">金属氧化物避雷器</td><td rowspan="3">交流型</td><td>有并联间隙金属氧化物避雷器</td><td>YB</td><td>保护旋转电动机与要求保护性能特别好的场合</td></tr>
<tr><td>有串联间隙金属氧化物避雷器</td><td>YC</td><td>保护 3 ～ 10kV 交流系统配电变压器、电缆头、电站设备绝缘</td></tr>
<tr><td>无间隙金属氧化物避雷器</td><td>YW</td><td>包括 FS、FZ、FCD、FCZ、FCX 系列的全部应用范围</td></tr>
<tr><td>直流型</td><td>直流金属氧化物避雷器</td><td>YL</td><td>保护直流电气设备绝缘</td></tr>
<tr><td rowspan="2">管式避雷器</td><td colspan="2">无续流管式避雷器</td><td>GSW</td><td>保护电站进线与线路及 6kV、10kV 交流配电系统电气设备绝缘</td></tr>
<tr><td colspan="2">纤维管式避雷器</td><td>GWX</td><td>保护电站进线与线路绝缘</td></tr>
</table>

2.10 其他电气元件

2.10.1 时间继电器的特点、分类与应用

时间继电器是与时间有关的一种继电器，具体体现为延时一定时间后触点动作等，如图 2-38 所示。

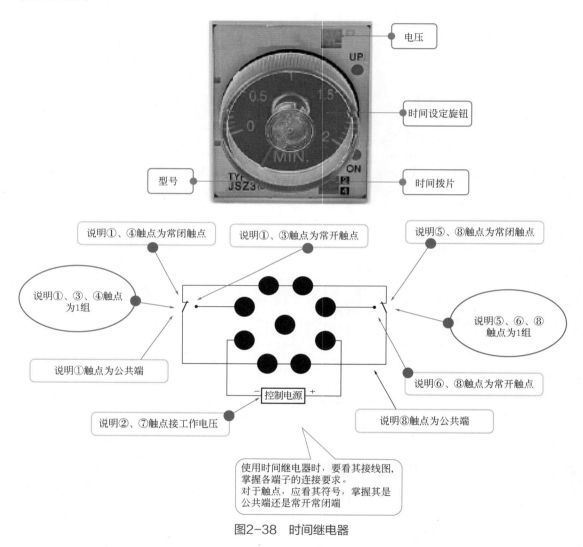

图2-38 时间继电器

根据工作原理，时间继电器可以分为电动式时间继电器、空气阻尼式时间继电器、电磁式时间继电器、电子式时间继电器等。

根据延时方式，时间继电器可以分为通电延时时间继电器、断电延时时间继电器。

根据动作原理，时间继电器可以分为电子式时间继电器、机械式时间继电器。

根据线圈的额定电压，时间继电器可以分为 AC110V 时间继电器、220V 时间继电器、380V 时间继电器等。

单个时间继电器极限负载功率比较小，一般在1100W以下。为此，需要配合交流继电器来使用。

2.10.2　中间继电器的特点、作用与识读

顾名思义，中间继电器就是起到"中间转换与传递控制"的一种继电器，如图 2-39 所示。中间继电器与交流接触器在结构和工作原理上基本相同。但是，中间继电器触点数目多，而触点容量小。

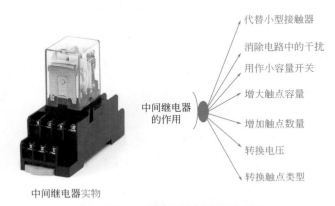

图2-39　中间继电器的实物和作用

中间继电器有常开触点、常闭触点、线圈端头等，实际应用时，需要看器件的接线图，如图 2-40 所示。

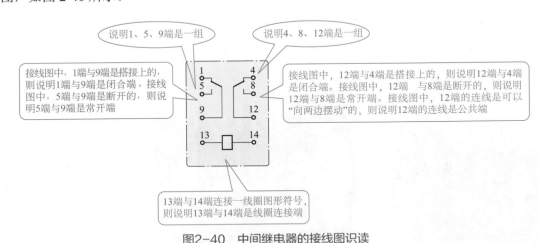

图2-40　中间继电器的接线图识读

2.10.3　温度继电器的特点与类型

顾名思义，温度继电器就是"利用温度控制"的一种继电器，也就是当外界温度达到给定值时而动作的继电器。温度继电器的类型如图 2-41 所示。

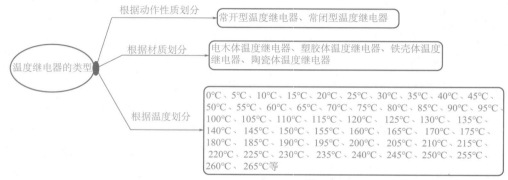

根据动作性质划分 → 常开型温度继电器、常闭型温度继电器

根据材质划分 → 电木体温度继电器、塑胶体温度继电器、铁壳体温度继电器、陶瓷体温度继电器

温度继电器的类型

根据温度划分 → 0℃、5℃、10℃、15℃、20℃、25℃、30℃、35℃、40℃、45℃、50℃、55℃、60℃、65℃、70℃、75℃、80℃、85℃、90℃、95℃、100℃、105℃、110℃、115℃、120℃、125℃、130℃、135℃、140℃、145℃、150℃、155℃、160℃、165℃、170℃、175℃、180℃、185℃、190℃、195℃、200℃、205℃、210℃、215℃、220℃、225℃、230℃、235℃、240℃、245℃、250℃、255℃、260℃、265℃等

图2-41　温度继电器的类型

2.10.4　压力继电器的特点

顾名思义，压力继电器就是靠"压力"驱动触点的一种继电器，即是将压力转换成电信号的继电器。

有的压力继电器可以通过调节压力，实现在某一设定的压力时输出一个电信号的功能。

调压范围是指压力继电器能够发出电信号的最低工作压力和最高工作压力的范围。压力继电器应在其调压范围内选择。

压力继电器调整完毕后，应锁定或固定其位置，以免遭受振动发生位置变动。

2.10.5　热继电器的特点与选择技巧

热继电器是用于电动机或其他电气设备、电气线路中起过载保护作用的一种保护电器，如图2-42所示。

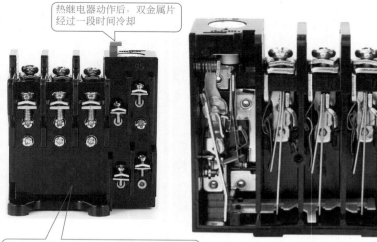

热继电器动作后，双金属片经过一段时间冷却

热继电器的工作原理：流入发热元件的电流产生热量，使得具有不同膨胀系数的双金属片发生形变，当形变达到一定程度时，则推动连杆动作，使控制电路断开，从而使接触器失电，则引起主电路断开，即实现电动机的过载保护

对于正反转和通断频繁的特殊工作制电动机，不宜采用热继电器作为过载保护装置

图2-42

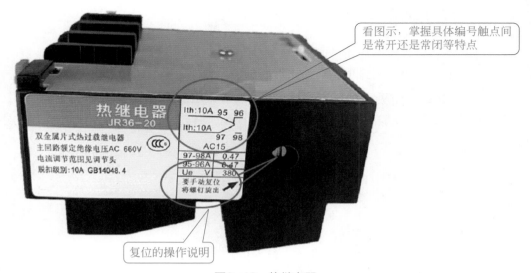

看图示，掌握具体编号触点间是常开还是常闭等特点

复位的操作说明

图2-42　热继电器

保护长期工作或间断长期工作的电动机时的热继电器选择技巧如图 2-43 所示。不宜选用两相热继电器的情况，如图 2-44 所示。

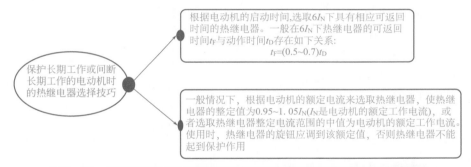

保护长期工作或间断长期工作的电动机时的热继电器选择技巧

根据电动机的启动时间,选取$6I_N$下具有相应可返回时间的热继电器。一般在$6I_N$下热继电器的可返回时间t_F与动作时间t_D存在如下关系：
$$t_F=(0.5\sim0.7)t_D$$

一般情况下，根据电动机的额定电流来选取热继电器，使热继电器的整定值为$0.95\sim1.05I_N$(I_N是电动机的额定工作电流)，或者选取热继电器整定电流范围的中值为电动机的额定工作电流。使用时，热继电器的旋钮应调到该额定值，否则热继电器不能起到保护作用

图2-43　保护长期工作或间断长期工作的电动机时的热继电器选择技巧

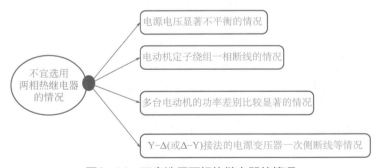

不宜选用两相热继电器的情况

电源电压显著不平衡的情况

电动机定子绕组一相断线的情况

多台电动机的功率差别比较显著的情况

Y-Δ(或Δ-Y)接法的电源变压器一次侧断线等情况

图2-44　不宜选用两相热继电器的情况

知识贴士　三相热继电器与两相热继电器的选择：一般故障情况下，两相热继电器与三相热继电器具有相同的保护效果，但是两相热继电器调试相对简单，因此，在相同条件下尽量选择两相热继电器，不宜选用两相热继电器的情况除外。

2.10.6 启动器的特点、选择与应用

小功率电动机可以直接启动。但是，三相异步电动机直接启动时电流可达到额定电流的 6 ～ 7 倍，对电网等冲击较大。大功率电动机如果直接启动，则冲击更大。为此，大功率三相异步电动机一般情况下不能够直接启动，需要采用启动器来启动。

根据操作方式，启动器分为手动启动器、自动启动器。常用的启动器为电磁启动器，如图 2-45 所示。

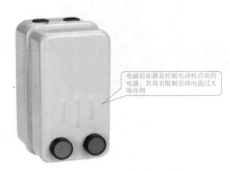

电磁启动器是控制电动机启动的电器，其具有限制启动电流过大等作用

图2-45 电磁启动器

确定启动器的容量等级、形式、类别时，需要考虑被控电动机的性能、使用条件与启动器的基本性能数据相协调，以便达到运行可靠、安全等目的。

选择启动器，应从被控电动机容量与电网容量之比、负载性质与对启动的要求、启动器与短路保护电器协调配合等方面综合考虑。

考虑负载性质与对启动的要求的参考选择见表 2-16。

表 2-16 考虑负载性质与对启动的要求的参考选择

负载性质	对启动的要求			举例负载
	不要求限制启动电流与减小对机械的冲击	减小启动时对机械的冲击	限制启动电流	
负载转矩与转速成平方关系	全压直接启动	—	电抗降压启动、延边三角形降压启动、自耦降压启动	轴流式风扇、离心式鼓风机、压缩机，离心泵、叶轮泵、螺旋泵、轴流泵
恒重负载	—	电阻或电抗降压启动	—	卷纸机、长距离传送带运输机、链式传送机、织机、夹送辊
恒转矩负载	—	电阻或电抗降压启动	电阻或电抗降压启动、延边三角形降压启动	罗茨鼓风机、压缩机、往复泵、容积泵、挤压机
摩擦负载	—	电阻或电抗降压启动	电阻或电抗降压启动、延边三角形降压启动	压延机、混砂机、水平传送带、活动台车、粉碎机、电动门等
无载或轻载启动	—	—	电阻或电抗降压启动、星-三角降压启动	绞盘、卷扬机、带卸料机的破碎机，电动发电机组，车床、钻床、铣床、圆锯、带锯等
要求启动转矩大、转矩增加快的负载	—	—	—	潜水泵、电力排灌、粉碎机等各类机械与农电设备

负载性质	对启动的要求			举例负载
	不要求限制启动电流与减小对机械的冲击	减小启动时对机械的冲击	限制启动电流	
重力负载	—	电阻或电抗降压启动	—	卷扬机、倾斜式传送带类机械，升降机、自动扶梯类机械
阻力矩小的惯性负载	—	—	电抗降压启动、星 - 三角降压启动、延边三角形降压启动	离心式分离机、脱水机、曲柄式压力机

注：无论选择哪一种启动方式，电动机的启动转矩必须大于其负载阻力矩。

根据被控电动机容量与电网容量（或电源变压器容量）之比确定启动方式，见表 2-17。

表 2-17　根据被控电动机容量与电网容量（或电源变压器容量）之比确定启动方式

电动机功率 /kW、电源变压器容量 /kW	0.35 以下	0.35 ～ 0.58	0.58 以上
启动方式	直接启动	星 - 三角降压启动，用串联电阻、电抗的方式	自耦降压启动，用延边三角形变换方式

小贴士　启动器与短路保护电器要协调配合。通常选用熔断器作为短路保护电器。熔断器需要安装在启动器的电源侧（综合启动器除外）。在综合启动器中，一般根据启动器额定电流的2.5倍来选择熔断器，以保证电动机启动时不发生误动作。

2.10.7　互感器的特点与分类

互感器就是对电力、电气系统中的高电压、大电流进行测量的一种电气设备。根据测量对象不同，互感器可以分为电压互感器、电流互感器。

根据测量原理不同，电压互感器可以分为电磁式电压互感器、电容式电压互感器、电子式电压互感器。电流互感器可以分为传统型电流互感器、零序电流互感器、电子式电流互感器等。

互感器的特点、分类见表 2-18。

表 2-18　互感器的特点、分类

类别		形式	特点
电压互感器	电磁式电压互感器	单相油浸式	① 单相油浸式电压互感器往往采用油纸绝缘，具有误差稳定等特点 ② 单相油浸式电压互感器分为不接地型、接地型两种
		串级油浸式	采用油纸绝缘，误差稳定，其绝缘水平与额定电压有关
		单相干式	采用环氧浇注绝缘，误差稳定。其有不接地型与接地型两种
		SF₆ 气体绝缘式	采用 SF_6 气体作为主绝缘，误差稳定，只有接地型。单相式用于分相全封闭组合电器；由三台单相互感器构成三相式，用于三相共箱全封闭组合电器
	电容式电压互感器	单相油浸式	由电容分压器、电磁单元等构成。高压电容器可以兼作载波耦合电容器使用，只能设计成接地型。电容式电压互感器则一般用于 220kV 及以下电压等级

类别		形式	特点
电压互感器		装入式	又叫作套管式电压互感器，其结构中无一次绕组及其主绝缘，装在变压器、断路器、全封闭组合电器套管上
		SF$_6$气体绝缘式	参考SF$_6$气体绝缘式电磁式电压互感器
		油浸式	采用油纸绝缘，正立式重心低，适用于地震带；倒立式重心高，但是承受允许的一次短路电流能力强，适用于非地震带
		干式	采用环氧浇注绝缘，维护简单。其分为贯穿式、母线式、支持式等类型
组合互感器		油浸式	采用油纸绝缘，由电流互感器与电压互感器组成一体，适用于线路变压器组和桥式主接线，一般用于110kV及以下电压等级
		干式	采用环氧浇注绝缘，结构紧凑。单相组合互感器由各单相电流互感器、电压互感器组成；三相组合互感器由三相电压互感器和三（或两）个单相电流互感器组合形成
特种互感器	零序电流互感器	干式	又叫作剩余电流互感器，其分为电缆式、母线式。干式零序电流互感器是由电流继电器或接地型电压互感器的剩余电压回路与功率方向继电器构成的，是中性点绝缘系统单相接地保护装置
	直流互感器	干式或油浸式	① 高压直流互感器为油浸式，用于直流输电线路 ② 低压直流互感器为干式，用于测量直流大电流
光电式互感器		光电式电流互感器	通过高低压回路用带信息的光束耦合的电流互感器，可以输出模拟量或数字量，输出容量小。其有光电式、磁光式等种类
		光电式电压互感器	其电压信号既可以用光学传输，也可以用电容（电阻）分压器传输，模拟量输出，输出容量小
		带电子装置的电容式电压互感器	由电容分压器和电子放大器构成。高压电容器的电容量很小，电容分压器只输出信号，用于全封闭组合电器

知识贴士 互感器的功能如下。

① 将测量仪表、继电保护装置与线路高电压隔离，保证运行人员与二次装置的安全。

② 将线路电压与电流变换成统一的标准值，以利于仪表、继电保护装置的标准化。

③ 与测量仪表配合，对线路的电压、电流、电能进行测量。

④ 与继电保护装置配合，对电力系统、电气系统及其设备进行保护。

2.10.8　行程开关的特点、分类与型号

行程开关是常用来限制机械运动的位置或行程，使运动机械根据一定位置或行程自动停止、反向运动、变速运动、自动往返运动等的一种小电流主令电器，如图2-46所示。

图2-46　行程开关

　　一般用途的行程开关，主要用于机床、其他生产机械、自动生产线的限位与行程的控制。起重设备用行程开关，主要用于限制起重设备、各种冶金辅助机械的行程。

　　行程开关的类型主要有：

① 柱塞式、自动复位行程开关；

② 滚轮柱塞式、自动复位行程开关；

③ 滚轮转臂式、自动复位行程开关；

④ 可调滚轮转臂式、自动复位行程开关；

⑤ 可调金属摆杆式、自动复位行程开关；

⑥ 弹性摆杆式、自动复位行程开关；

⑦ 叉式、二轮在同一方向、不自动复位行程开关；

⑧ 叉式、左轮在前、右轮在后、不自动复位行程开关；

⑨ 叉式、右轮在前、左轮在后、不自动复位行程开关；

⑩ 万向式、自动复位行程开关。

行程开关的型号表示如图 2-47 所示。

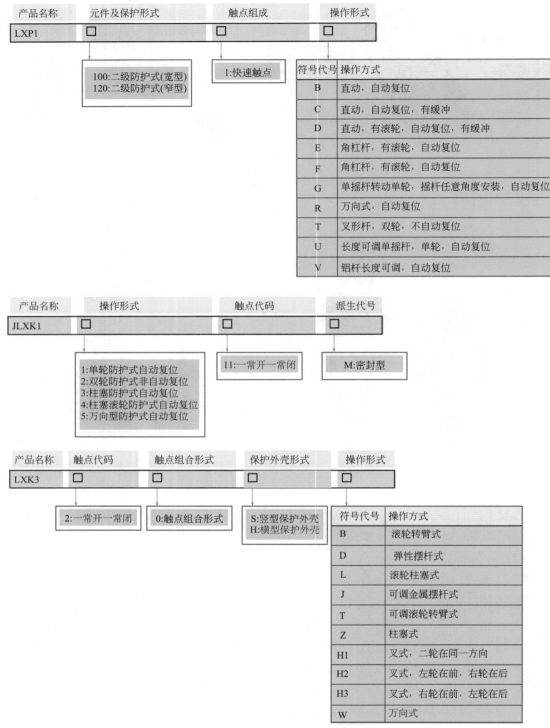

产品名称	元件及保护形式	触点组成	操作形式
LXP1	□	□	□

100:二级防护式(宽型)
120:二级防护式(窄型)

1:快速触点

符号代号	操作方式
B	直动,自动复位
C	直动,自动复位,有缓冲
D	直动,有滚轮,自动复位,有缓冲
E	角杠杆,有滚轮,自动复位
F	角杠杆,有滚轮,自动复位
G	单摇杆转动单轮,摇杆任意角度安装,自动复位
R	万向式,自动复位
T	叉形杆,双轮,不自动复位
U	长度可调单摇杆,单轮,自动复位
V	铝杆长度可调,自动复位

产品名称	操作形式	触点代码	派生代号
JLXK1	□	□	□

1:单轮防护式自动复位
2:双轮防护式非自动复位
3:柱塞防护式自动复位
4:柱塞滚轮防护式自动复位
5:万向型防护式自动复位

11:一常开一常闭

M:密封型

产品名称	触点代码	触点组合形式	保护外壳形式	操作形式
LXK3	□	□	□	□

2:一常开一常闭

0:触点组合形式

S:竖型保护外壳
H:横型保护外壳

符号代号	操作方式
B	滚轮转臂式
D	弹性摆杆式
L	滚轮柱塞式
J	可调金属摆杆式
T	可调滚轮转臂式
Z	柱塞式
H1	叉式,二轮在同一方向
H2	叉式,左轮在前,右轮在后
H3	叉式,右轮在前,左轮在后
W	万向式

图2-47 行程开关的型号表示

知识贴士 实际应用中,先将行程开关安装在预先安排的位置,当装于生产机械运动部件上的模块撞击行程开关时,行程开关的触点动作,实现电路的切换。

2.10.9 倒顺开关的特点与应用

倒顺开关也称为顺逆开关，如图 2-48 所示。倒顺开关是连通、断开电源或负载，实现电动机正反转的一种电气设备。

倒顺开关手柄上有三个位置，即顺、停、倒。倒顺开关分为单相倒顺开关、三相倒顺开关等类型。

倒顺开关与垂直面的倾斜度不超过 ±5°，适合在有防雨雪设备与没有充满水蒸气的地方，以及无显著摇动、冲击和振动的地方应用。

正反转控制装置中的控制电器需要采用接触器、继电器等自动控制电器，不得采用手动双向转换开关作为控制电器。

图2-48　倒顺开关

> **知识贴士** 施工现场电动式打夯机不得使用倒顺开关。倒顺开关安装后，其手柄指示的位置应与其对应的接触片位置一致。

2.10.10 万能转换开关的特点、应用与识读

万能转换开关是可以用于不频繁接通与断开电路，实现换接电源、负载的多挡式、控制多回路的主令电器，如图 2-49 所示。

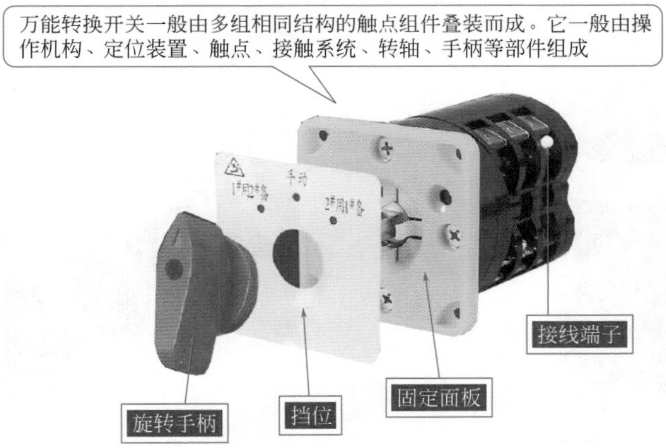

> 万能转换开关一般由多组相同结构的触点组件叠装而成。它一般由操作机构、定位装置、触点、接触系统、转轴、手柄等部件组成

接线端子

旋转手柄　　挡位　　固定面板

图2-49　万能转换开关

万能转换开关主要适用于交流 50Hz、额定工作电压 380V 及以下、直流电压 220V 及以下，额定电流至 160A 的电气线路中。

万能转换开关有 LW2、LW4、LW6、LW8、LW12、LW15、LW26、LW30、LW39 等型号。万能转换开关电流等级有 10A、16A、20A、25A、32A、63A、125A、160A 等。

万能转换开关的触点图识读案例如图 2-50 所示。

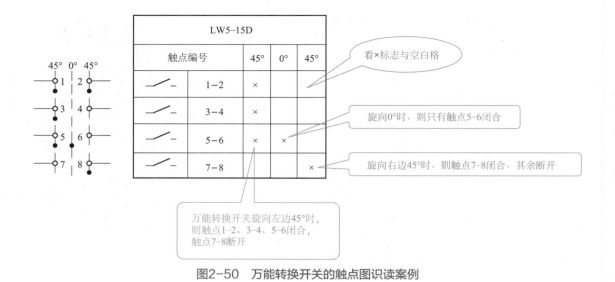

LW5-15D				
触点编号		45°	0°	45°
↗−	1−2	×		
↗−	3−4	×		
↗−	5−6	×	×	
↗−	7−8			×

看×标志与空白格

旋向0°时，则只有触点5-6闭合

旋向右边45°时，则触点7-8闭合，其余断开

万能转换开关旋向左边45°时，则触点1-2、3-4、5-6闭合，触点7-8断开

图2-50　万能转换开关的触点图识读案例

> **知识贴士** 万能转换开关的手柄操作位置一般是以角度来表示的。不同型号的万能转换开关的手柄有不同的转换开关触点。

2.10.11　按钮的特点、应用与识读

按钮是一种常用的控制电器元件，常用来接通或断开控制电路，一般用于小电流电路。按钮一般由按键、动作触点、复位弹簧、按钮盒等组成，如图 2-51 所示。按钮的文字符号为 SB。

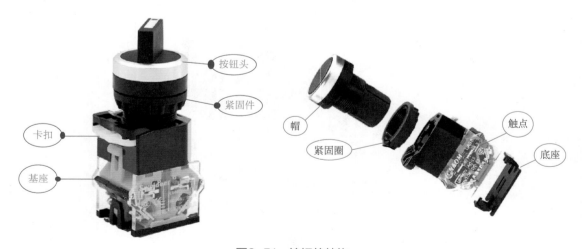

图2-51　按钮的结构

按钮的分类与特点如图 2-52 所示。常见的按钮主要作为急停按钮、停止按钮、组合按钮、启动按钮、点动按钮、复位按钮等。

在消火栓按钮的操作面板上，应标注的图形符号如图 2-53 所示。

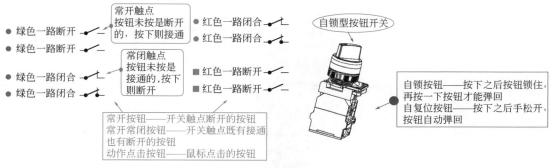

图2-52　按钮的分类与特点

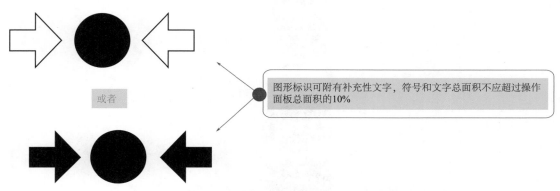

图2-53　在消火栓按钮的操作面板上，应标注的图形符号

消火栓按钮的工作电压应选择不大于 36V 的安全电压。消火栓按钮应设红色启动确认灯、绿色回答确认灯。消火栓按钮外壳的边角应钝化，以减少人受伤的可能性。消火栓按钮应至少具有一常开触点或常闭触点。

> **知识贴士** 按时运动、抬时停止运动（如点动、微动），应用黑色、白色、灰色、绿色按钮，最好用黑色按钮，而不能用红色按钮。
>
> 复位单一功能的，用蓝色、黑色、白色、灰色按钮。同时有停止或断电功能的，用红色按钮。
>
> 启动、通电优先用绿色按钮，也允许用黑色、白色、灰色按钮。
>
> 停止、继电或事故，一般用红色按钮。
>
> 一钮双用的（启动与停止或通电与继电），交替按压后改变功能的，既不能用红色按钮，也不能用绿色按钮，而应用黑色、白色、灰色按钮。

2.10.12　指示信号灯的特点、应用与颜色

指示信号灯（以下简称指示灯）就是用灯光监视电路和电气设备工作或位置状态的一种电器，如图 2-54 所示。指示灯的文字符号为 HL。

指示灯常见的颜色有红色、黄色、绿色、蓝色、白色等，如图 2-55 所示。

高亮色容易分辨

LED灯芯

外壳

型号

参数

橡胶圈

紧固件

防尘盖

图2-54　指示灯

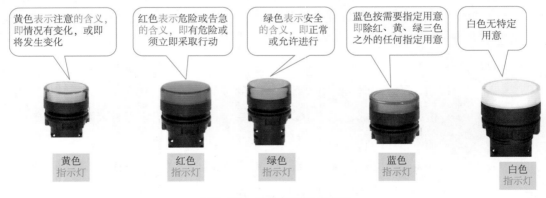

黄色表示注意的含义，即情况有变化，或即将发生变化

红色表示危险或告急的含义，即有危险或须立即采取行动

绿色表示安全的含义，即正常或允许进行

蓝色按需要指定用意即除红、黄、绿三色之外的任何指定用意

白色无特定用意

黄色
指示灯

红色
指示灯

绿色
指示灯

蓝色
指示灯

白色
指示灯

图2-55　指示灯常见的颜色

2.11　线盒、插座、面板与灯头

2.11.1　底盒（暗盒）的特点、规格与尺寸

常见的底盒（暗盒）规格如图2-56所示。选择使用不锈钢螺母，这样不再担心螺母生锈。

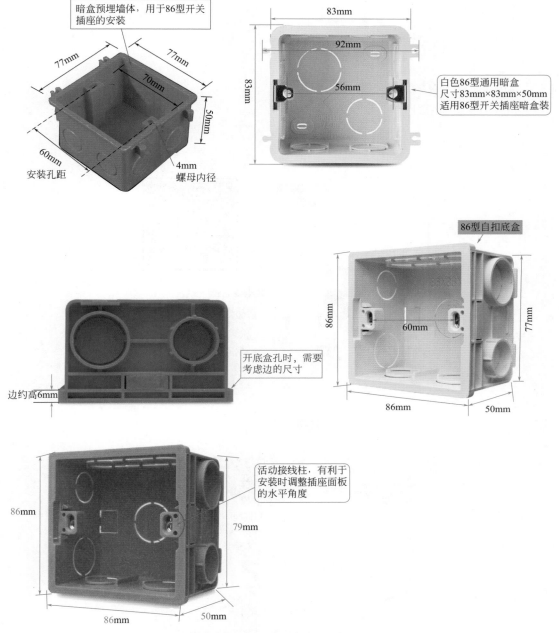

图2-56 常见的底盒（暗盒）规格

2.11.2 明装线盒的特点、规格、尺寸与应用

明装线盒的特点如图2-57所示。应选择防锈金属螺母、加厚、合格、可活动进出线口等的明装线盒。

乳白86型PVC明装线盒的尺寸为86mm×86mm×33mm，如图图2-58所示，主要用于工程建筑、家庭装潢、桥梁电路装饰、灯饰城的场景，配用86型开关与插座。

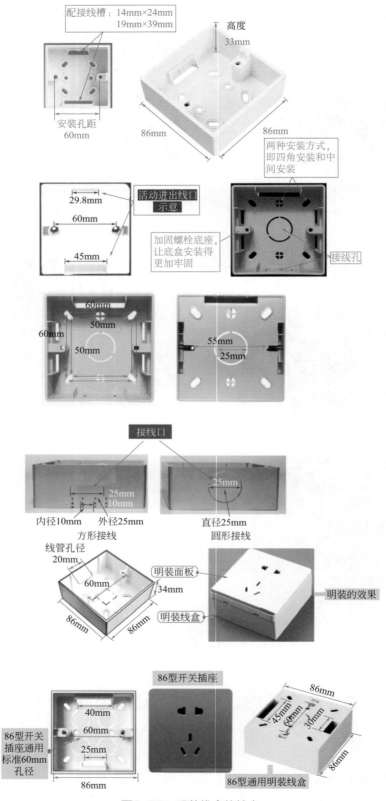

配接线槽：14mm×24mm
　　　　　19mm×39mm

高度
33mm

安装孔距
60mm

86mm

86mm

两种安装方式，即四角安装和中间安装

29.8mm

60mm

45mm

活动进出线口示意

加固螺栓底座，让底盒安装得更加牢固

接线孔

60mm

50mm

60mm

50mm

55mm

25mm

接线口

25mm

10mm

内径10mm

外径25mm

方形接线

25mm

直径25mm

圆形接线

线管孔径
20mm

60mm

34mm

86mm

86mm

明装面板

明装线盒

明装的效果

40mm

60mm

25mm

86mm

86型开关插座通用标准60mm孔径

86型开关插座

86mm

45mm

60mm

30mm

86mm

86型通用明装线盒

图2-57　明装线盒的特点

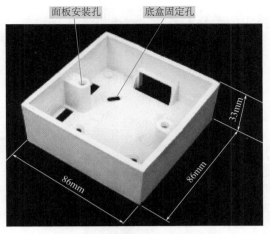

图2-58 乳白86型PVC明装线盒尺寸

2.11.3 AC30系列模数化插座的特点、规格尺寸

AC30 系列模数化插座是安装模数化终端组合电器的一种配套电气设备，也可以用于其他成套电器箱内，以及对用电设备进行插接。

AC30 系列模数化插座如图 2-59 所示。

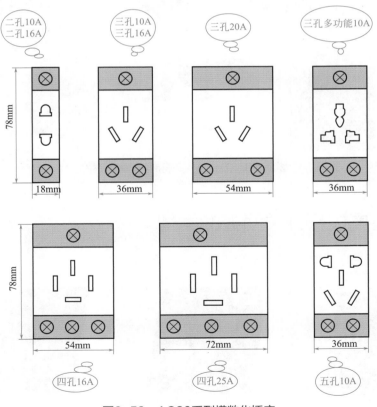

图2-59 AC30系列模数化插座

2.11.4　工业插头插座的特点与规格

工业插头插座的特点与规格如图 2-60 所示。

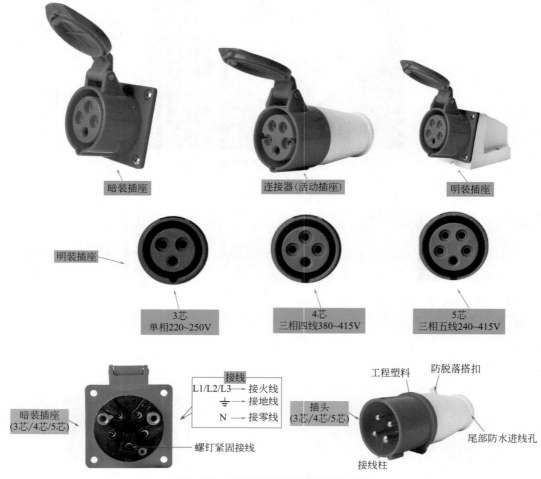

图2-60　工业插头插座的特点与规格

2.11.5　金属拨杆开关面板的类型

金属拨杆开关面板的类型如图 2-61 所示。

图2-61　金属拨杆开关面板的类型

2.11.6　插座接线标志的识读

插座接线标志的识读如图 2-62 所示。

图2-62　插座接线标志的识读

2.11.7　灯头的类型、特点与规格尺寸

灯头螺口的类型如图 2-63 所示。实际应用中，还会遇到特殊的灯头，如图 2-64 所示。

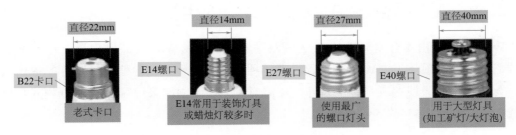

图2-63　灯头螺口的类型

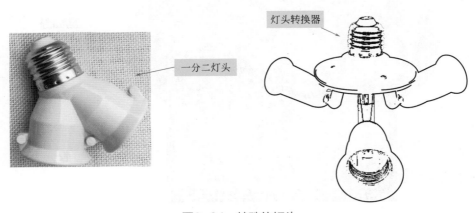

图2-64　特殊的灯头

2.12 WiFi 面板、WiFi 无线路由器与应用

2.12.1 入墙面板式WiFi无线路由器的特点

入墙面板式 WiFi 无线路由器如图 2-65 所示。该面板具有 RJ45、RJ11 接口，内置天线，符合 EEE 802.11g/IEEE 802.11b/IEEE 802.11n 无线标准等。

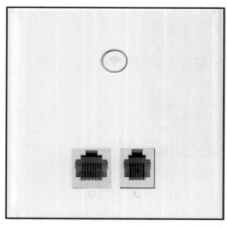

图2-65　入墙面板式WiFi无线路由器

2.12. 2 WiFi无线路由器的特点、应用

WiFi 无线路由器有六天线 WiFi 无线路由器、二天线 WiFi 无线路由器、五天线 WiFi 无线路由器、多频合一的 WiFi 无线路由器等种类。WiFi 无线路由器接口如图 2-66 所示。

无线路由器天线并不是越多越好，还需要看无线路由器采用哪个 MIMO 模式，以及天线的种类、硬件支持等情况。

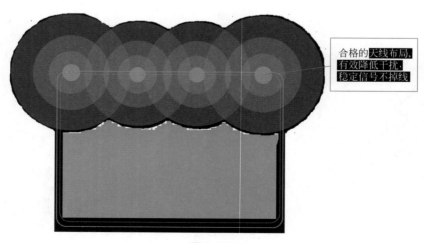

合格的天线布局，有效降低干扰，稳定信号不掉线

图2-66

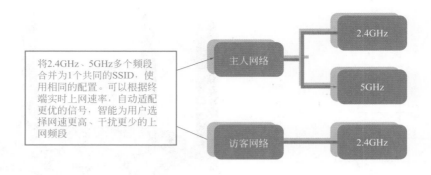

将2.4GHz、5GHz多个频段合并为1个共同的SSID，使用相同的配置。可以根据终端实时上网速率，自动适配更优的信号，智能为用户选择网速更高、干扰更少的上网频段

主人网络

2.4GHz

5GHz

访客网络

2.4GHz

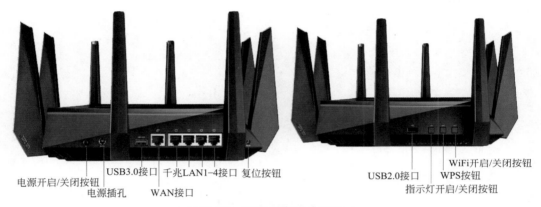

电源开启/关闭按钮
电源插孔
USB3.0接口
WAN接口
千兆LAN1~4接口
复位按钮

USB2.0接口
指示灯开启/关闭按钮
WPS按钮
WiFi开启/关闭按钮

图2-66　WiFi无线路由器接口

某款 WiFi 无线路由器的尺寸如图 2-67 所示。

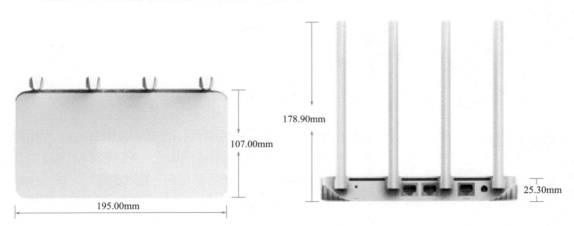

107.00mm

195.00mm

178.90mm

25.30mm

图2-67　某款WiFi无线路由器的尺寸

选购无线路由器时，需要根据具体需求来确定：家居光纤宽带是否为300M、无线设备连接是否多、家居是否需要千兆有线传输、家居是否对有线传输要求比较高、家居是否需要移动硬盘共享资料、家居是否需要智能管理等。如果需求超过 2 条以上，则一般应选择中高端无线路由器。

家庭网络系统电气的连接如图 2-68 所示。

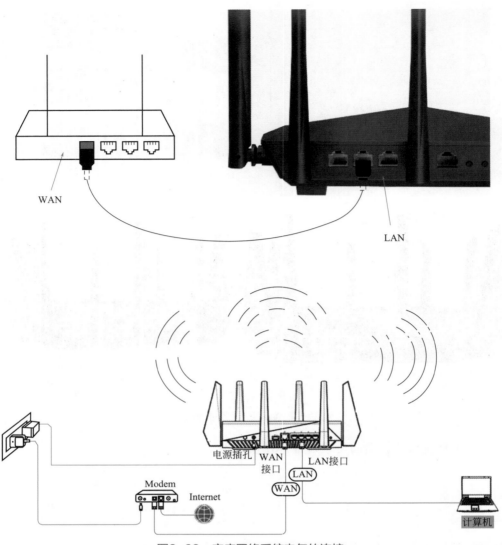

图2-68　家庭网络系统电气的连接

> **知识贴士** 300M是指无线路由器的传输速率为300Mbit/s，而不是传输距离为300m。如果计算机网卡为300M，则其传输速率无法超越300Mbit/s。因此，选择无线路由器的传输速率需要看计算机网卡的传输速率。无线路由器传输速率数值越大，则代表其传输速度越快，数据越流畅。

第3章

电气原理与电路

3.1 电气控制原理

3.1.1 电气图

电气图就是用电气图形符号绘制的一种工程图，它包括电气系统图、电气框图、电气控制图（电路图）、电气接线图、电气逻辑图、电气位置图、电气元件布置图和电气原理图等，如图 3-1 所示。

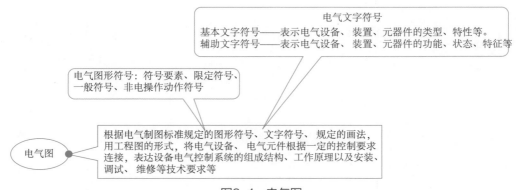

电气文字符号
基本文字符号——表示电气设备、装置、元器件的类型、特性等。
辅助文字符号——表示电气设备、装置、元器件的功能、状态、特征等

电气图形符号：符号要素、限定符号、一般符号、非电操作动作符号

根据电气制图标准规定的图形符号、文字符号、规定的画法，用工程图的形式，将电气设备、电气元件根据一定的控制要求连接，表达设备电气控制系统的组成结构、工作原理以及安装、调试、维修等技术要求等

电气图

图3-1 电气图

> 知识贴士 电力拖动就是应用电动机拖动生产机械。继电接触控制就是利用继电器、接触器实现对电动机、生产设备的控制与保护。

3.1.2 电气图形符号、文字符号

电气图形符号、文字符号如图 3-2 所示。

3.1.3 电子元器件符号——电阻

电子元器件符号——电阻，如图 3-3 所示。

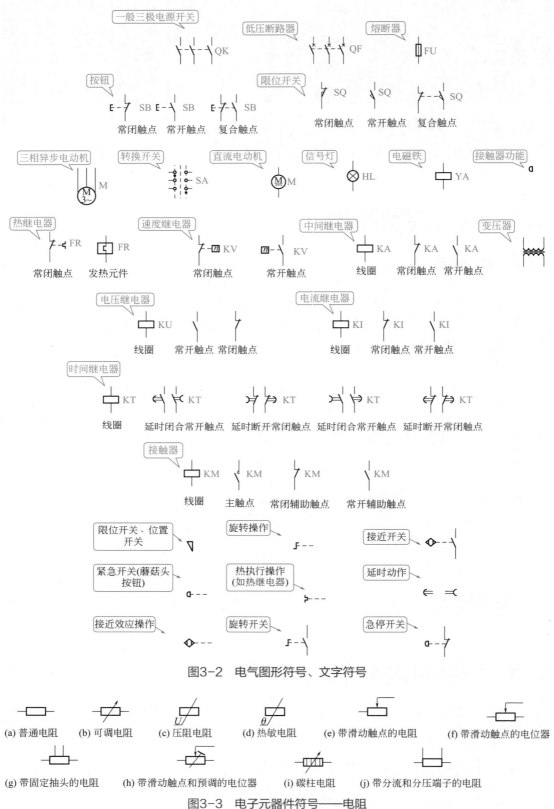

图3-2　电气图形符号、文字符号

(a) 普通电阻　　(b) 可调电阻　　(c) 压阻电阻　　(d) 热敏电阻　　(e) 带滑动触点的电阻　　(f) 带滑动触点的电位器

(g) 带固定抽头的电阻　　(h) 带滑动触点和预调的电位器　　(i) 碳柱电阻　　(j) 带分流和分压端子的电阻

图3-3　电子元器件符号——电阻

3.1.4 电子元器件符号——电容

电子元器件符号——电容，如图 3-4 所示。

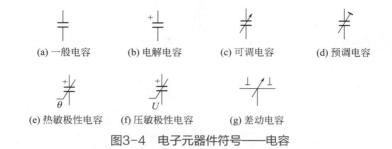

(a) 一般电容　　(b) 电解电容　　(c) 可调电容　　(d) 预调电容

(e) 热敏极性电容　　(f) 压敏极性电容　　(g) 差动电容

图3-4　电子元器件符号——电容

3.1.5 电子元器件符号——电感

电子元器件符号——电感，如图 3-5 所示。

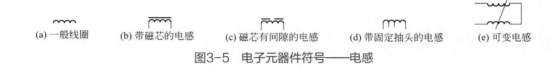

(a) 一般线圈　　(b) 带磁芯的电感　　(c) 磁芯有间隙的电感　　(d) 带固定抽头的电感　　(e) 可变电感

图3-5　电子元器件符号——电感

3.1.6 电子元器件符号——其他

电子元器件符号——其他，如图 3-6 所示。

名称	符号	名称	符号	名称	符号
双向触发二极管	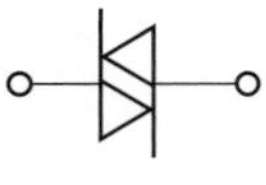	稳压二极管	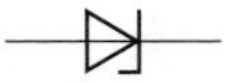	发光二极管	
普通二极管	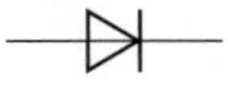	磁敏二极管	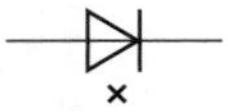	肖特基二极管	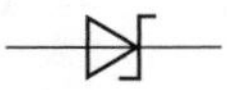
变容二极管	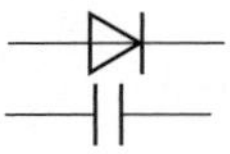	双向击穿二极管	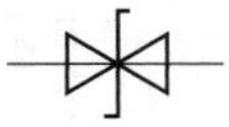	接收二极管	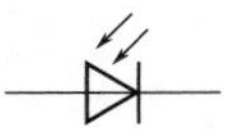
隧道二极管	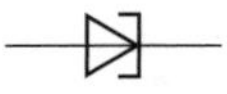	体效应二极管		恒流二极管	

(a) 二极管的符号

图3-6

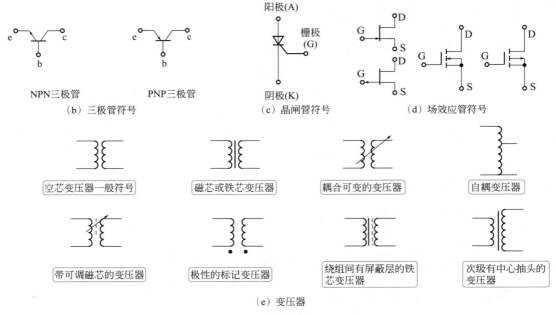

（b）三极管符号   （c）晶闸管符号   （d）场效应管符号

（e）变压器

图3-6　电子元器件符号——其他

3.1.7　电气原理图的基础与常识

　　电气原理（控制）图就是根据电气控制系统的工作原理，采用电气元件展开的形式绘制的一种电气图。电气原理图的图解精讲如图3-7所示。

　　图中电气元件的可动部分是以非激励或不工作时的状态、位置表示的，例如零位操作的手动控制开关在零位状态，不带零位的手动控制开关在图中规定的位置。又如保护类元器件处在设备正常工作状态，特殊情况加以说明。

　　电气原理图中两线交叉连接时的电气连接点，要用黑圆点标出。

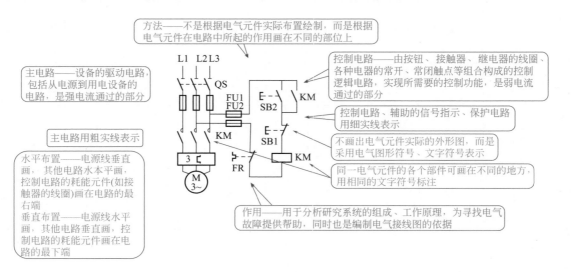

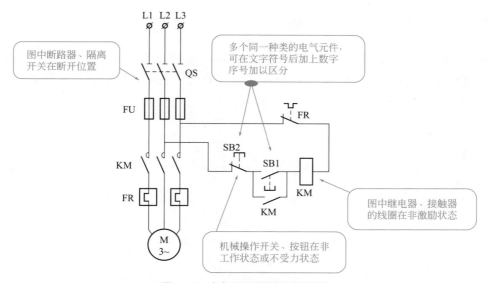

图中断路器、隔离开关在断开位置

多个同一种类的电气元件，可在文字符号后加上数字序号加以区分

图中继电器、接触器的线圈在非激励状态

机械操作开关、按钮在非工作状态或不受力状态

图3-7 电气原理图的图解精讲

电气控制图有直接电联系的交叉导线连接点，一般要用小圆圈或黑圆点来表示。如果是无直接电联系的交叉导线连接点，则不画小圆圈或黑圆点。电气控制图的电路布置特点、排列特点如图 3-8 所示。

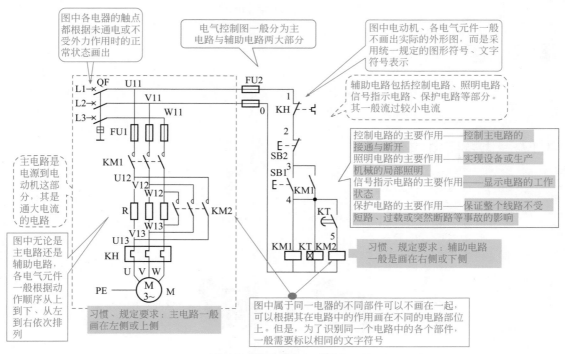

图中各电器的触点都根据未通电或不受外力作用时的正常状态画出

电气控制图一般分为主电路与辅助电路两大部分

图中电动机、各电气元件一般不画出实际的外形图，而是采用统一规定的图形符号、文字符号表示

辅助电路包括控制电路、照明电路、信号指示电路、保护电路等部分。其一般流过较小电流

控制电路的主要作用——控制主电路的接通与断开
照明电路的主要作用——实现设备或生产机械的局部照明
信号指示电路的主要作用——显示电路的工作状态
保护电路的主要作用——保证整个线路不受短路、过载或突然断路等事故的影响

主电路是电源到电动机这部分，其是通大电流的电路

图中无论是主电路还是辅助电路，各电气元件一般根据动作顺序从上到下、从左到右依次排列

习惯、规定要求：辅助电路一般是画在右侧或下侧

习惯、规定要求：主电路一般画在左侧或上侧

图中属于同一电器的不同部件可以不画在一起，可以根据其在电路中的作用画在不同的电路部位上。但是，为了识别同一个电路中的各个部件，一般需要标以相同的文字符号

图3-8 电气控制图的电路布置特点、排列特点

🔧 知识贴士 电气原理图中包括电气元件的导电部件、接线端点，但不是根据电气元件的实际位置来绘制的，也不反映电气元件的形状、大小、安装方式等。

3.1.8　主电路各接点的标记

在主电路图中的支路、接点一般需要加上标号，如图3-9所示。其中，电源开关后的三相交流电源主电路分别标记 U、V、W。例如：U11 表示电动机的第一相的第一个接点代号，U21 表示电动机的第一相的第二个接点代号，以此类推。

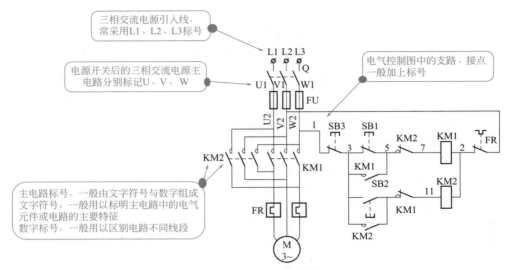

图3-9　主电路各接点的标记

> **知识贴士**　控制电路由3位或3位以下的数字组成，交流控制电路的标号一般以主要压降元件为分界，左侧用奇数标号，右侧用偶数标号。直流控制电路中正极一般按奇数标号，负极按偶数标号。

3.1.9　按钮的接线

按钮的接线如图 3-10 所示。

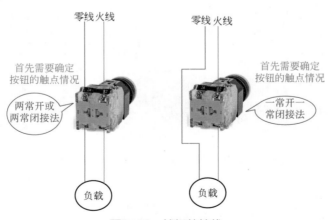

图3-10　按钮的接线

3.1.10　时间继电器+交流接触器的接线（三相负载）

时间继电器 + 交流接触器的接线（三相负载）如图 3-11 所示。

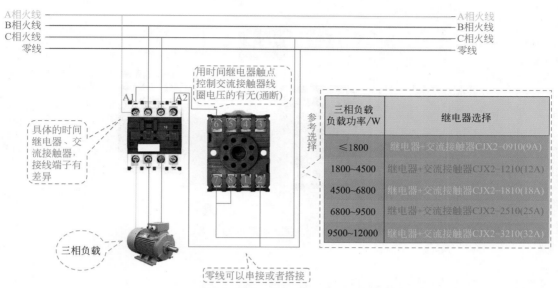

图3-11　时间继电器+交流接触器的接线（三相负载）

3.1.11　时间继电器+交流接触器的接线（单相负载）

时间继电器 + 交流接触器的接线（单相负载）如图 3-12 所示。

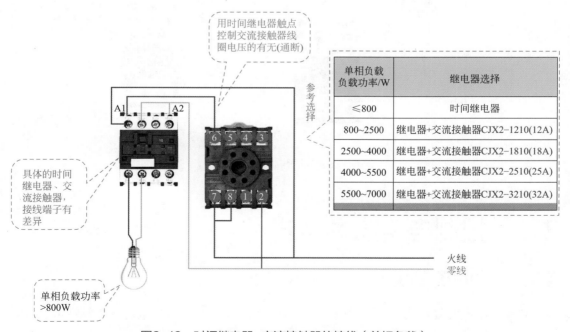

图3-12　时间继电器+交流接触器的接线（单相负载）

3.1.12 接触器220V的接线

接触器 220V 的接线如图 3-13 所示。

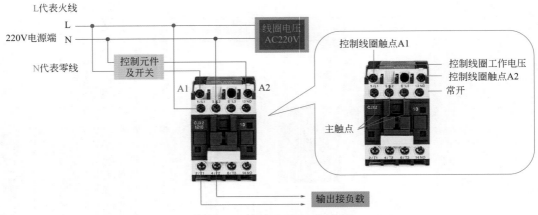

图3-13 接触器220V的接线

3.1.13 接触器380V的接线

接触器 380V 的接线如图 3-14 所示。

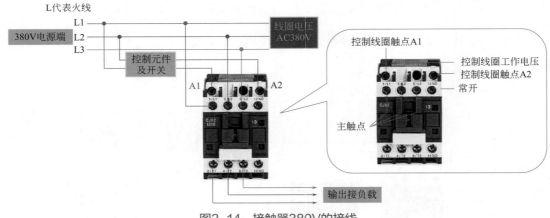

图3-14 接触器380V的接线

3.2 控制电路基本环节

3.2.1 点动控制电路

点动控制电路就是按住按钮时电动机转动工作，手松开按钮时电动机立即停止工作的一种电路。点动控制电路常用于生产设备的调整。点动控制电路如图 3-15 所示。

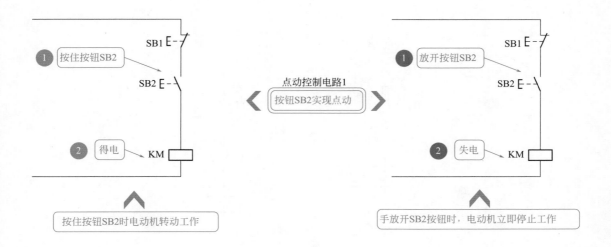

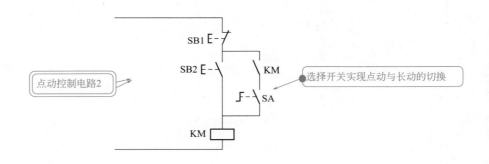

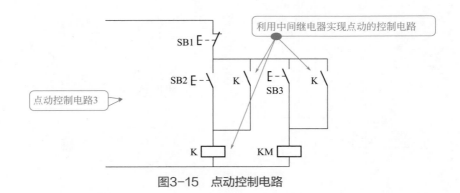

图3-15　点动控制电路

3.2.2　自锁电路

自锁电路就是依靠接触器自身辅助触点而使其线圈保持通电的一种电路，如图3-16所示。

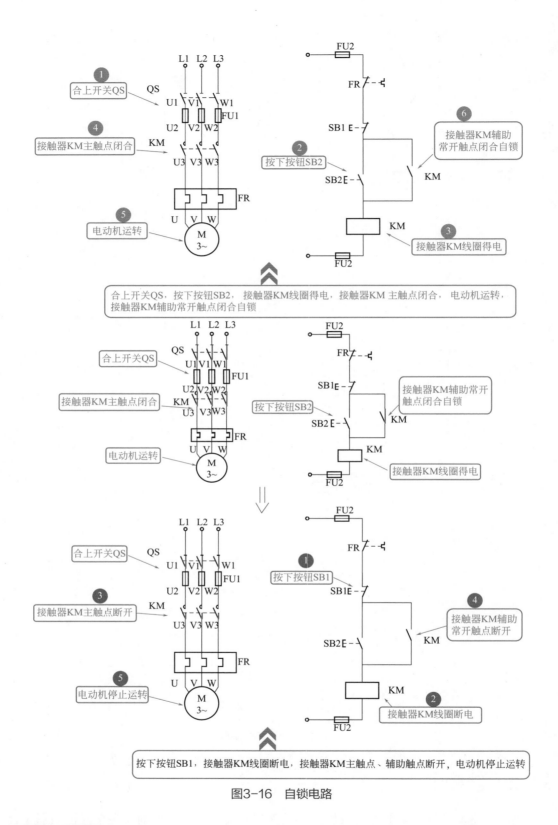

图3-16 自锁电路

🔧 知识贴士　自锁既可以实现通电保持，也可以具有欠电压保护、失电压保护等作用。

3.2.3 联锁电路

联锁电路也就是电动机有顺序地启动。联锁电路如图 3-17 所示。

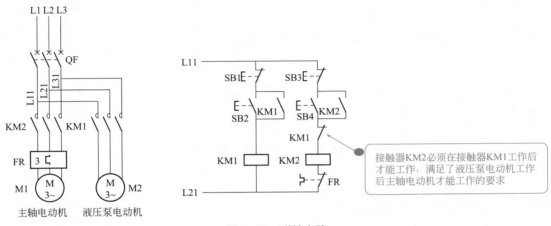

图3-17 联锁电路

3.2.4 互锁电路

互锁电路就是强调触点间互相作用的一种特殊联锁电路。接触器互锁正反转控制电路如图 3-18 所示。电气互锁就是利用接触器的触点实现联锁控制，机械互锁就是利用复合按钮的触点实现联锁控制。

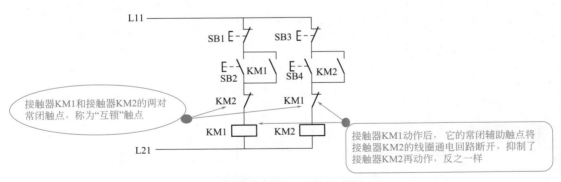

图3-18 接触器互锁正反转控制电路

知识贴士 在同一时间内两个接触器只允许一个工作的控制作用称为互锁、联锁。

3.2.5 多点控制电路

多点控制电路就是多个地点进行控制的一种特殊电路。多点控制电路如图 3-19 所示。

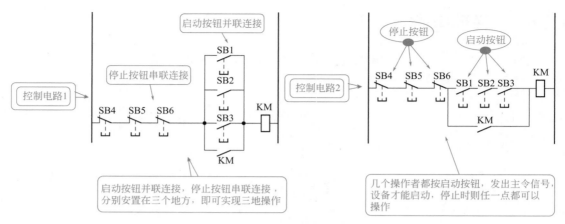

图3-19　多点控制电路

3.2.6　顺序控制电路

顺序控制电路如图 3-20 所示。

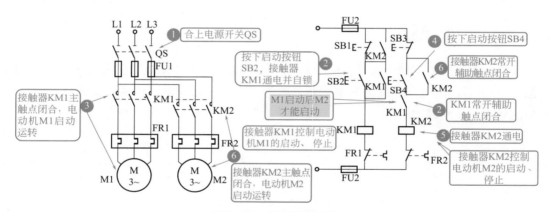

图3-20　顺序控制电路

⚙ 知识贴士　电动机顺序控制的规律如下。

①要求接触器KM1动作后，接触器KM2才能动作时，则将接触器KM1的常开辅助触点串接在接触器KM2的线圈电路中。

②要求接触器KM1动作后，接触器KM2不能动作时，则将接触器KM1的常闭辅助触点串接于接触器KM2的线圈电路中。

3.2.7　时间继电器顺序控制电路

时间继电器顺序控制电路就是采用时间继电器，根据时间原则顺序启动的控制电路，如图 3-21 所示。

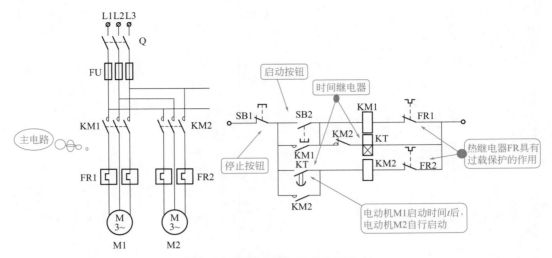

图3-21 时间继电器顺序控制电路

3.3 三相异步电动机基本控制电路

3.3.1 直接启动控制电路

直接启动控制电路有开关直接控制电路、按钮与接触器控制电路等类型。直接启动控制电路适用于不频繁启动的小容量电动机，不能远距离、自动控制。直接启动控制电路如图 3-22、图 3-23 所示。

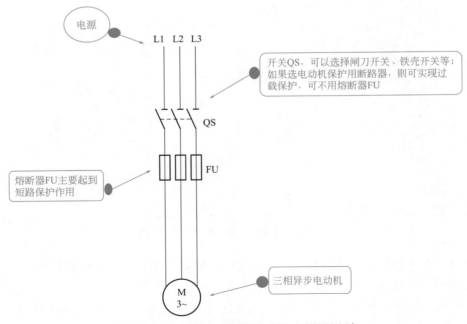

图3-22 直接启动控制电路（开关直接控制）

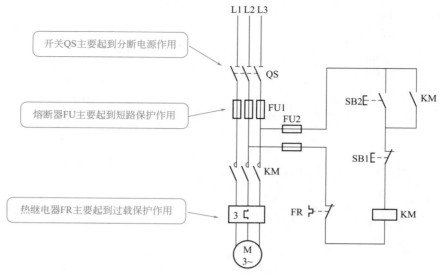

图3-23　直接启动控制电路（按钮、接触器控制）

直接启动控制电路的工作原理（按钮、接触器控制）如下。

① 合上开关 QS，按下按钮 SB2，接触器 KM 线圈得电，接触器的主触点闭合，电动机通电启动；接触器自锁触点 KM 闭合，松开按钮 SB2，接触器 KM 线圈继续得电，保证电动机工作，如图 3-24 所示。

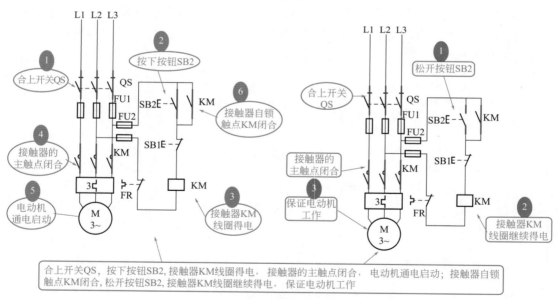

图3-24　直接启动控制电路工作原理1

② 按下按钮 SB1，接触器 KM 线圈断电，接触器主触点断开，电动机停止，接触器辅助触点断开并解除自锁，如图 3-25 所示。

③ 失电压、欠电压保护：意外断电或电源电压跌落太大时，接触器 KM 线圈释放，接触器辅助触点 KM 自锁解除。电源电压恢复正常后，电动机不会自动投入工作。

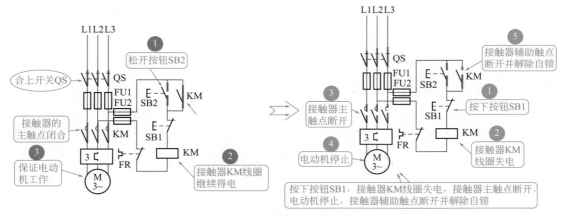

图3-25　直接启动控制电路工作原理2

┃📖 知识贴士┃ 笼型异步电动机的全压启动又叫作直接启动。直接启动就是把电源电压直接加到电动机的接线端。直接启动具有线路结构简单、启动力矩大、启动时间短、冲击电流可达额定电流的5～7倍等特点。

3.3.2　星-三角变换降压启动控制电路1

　　星 - 三角变换降压启动控制电路就是电动机启动时将定子绕组接成星形，降低电动机的绕组相电压，进而限制启动电流；当反映启动过程结束的定时器发出指令时，再将电动机的定子绕组改接成三角形接法实现全压工作。

　　星 - 三角变换降压启动控制电路可以由接触器 KM1 ～ KM3、时间继电器 KT 等组成，如图 3-26 所示。

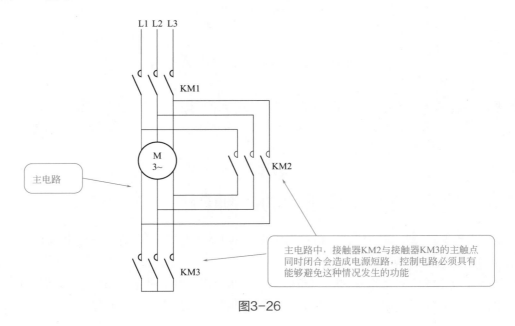

图3-26

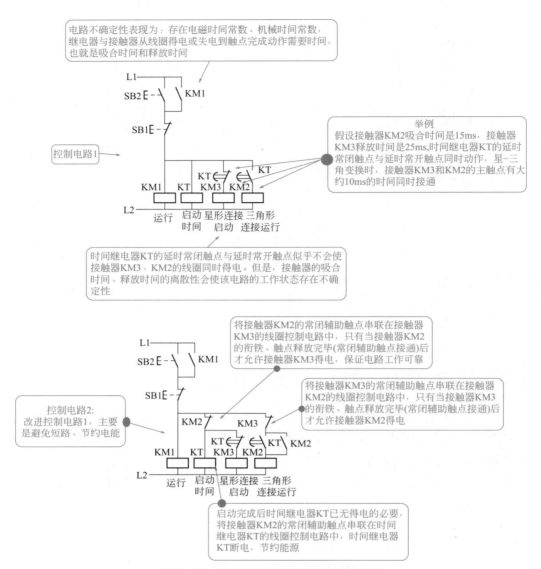

图3-26 星-三角变换降压启动控制电路

知识贴士 异步电动机在启动时要产生较大的启动电流，使系统供电电压降低，影响其他设备正常工作。因此，除了小容量电动机采用直接启动外，一般较大电动机多采用降压启动。

3.3.3 星-三角变换降压启动控制电路2

星-三角变换降压启动控制电路可以由接触器 KM1 与 KM2、时间继电器 KT 等组成，其图解精讲如图 3-27 所示。

笼型异步电动机正常运行时，当负载对电动机启动力矩无严格要求，又要限制电动机启动电流，并且定子绕组接成三角形时，可以采用星-三角变换降压启动。

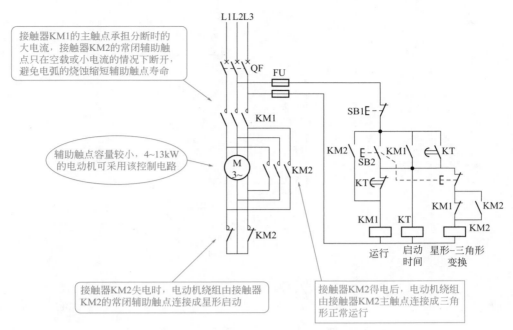

接触器KM1的主触点承担分断时的大电流，接触器KM2的常闭辅助触点只在空载或小电流的情况下断开，避免电弧的烧蚀缩短辅助触点寿命

辅助触点容量较小，4~13kW的电动机可采用该控制电路

接触器KM2失电时，电动机绕组由接触器KM2的常闭辅助触点连接成星形启动

接触器KM2得电后，电动机绕组由接触器KM2主触点连接成三角形正常运行

图3-27 星-三角变换降压启动控制电路2

星 - 三角变换降压启动控制电路 2 工作原理如下。

① 按下按钮 SB2 后电动机先进行星形启动，如图 3-28 所示。

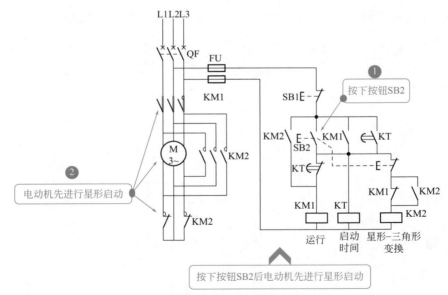

① 按下按钮SB2

② 电动机先进行星形启动

按下按钮SB2后电动机先进行星形启动

图3-28 按下按钮SB2后电动机先进行星形启动

② 启动完成时，时间继电器 KT 动作，电动机进行星 - 三角变换、运行。

a. 第 1 阶段：时间继电器 KT 延时常闭触点先使接触器 KM1 线圈失电，接触器 KM1 的主触点断开，接触器 KM1 的主触点分断电流，接触器 KM2 常闭辅助触点无电弧，如图 3-29 所示。

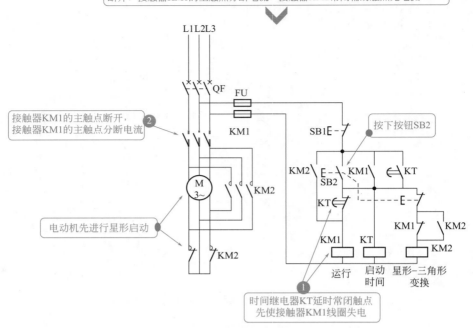

图3-29 启动完成时的变换、运行1

b. 第2阶段：接触器 KM2 线圈得电，主电路进行星 - 三角变换。接触器 KM2 两个常闭辅助触点断开，主触点、常开辅助触点吸合，变换完成，如图 3-30 所示。

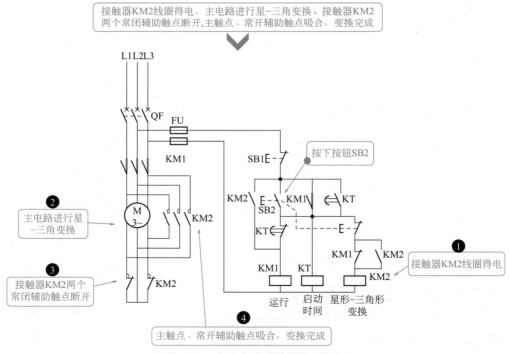

图3-30 启动完成时的变换、运行2

c. 第 3 阶段：接触器 KM2 自锁闭合使接触器 KM1 线圈再次得电。

d. 第 4 阶段：接触器 KM1 主触点再次接通三相电源时，电动机在三角形接法下全压运行。

知识贴士 降压启动的方法常用的有自耦变压器降压启动、串电阻降压启动、Y-△降压启动、▽-△降压启动等。Y-△降压启动适用于正常运行时定子绕组接成三角形的笼型异步电动机。电动机定子绕组接成三角形时，每相绕组承受的电压为电源线电压；接成星形时，每相绕组所承受的电压为电源的相电压。因此，电动机启动时星形接法，启动结束后再改成三角形接法，从而实现启动时降压的目的。

3.3.4　定子串电阻降压启动控制电路

定子串电阻降压启动控制电路是指启动时定子电路串接电阻降低绕组电压，限制启动电流；启动后电阻短路，则电动机在全压下运行。定子串电阻降压启动一般适应于低压电动机。

定子串电阻降压启动控制电路中主电路如图 3-31 所示。

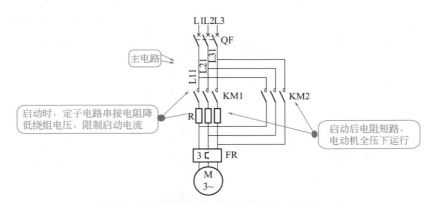

图3-31　定子串电阻降压启动控制电路中主电路

定子串电阻降压启动控制电路中控制电路如图 3-32 所示。

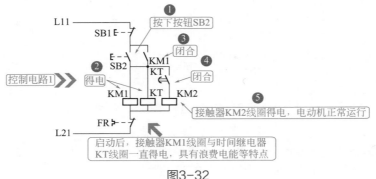

图3-32

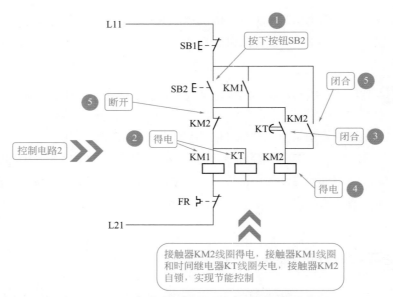

图3-32 定子串电阻降压启动控制电路中控制电路

3.3.5 自耦变压器降压启动电路

自耦变压器降压启动电路是指启动时定子绕组得到的电压是自耦变压器的二次电压，启动结束后，自耦变压器被切除，电动机处于全电压下运行，如图3-33所示。

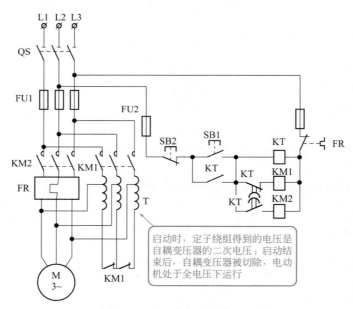

图3-33 自耦变压器降压启动电路

> **知识贴士** 自耦变压器降压启动电路基本原理与定子串电阻降压启动类似。自耦变压器降压启动不受电动机接线形式的限制。

3.3.6 ▽-△降压启动控制电路

定子绕组具有中间抽头的电动机，可以使用▽-△启动控制电路。启动时，将其中一部分绕组接成△（三角形）接法，另一部分绕组接成外延Y（星形）接法，减小启动电流，实现降压启动，如图3-34所示。

▽-△降压启动控制就是延边三角形降压启动控制，其是在Y-△启动方式基础上加以改进的一种启动方式。从图形上看，其好像是三角形的三条边延长了，因此得名延边三角形。

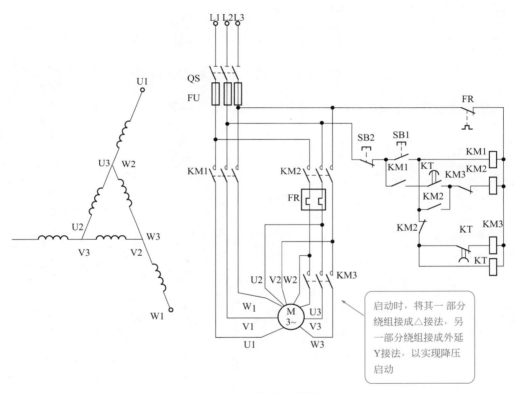

图3-34 ▽-△降压启动控制电路

3.3.7 三相异步电动机正反转控制电路

三相异步电动机正反转控制电路，就是根据定子三相绕组电源任意两相对调，改变定子电源相序，从而改变电动机转动方向。如图3-35所示，主电路由正反转接触器KM1、KM2的主触点来改变电源的相序，实现电动机的可逆旋转（即正反转）。

当正转接触器工作时，电动机正转。当反转接触器工作时，将电动机接到电源的任意两根连线对调，则电动机反转。

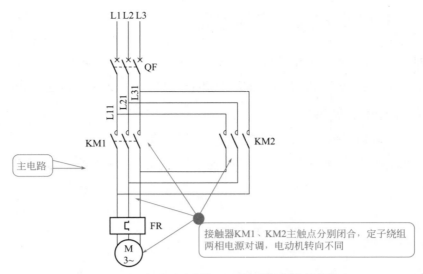

图3-35 三相异步电动机正反转控制电路中主电路

三相异步电动机正反转控制电路中控制电路如图 3-36 所示。

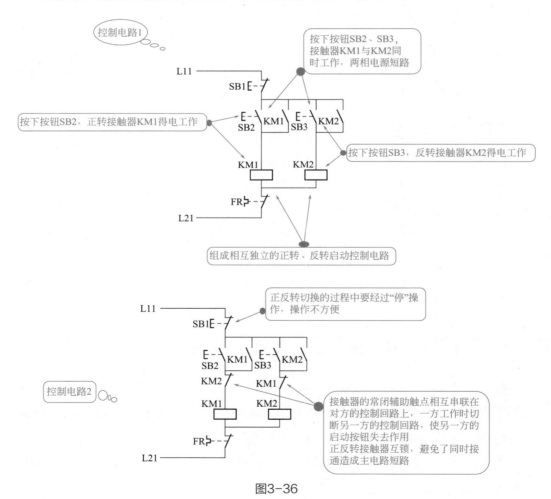

图3-36

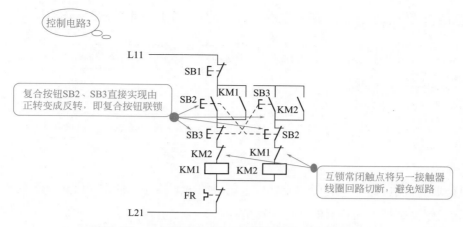

复合按钮SB2、SB3直接实现由正转变成反转，即复合按钮联锁

互锁常闭触点将另一接触器线圈回路切断，避免短路

图3-36　三相异步电动机正反转控制电路中控制电路

> **知识贴士** 电梯的上下升降、机床工作台的移动，从本质上讲就是电动机的正反转。

3.3.8　行程开关正反转控制电路

控制某些机械的行程，当运动部件到达一定行程位置时利用行程开关进行控制。利用行程开关实现电动机的正反转控制电路如图 3-37 所示。

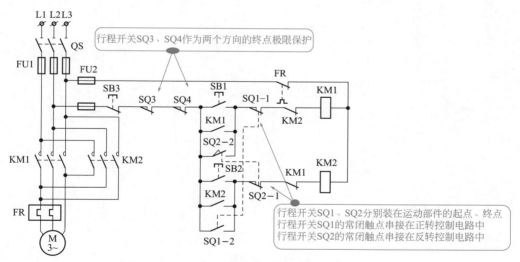

行程开关SQ3、SQ4作为两个方向的终点极限保护

行程开关SQ1、SQ2分别装在运动部件的起点、终点
行程开关SQ1的常闭触点串接在正转控制电路中
行程开关SQ2的常闭触点串接在反转控制电路中

图3-37　行程开关正反转控制电路

3.3.9　反接制动控制电路

制动就是在某些情况下，为了保证工作的可靠性、安全性，要求电动机能够迅速准确地停下来，电动机断电以后所采取的快速停车的措施。电动机制动就是使电动机迅速停车或准确定位。

常见的制动方法如图 3-38 所示。电气制动的实质就是产生反向制动转矩。

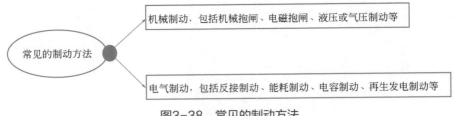

图3-38　常见的制动方法

反接制动控制电路就是利用改变异步电动机的电源相序，使定子绕组产生的旋转磁场方向与转子惯性旋转方向相反的一种制动电路。

反接制动具体实现方法：在切断正向三相电源后迅速将反向三相电源接入，当转子转速降到接近零时，又及时将反向三相电源断开，从而保证电动机迅速制动而不致反向运转，如图 3-39 所示。

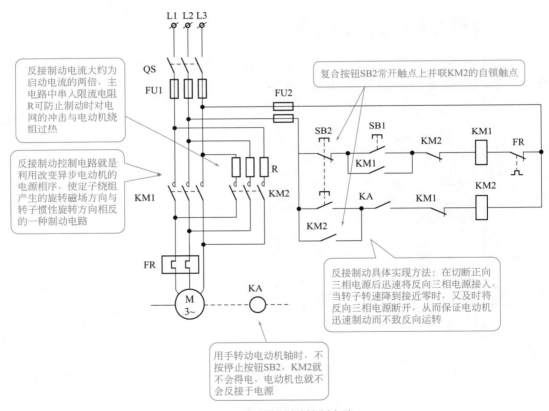

图3-39　反接制动控制电路

知识贴士　在电动机容量较小且制动不是很频繁的正反转控制电路中，为简化电路，主电路中可以不加限流电阻。

另外一种反接制动控制电路如图 3-40 所示。

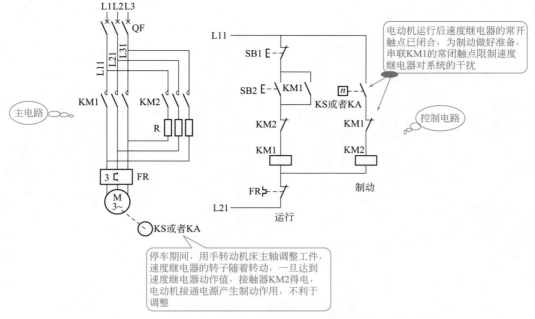

图3-40　另外一种反接制动控制电路

3.3.10　能耗制动自动控制电路

能耗制动就是在电动机脱离三相交流电源后，给定子绕组加一个直流电流，产生一个静止磁场，转子感应电流与这一静止磁场相互作用而达到制动的方法，如图 3-41 所示。

图 3-41 中采用了时间继电器 **KT**，可以根据电动机带负载制动过程时间长短设定时间，从而实现了制动过程的自动控制。

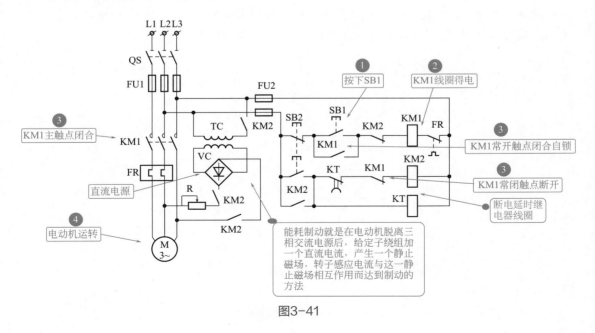

图3-41

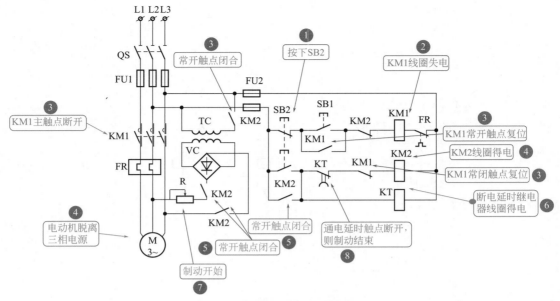

图3-41　能耗制动自动控制电路

> **知识贴士**　制动作用强弱与通入直流电流的大小、电动机的转速有关。电流一定时，转速越高则制动力矩越大。同样的转速下，电流越大则制动作用越强。一般取直流电流为电动机空载电流的3～4倍，取得过大会使定子过热。可调节整流器输出端的可变电阻R应得到合适的制动电流。

3.3.11　能耗制动手动控制电路

能耗制动手动控制电路就是通过按下、松开按钮来实现制动的开始与结束，如图 3-42 所示。能耗制动手动控制电路具有电路简单、操作不便等特点。

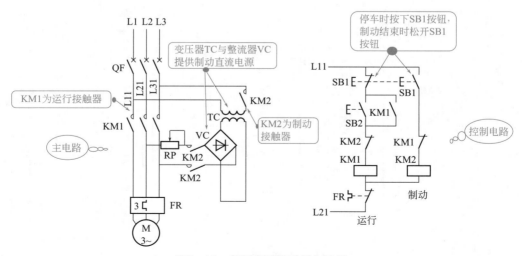

图3-42　能耗制动手动控制电路

反接制动具有制动显著、有冲击、能量消耗较大等特点。能耗制动具有制动准确、能量消耗小、平稳、制动力较弱、需要直流电源等特点。

3.3.12　双速电动机高低速控制电路

双速电动机高低速控制电路就是通过不连续变速、改变变速电动机的多组定子绕组接法改变电动机的磁极对数，从而改变其转速。双速电动机高低速控制电路如图3-43所示。

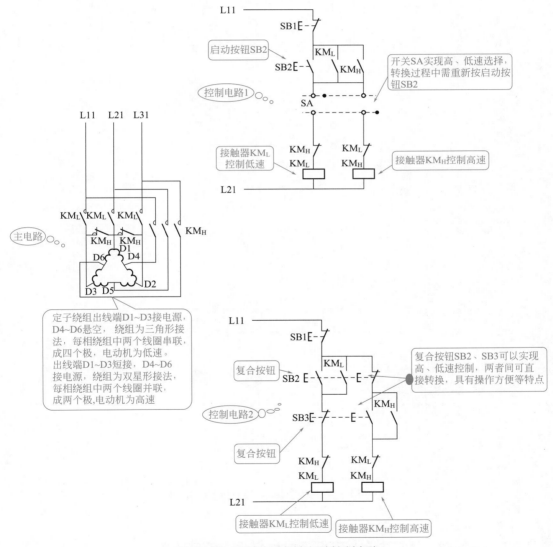

图3-43　双速电动机高低速控制电路

双速电动机高低速控制电路中，如果主电路不同，则其控制电路也相应改动，如图3-44所示。

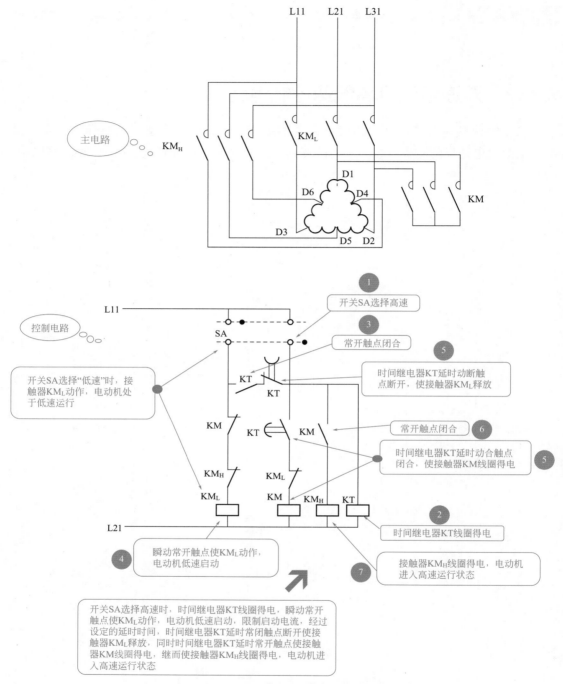

图3-44 另一双速电动机高低速控制电路

3.3.13 一次工作进给液压动力头系统电路

一次工作进给液压动力头系统电路（手动工作方式）如图 3-45 所示。图中采用中间继电器，以实现电磁铁对短信号自锁。

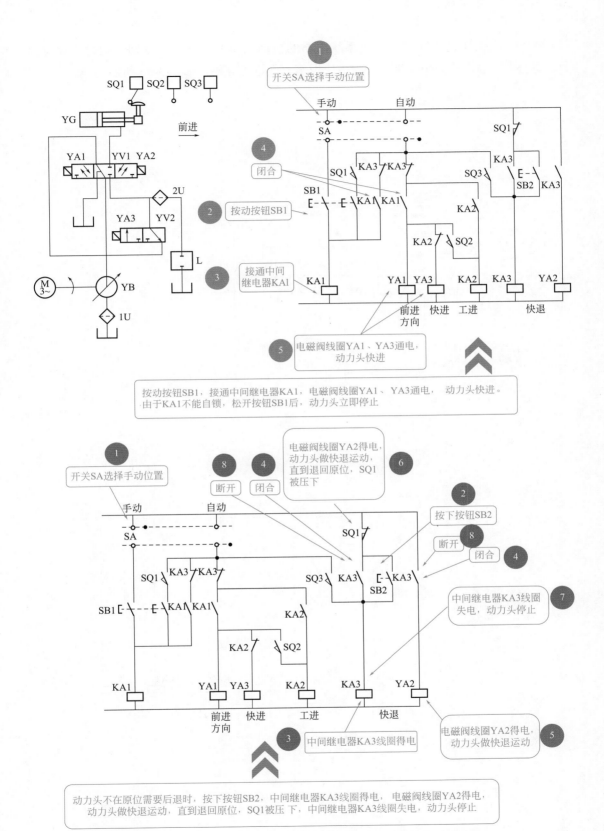

图3-45　一次工作进给液压动力头系统电路（手动工作方式）

分析一次工作进给液压动力头系统电路的自动工作方式时，应分别对动力头原位停止、动力头快进、动力头工进、动力头快退等方面进行分析，如图3-46所示。

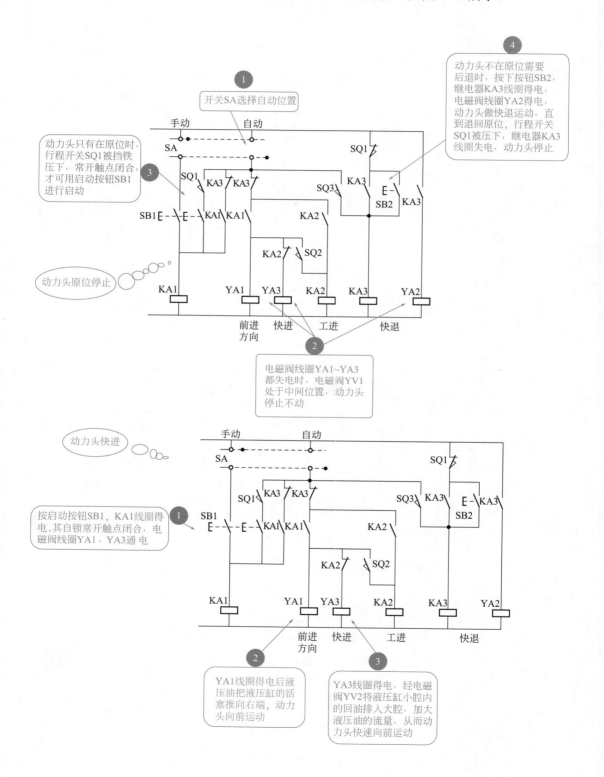

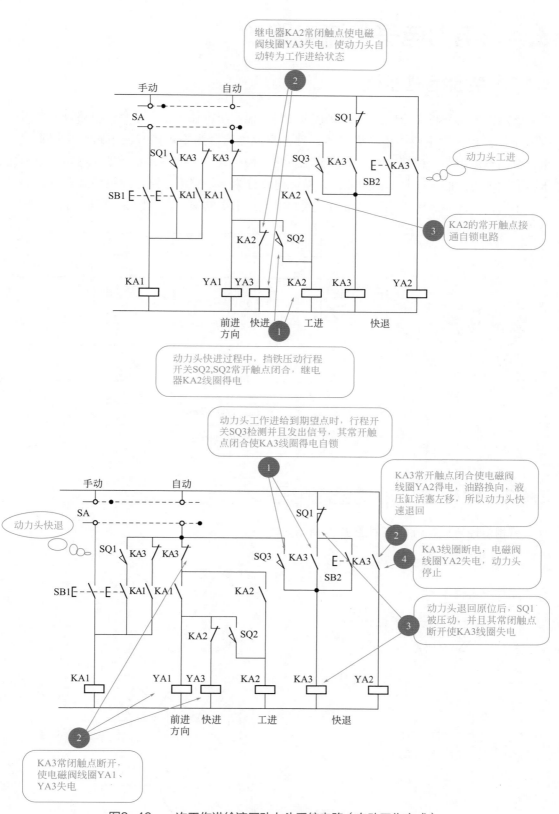

图3-46 一次工作进给液压动力头系统电路（自动工作方式）

3.4 电力电子整流电路

3.4.1 整流电路基础

整流电路就是将交流电变为直流电的电路。根据交流输入相数，整流电路分为单相整流电路、多相整流电路；根据组成的器件，整流电路分为不可控整流电路、半控整流电路、全控整流电路；根据电路结构，整流电路分为桥式整流电路、零式整流电路；根据变压器二次侧电流的方向是单向或双向，整流电路分为单拍整流电路、双拍整流电路。

不同性质的负载对于整流电路的电压、电流波形影响很大，如图 3-47 所示。

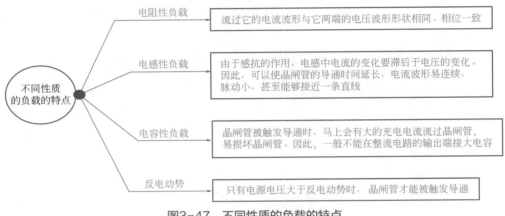

图3-47　不同性质的负载的特点

3.4.2 单相全控桥式整流电路

单相全控桥式整流电路如图 3-48 所示。

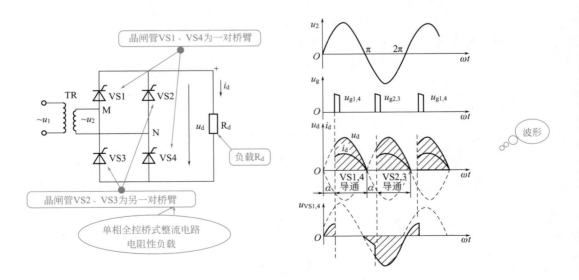

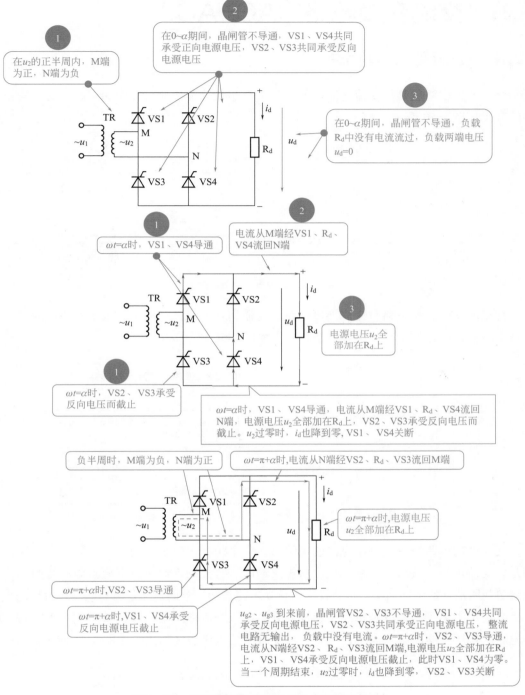

图3-48 单相全控桥式整流电路（电阻性负载）

在图中的文字注释如下：

① 在u_2的正半周内，M端为正，N端为负

② 在$0\sim\alpha$期间，晶闸管不导通，VS1、VS4共同承受正向电源电压，VS2、VS3共同承受反向电源电压

③ 在$0\sim\alpha$期间，晶闸管不导通，负载R_d中没有电流流过，负载两端电压$u_d=0$

① $\omega t=\alpha$时，VS1、VS4导通

② 电流从M端经VS1、R_d、VS4流回N端

③ 电源电压u_2全部加在R_d上

① $\omega t=\alpha$时，VS2、VS3承受反向电压而截止

$\omega t=\alpha$时，VS1、VS4导通，电流从M端经VS1、R_d、VS4流回N端，电源电压u_2全部加在R_d上，VS2、VS3承受反向电压而截止。u_2过零时，i_d也降到零，VS1、VS4关断

负半周时，M端为负，N端为正

$\omega t=\pi+\alpha$时，电流从N端经VS2、R_d、VS3流回M端

$\omega t=\pi+\alpha$时，电源电压u_2全部加在R_d上

$\omega t=\pi+\alpha$时，VS2、VS3导通

$\omega t=\pi+\alpha$时，VS1、VS4承受反向电源电压截止

u_{g2}、u_{g3}到来前，晶闸管VS2、VS3不导通，VS1、VS4共同承受反向电源电压，VS2、VS3共同承受正向电源电压，整流电路无输出，负载中没有电流。$\omega t=\pi+\alpha$时，VS2、VS3导通，电流从N端经VS2、R_d、VS3流回M端,电源电压u_2全部加在R_d上，VS1、VS4承受反向电源电压截止，此时VS1、VS4为零。当一个周期结束，u_2过零时，i_d也降到零，VS2、VS3关断

知识贴士　控制角就是在单相电路中，晶闸管承受正向电压起到触发导通之间的电角度α。移相就是改变α的大小，即改变触发脉冲在每个周期内出现的时刻。对单相全控桥式整流电路而言，α移相范围为$0\sim\pi$，对应的θ在$\pi\sim0$范围内变化。

3.5 交流变换电路（AC-AC）

3.5.1 交流变换电路基础

交流变换电路就是把交流电能幅值、频率、相数等参数加以转换的电路。交流变换电路的分类如图3-49所示。

图3-49　交流变换电路的分类

常见的交流变换电路有交流调压电路、交流调功电路、交流电力电子开关电路等。其中，交流调压电路的特点、实现方法、应用如图3-50所示。

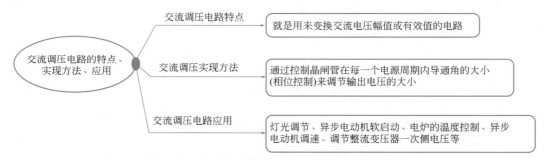

图3-50　交流调压电路的特点、实现方法、应用

交流调功电路与交流调压电路的电路形式完全相同，但是控制方式不同。交流调功电路是以交流电源周波数为控制单位，对电路通断进行控制，通过改变通断周波数的比值来调节负载所消耗的平均功率，也就说交流调功电路直接调节的对象是电路的平均输出功率。

交流电力电子开关就是将晶闸管反并联后串入交流电路中代替机械开关，起接通、断开电路的作用。交流电力电子开关电路与交流调功电路的区别比较如图3-51所示。

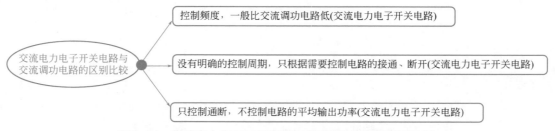

图3-51　交流电力电子开关电路与交流调功电路的区别比较

3.5.2 单相交流调压电路

单相交流调压电路中，采用 VS1、VS2 构成无触点交流开关，其特点如图 3-52 所示。单相交流调压电路的工作情况与它的负载性质有关。电阻性负载时单相交流调压电路与输出电压波形特点如图 3-53 所示。电阻性负载时单相交流调压电路中，改变 α 角的大小，便可以改变输出电压有效值的大小。

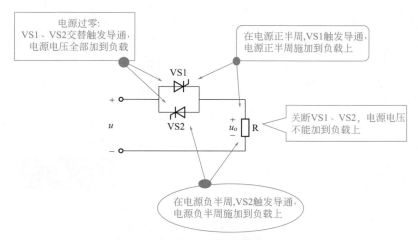

图3-52　单相交流调压电路的特点

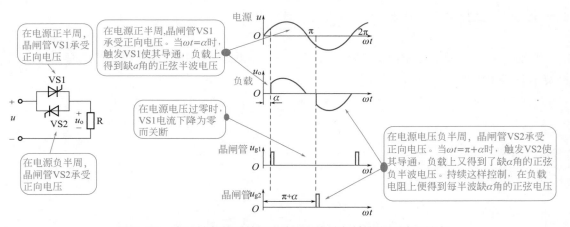

图3-53　电阻性负载时单相交流调压电路与输出电压波形特点

知识贴士　随着 α 角的增大，u_o 逐渐减小。当 $\alpha = \pi$ 时，$u_o=0$。为此，单相交流电压器对于电阻性负载，其电压可调范围为 $0 \sim u$，控制角 α 的移相范围为 $0 \sim \pi$。

3.5.3 三相四线制调压电路

三相四线制调压电路相当于是由三个独立的单相交流调压电路组合而成的，如图 3-54 所示。

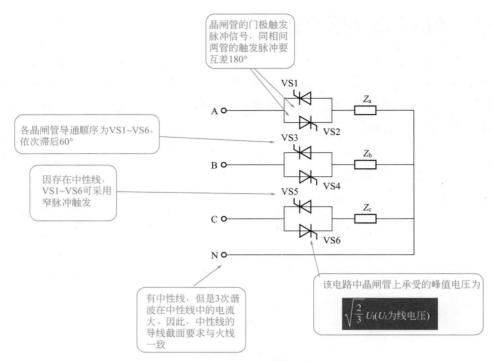

晶闸管的门极触发脉冲信号，同相间两管的触发脉冲要互差180°

各晶闸管导通顺序为VS1~VS6，依次滞后60°

因存在中性线，VS1~VS6可采用窄脉冲触发

有中性线，但是3次谐波在中性线中的电流大。因此，中性线的导线截面要求与火线一致

该电路中晶闸管上承受的峰值电压为

$$\sqrt{\frac{2}{3}}\, U_l\,(U_l\text{为线电压})$$

图3-54　三相四线制调压电路

3.5.4　三相三线制交流调压电路

对于三相三线制交流调压电路，每相电路必须通过另一相形成回路，其具有负载接线灵活且不用中性线等特点。如图 3-55 所示。

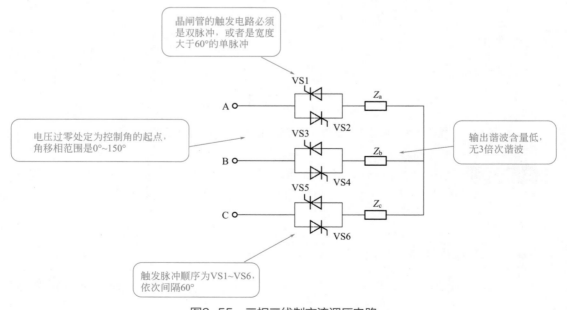

晶闸管的触发电路必须是双脉冲，或者是宽度大于60°的单脉冲

电压过零处定为控制角的起点，角移相范围是0°~150°

输出谐波含量低，无3倍次谐波

触发脉冲顺序为VS1~VS6，依次间隔60°

图3-55　三相三线制交流调压电路

3.6　交 – 交变频电路

3.6.1　单相输出交–交变频电路

交 - 交变频电路就是不通过中间直流环节，而把电网频率的交流电直接变换成不同频率（低于交流电源频率）交流电的变流电路。交 - 交变频电路主要用于大功率交流电动机调速系统。

交 - 交变频电路分为单相输出交 - 交变频电路、三相输出交 - 交变频电路。

单相输出交 - 交变频电路就是由具有相同特征的两组晶闸管整流电路（正组整流器与反组整流器）反并联构成的，如图 3-56 所示。

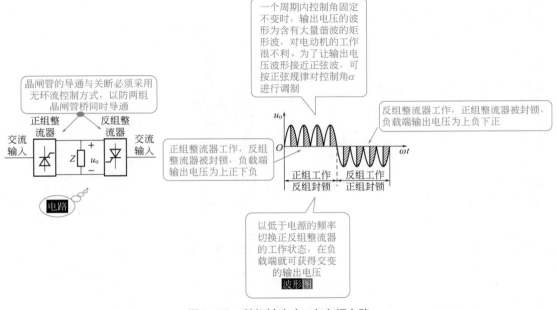

图3-56　单相输出交–交变频电路

知识贴士　单相输出交–交变频电路负载不同，特点不同。对于电感性负载，输出电压超前电流。

3.6.2　三相输出交–交变频电路

三相输出交 - 交变频电路就是由三组输出电压相位各相差 120° 的单相输出交 - 交变频电路组成的电路。

三相输出交 - 交变频电路接线形式主要有输出星形连接方式、公共交流母线进线方式等，如图 3-57 所示。公共交流母线进线方式电路主要用于中等容量的交流调速系统。

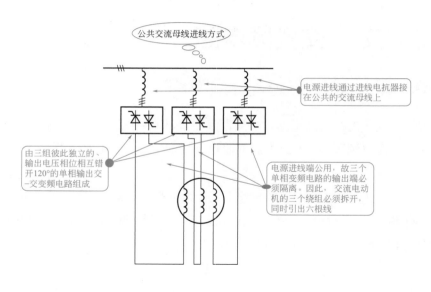

公共交流母线进线方式

电源进线通过进线电抗器接在公共的交流母线上

由三组彼此独立的、输出电压相位相互错开120°的单相输出交-交变频电路组成

电源进线端公用，故三个单相变频电路的输出端必须隔离。因此，交流电动机的三个绕组必须拆开，同时引出六根线

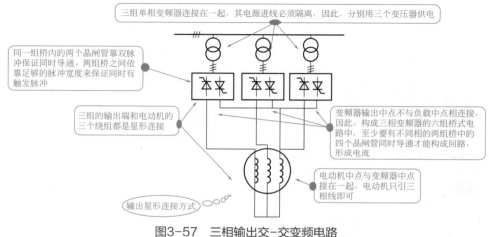

三组单相变频器连接在一起，其电源进线必须隔离，因此，分别用三个变压器供电

同一组桥内的两个晶闸管靠双脉冲保证同时导通。两组桥之间依靠足够的脉冲宽度来保证同时有触发脉冲

三组的输出端和电动机的三个绕组都是星形连接

变频器输出中点不与负载中点相连接，因此，构成三相变频器的六组桥式电路中，至少要有不同相的两组桥中的四个晶闸管同时导通才能构成回路，形成电流

输出星形连接方式

电动机中点与变频器中点接在一起，电动机只引三根线即可

图3-57 三相输出交-交变频电路

3.7 直流－直流变流电路

3.7.1 直流-直流变流电路基础

直流 - 直流变流电路包括间接直流变流电路、直接直流变流电路，如图 3-58 所示。

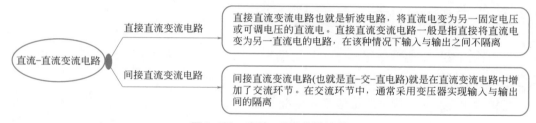

直接直流变流电路

直接直流变流电路也就是斩波电路，将直流电变为另一固定电压或可调电压的直流电。直接直流变流电路一般是指直接将直流电变为另一直流电的电路，在该种情况下输入与输出之间不隔离

直流-直流变流电路

间接直流变流电路

间接直流变流电路(也就是直-交-直电路)就是在直流变流电路中增加了交流环节。在交流环节中，通常采用变压器实现输入与输出间的隔离

图3-58 直流-直流变流电路

基本斩波电路包括降压斩波电路、升压斩波电路、升降压斩波电路和 Cuk 斩波电路、Sepic 斩波电路和 Zeta 斩波电路等。

复合斩波电路和多相多重斩波电路包括电流可逆斩波电路、桥式可逆斩波电路、多相多重斩波电路等类型，如图 3-59 所示。

图3-59 复合斩波电路和多相多重斩波电路

降压斩波电路如图 3-60 所示。对降压斩波电路进行分析，根据 VT 处于通态、断态两个过程来分析。也可以根据初始条件为电流连续、断续情况来分析。

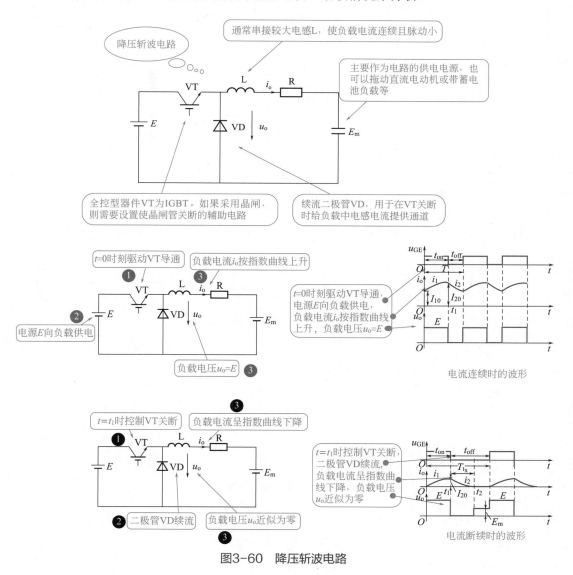

图3-60 降压斩波电路

升压斩波电路如图 3-61 所示。

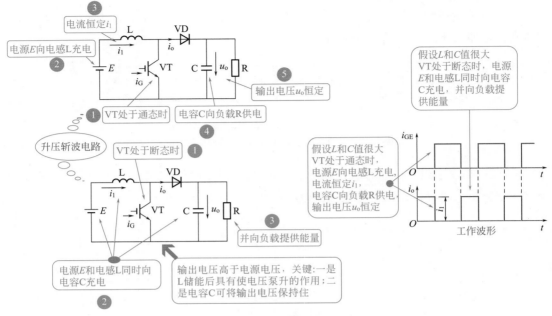

图3-61　升压斩波电路

升降压斩波电路如图 3-62 所示。

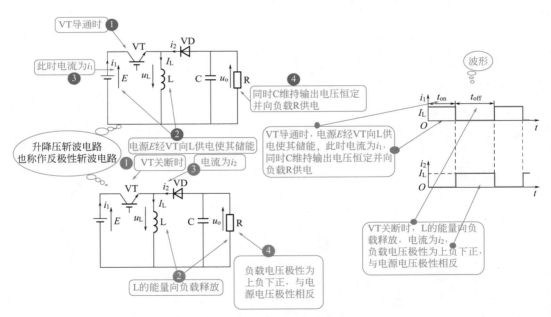

图3-62　升降压斩波电路

对于 Cuk 斩波电路，输出电压的极性与电源电压极性相反。Cuk 斩波电路如图 3-63 所示。Cuk 斩波电路与升降压斩波电路相比，Cuk 斩波电路的输入电源电流与输出负载电流都是连续的，并且脉动很小，有利于对输入、输出进行滤波。

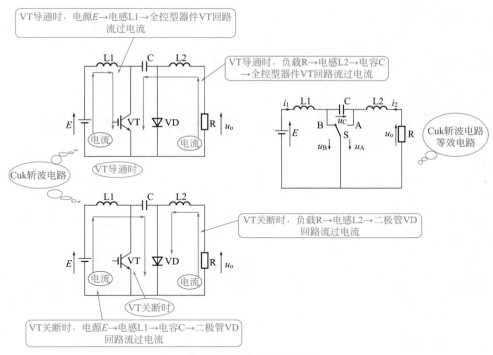

图3-63　Cuk斩波电路

Sepic 斩波电路如图 3-64 所示。

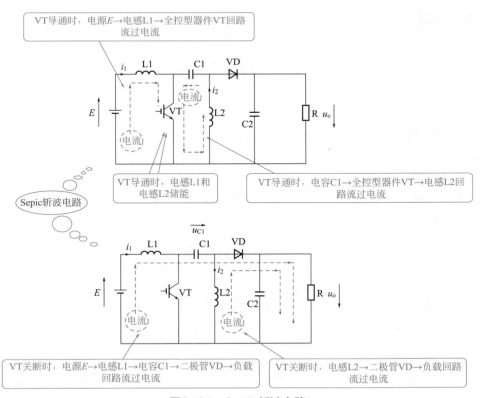

图3-64　Sepic斩波电路

Zeta 斩波电路如图 3-65 所示。

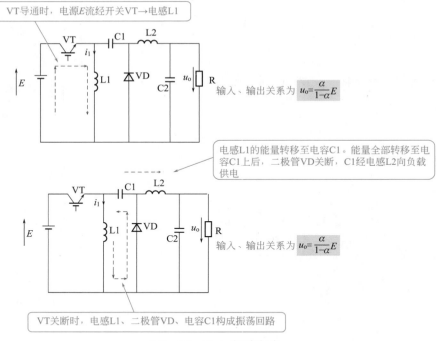

输入、输出关系为 $u_o = \dfrac{\alpha}{1-\alpha}E$

图3-65　Zeta斩波电路

知识贴士　Sepic斩波电路与Zeta斩波电路具有相同的输入、输出关系。Sepic斩波电路中电源电流连续，但是负载电流断续，有利于输入滤波。反之，Zeta斩波电路的电源电流断续而负载电流连续。Sepic斩波电路与Zeta斩波电路输出电压均为正极性的。

3.7.2　电流可逆斩波电路

电流可逆斩波电路就是将降压斩波电路与升压斩波电路组合。该电路电动机的电枢电流可正可负，但是电压只能是一种极性，如图 3-66 所示。

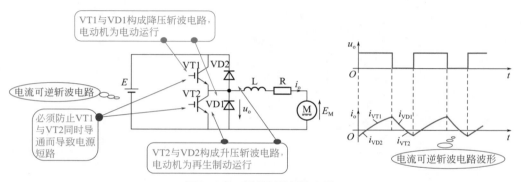

图3-66　电流可逆斩波电路

3.7.3 桥式可逆斩波电路

桥式可逆斩波电路就是将两个电流可逆斩波电路组合起来，分别向电动机提供正向与反向电压，如图 3-67 所示。

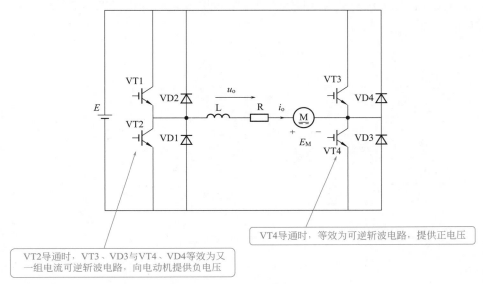

VT2导通时，VT3、VD3与VT4、VD4等效为又一组电流可逆斩波电路，向电动机提供负电压

VT4导通时，等效为可逆斩波电路，提供正电压

图3-67　桥式可逆斩波电路

3.8　带隔离的直流 - 直流变流电路

3.8.1　带隔离的直流-直流变流电路的基础

带隔离的直流 - 直流变流电路与直流斩波电路相比，电路中增加了交流环节。因此，带隔离的直流 - 直流变流电路也叫作直 - 交 - 直电路。

带隔离的直流 - 直流变流电路包括正激电路、反激电路、半桥电路、全桥电路、推挽电路、开关电源等。间接直流变流电路可以分为单端电路、双端电路等类型，如图 3-68 所示。

图3-68　间接直流变流电路

3.8.2　正激电路

带隔离的直流-直流变流正激电路如图3-69所示。电路中，开关S接通后，变压器的励磁电流由零开始随着时间线性地增大，直到S关断，会导致变压器的励磁电感饱和。为此，需要设计使励磁电流从S关断后到下一次再接通的时间内降回到零，也就是变压器磁芯复位的处理。

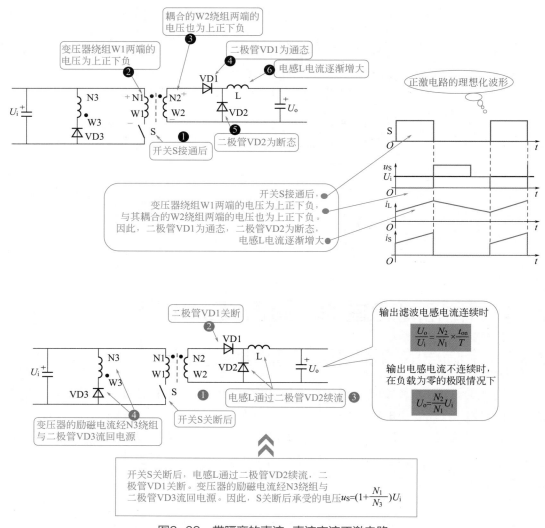

图3-69　带隔离的直流-直流变流正激电路

3.8.3　反激电路

带隔离的直流-直流变流反激电路如图3-70所示。电流连续模式就是当S接通时，W2绕组中的电流尚未下降到零的情况。电流断续模式就是S接通前，W2绕组中的电流已经下降到零的情况。

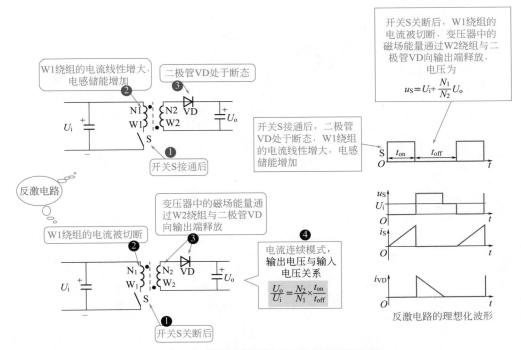

图3-70 带隔离的直流-直流变流反激电路

3.8.4 半桥电路

带隔离的直流 - 直流变流半桥电路如图 3-71 所示。电路中由于电容隔直作用，半桥电路不容易发生变压器的偏磁、直流磁饱和现象。

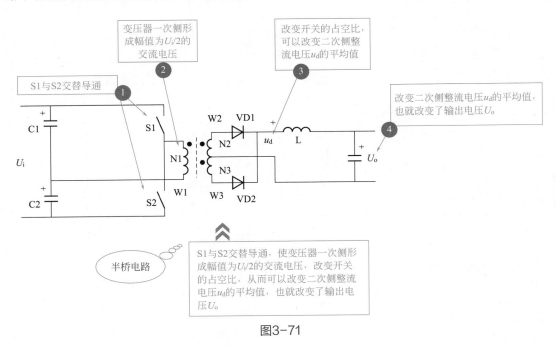

图3-71

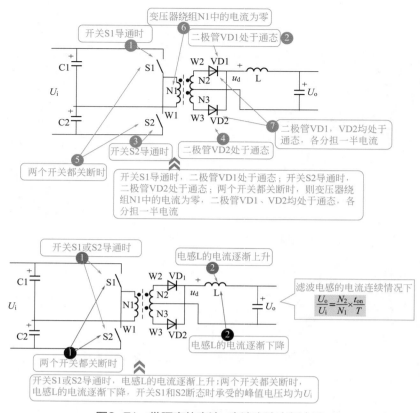

图3-71 带隔离的直流−直流变流半桥电路

3.8.5 全桥电路

带隔离的直流-直流变流全桥电路如图3-72所示。电路中4个开关均关断时，4个二极管均处于通态，分担一半的电感电流，电感L电流会逐渐下降。为避免同一侧半桥中上下两开关同时导通，该电路每个开关的占空比不能超过50%，需要留有裕量。

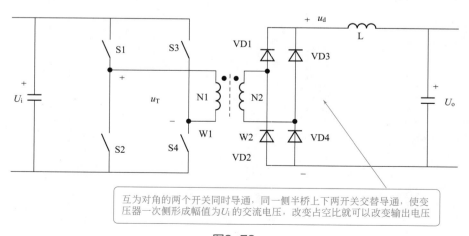

图3-72

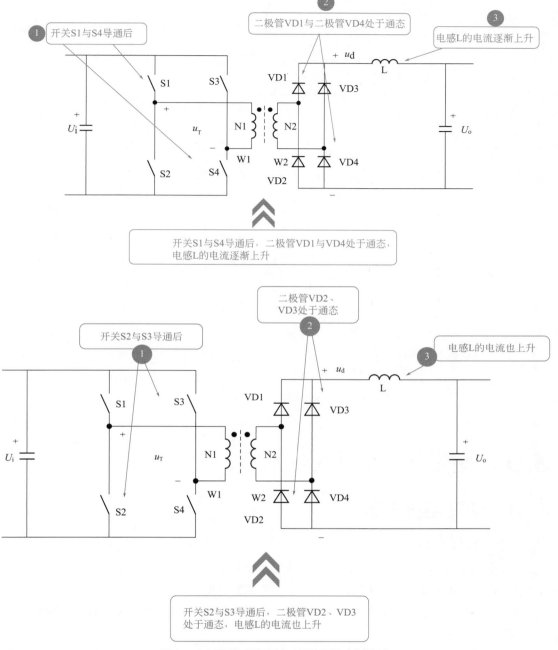

图3-72　带隔离的直流-直流变流全桥电路

3.8.6　推挽电路

带隔离的直流 - 直流变流推挽电路如图 3-73 所示。在该推挽电路中，开关 S1、开关 S2 交替导通，在绕组 N1、N1′ 两端分别形成相位相反的交流电压。带隔离的直流 - 直流变流推挽电路有偏磁问题，应用于低输入电压的电源。

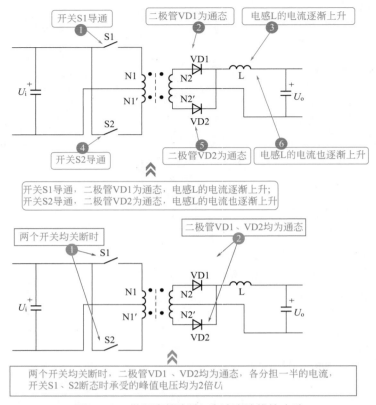

图3-73 带隔离的直流−直流变流推挽电路

3.9 逆变电路（DC-AC）

3.9.1 逆变电路的基础

逆变就是与整流相对应，即直流电变成交流电，也就是 DC-AC 变换。

有源逆变就是交流侧接电网，无源逆变就是交流侧接负载。逆变与变频的关系如下。

① 变频电路分为交 - 交变频、交 - 直 - 交变频等类型。

② 交 - 直 - 交变频一般由交 - 直变换、直 - 交变换等部分组成，其中直 - 交变换部分就是逆变。

逆变电路主要应用在蓄电池、干电池、太阳能电池等各种直流电源中。交流电动机调速用变频器、不间断电源等电力电子装置的核心部分也是逆变电路。

3.9.2 逆变电路的换流

换流也叫作换相，就是电流从一个支路向另一个支路转移的过程。

换流的导通与关断如图 3-74 所示。

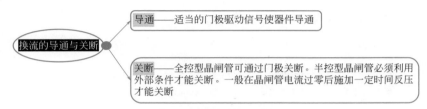

图3-74　换流的导通与关断

换流方式的类型如图 3-75 所示。其中，器件换流就是利用全控型器件的自关断能力进行换流，常采用的换流器件为 IGBT、电力 MOSFET、GTO、GTR 等全控型器件。

换流方式的类型——器件换流、电网换流、负载换流、强迫换流

图3-75　换流方式的类型

电网换流就是电网提供换流电压的换流方式。强迫换流就是设置附加的换流电路给欲关断的晶闸管强迫施加反压或反电流的换流方式。

强迫换流的类型与特点如图 3-76 所示。其中，直接耦合式强迫换流（又称电压换流）就是由换流电路内电容直接提供换流电压。电感耦合式强迫换流（又称电流换流）就是通过换流电路内电容与电感的耦合来提供换流电压或换流电流。

熄灭就是电流不是从一个支路向另一个支路转移，而是在支路内部终止流通而变为零的情况。

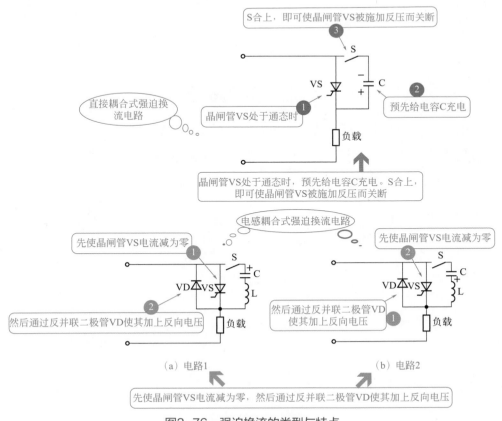

图3-76　强迫换流的类型与特点

器件换流——适用于全控型器件。

电网换流、负载换流、强迫换流——针对晶闸管。

器件换流、强迫换流——属于自换流。

电网换流、负载换流——属于外部换流。

3.9.3 单相电压型逆变电路

电压型逆变电路如图 3-77 所示。其中，二极管 VD1、VD2 称为反馈二极管，可起到使负载电流连续的作用，因此又叫作续流二极管。

电压型逆变电路包括单相电压型逆变电路、三相电压型逆变电路等。

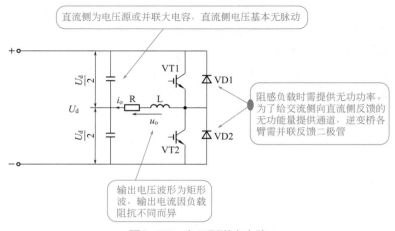

图3-77　电压型逆变电路

单相电压型逆变电路包括半桥逆变电路、全桥逆变电路、带中心抽头变压器的逆变电路等，如图 3-78 所示。单相半桥电压型逆变电路主要用于几千瓦以下的小功率逆变电源。

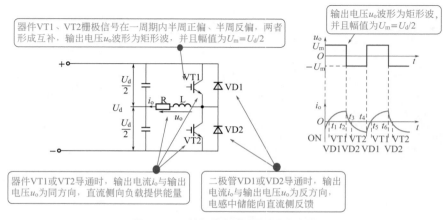

图3-78　单相半桥电压型逆变电路

单相全桥电压型逆变电路共有四个桥臂，并且两对桥臂交替导通180°的逆变电路。其可以看成是由两个半桥电路组合而成的电路。单相全桥电压型逆变电路如图3-79所示。

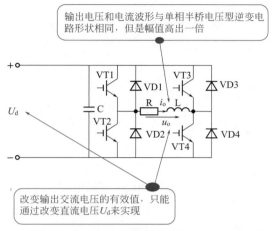

输出电压和电流波形与单相半桥电压型逆变电路形状相同，但是幅值高出一倍

改变输出交流电压的有效值，只能通过改变直流电压U_d来实现

图3-79　单相全桥电压型逆变电路

单相带中心抽头变压器的逆变电路如图3-80所示。

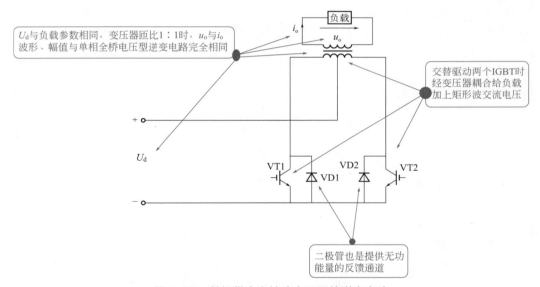

U_d与负载参数相同，变压器匝比1：1时，u_o与i_o波形、幅值与单相全桥电压型逆变电路完全相同

交替驱动两个IGBT时经变压器耦合给负载加上矩形波交流电压

二极管也是提供无功能量的反馈通道

图3-80　单相带中心抽头变压器的逆变电路

3.9.4　三相电压型逆变电路

三相逆变电路可以采用三个单相逆变电路组合而成。三相电压型逆变电路种类多，其中三相桥式逆变电路应用较广，如图3-81所示。

为了防止同一相上下两桥臂的开关器件同时导通而引起直流侧电源短路现象，需要采用"先断后通"方式。

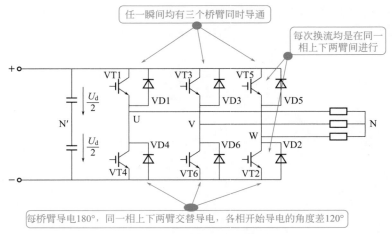

图3-81 三相桥式逆变电路

3.9.5 单相桥式电流型逆变电路

电流型逆变电路就是直流电源为电流源的逆变电路。在电流型逆变电路中，采用半控型器件的电路应用较多。在电流型逆变电路中，换流方式有强迫换流、负载换流等。电流型逆变电路如图 3-82 所示。图中，$t_2 \sim t_4$ 为换流时间。

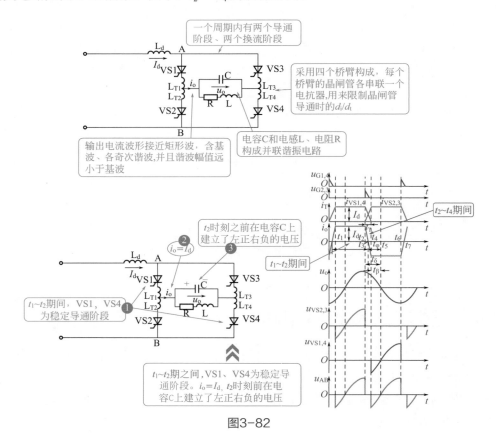

图3-82

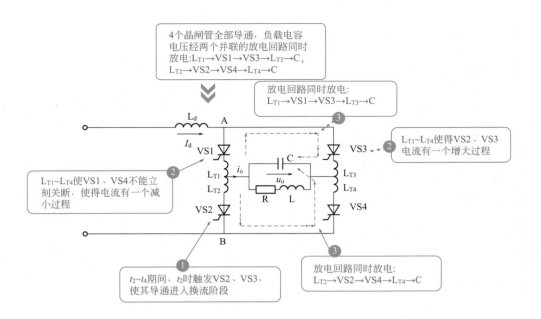

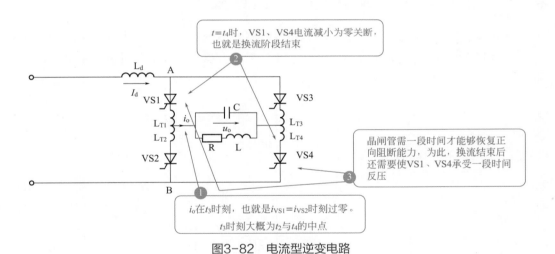

图3-82　电流型逆变电路

知识贴士　自励方式就是由于感应线圈参数随时间变化，需要使工作频率适应负载的变化而自动调整的控制方式。他励方式就是固定工作频率的控制方式。自励方式存在启动问题的解决方法如下。

① 附加预充电启动电路。

② 先用他励方式，等系统开始工作后再转为自励方式。

3.9.6　三相桥式电流型逆变电路

三相桥式电流型逆变电路如图 3-83 所示。

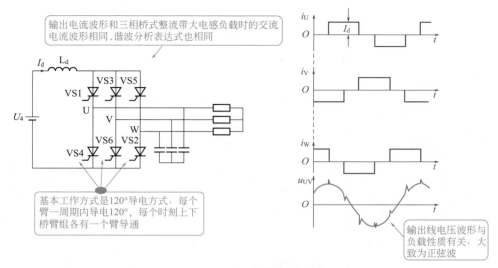

图3-83　三相桥式电流型逆变电路

3.9.7　三相串联二极管式晶闸管逆变电路

三相串联二极管式晶闸管逆变电路就是各桥臂的晶闸管与二极管串联使用，如图3-84所示。三相串联二极管式晶闸管逆变电路主要用于中大功率交流电动机调速系统。

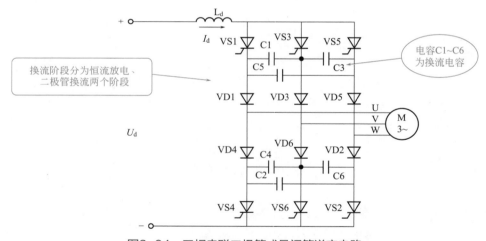

图3-84　三相串联二极管式晶闸管逆变电路

3.10　建筑与装修电气

3.10.1　家装经济型回路

家装经济型回路的选择与设置如图3-85所示。

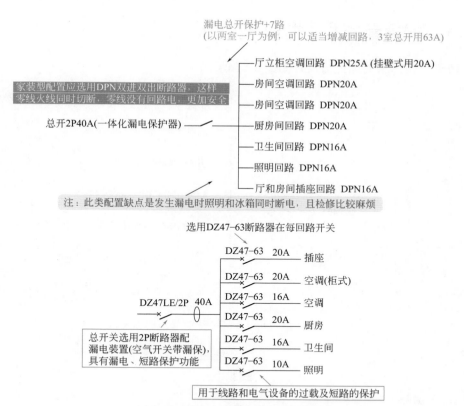

漏电总开保护+7路
(以两室一厅为例，可以适当增减回路，3室总开用63A)

厅立柜空调回路 DPN25A (挂壁式用20A)

房间空调回路 DPN20A

房间空调回路 DPN20A

家装型配置应选用DPN双进双出断路器，这样
零线火线同时切断，零线没有回路电，更加安全

总开2P40A(一体化漏电保护器)

厨房间回路 DPN20A

卫生间回路 DPN16A

照明回路 DPN16A

厅和房间插座回路 DPN16A

注：此类配置缺点是发生漏电时照明和冰箱同时断电，且检修比较麻烦

选用DZ47-63断路器在每回路开关

DZ47-63　20A　插座

DZ47-63　20A　空调(柜式)

DZ47-63　16A　空调

DZ47LE/2P　40A

DZ47-63　20A　厨房

总开关选用2P断路器配
漏电装置(空气开关带漏保)，
具有漏电、短路保护功能

DZ47-63　16A　卫生间

DZ47-63　10A　照明

用于线路和电气设备的过载及短路的保护

图3-85　家装经济型回路的选择与设置

3.10.2　家装安逸型回路

家装安逸型回路的选择与设置如图 3-86 所示。

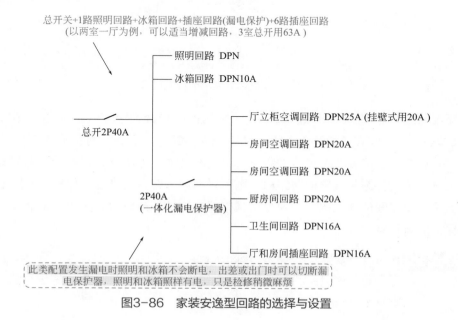

总开关+1路照明回路+冰箱回路+插座回路(漏电保护)+6路插座回路
(以两室一厅为例，可以适当增减回路，3室总开用63A)

照明回路 DPN

冰箱回路 DPN10A

总开2P40A

厅立柜空调回路 DPN25A (挂壁式用20A)

房间空调回路 DPN20A

房间空调回路 DPN20A

厨房间回路 DPN20A

2P40A
(一体化漏电保护器)

卫生间回路 DPN16A

厅和房间插座回路 DPN16A

此类配置发生漏电时照明和冰箱不会断电，出差或出门时可以切断漏
电保护器，照明和冰箱照样有电，只是检修稍微麻烦

图3-86　家装安逸型回路的选择与设置

3.10.3 家装豪华型回路

家装豪华型回路的选择与设置如图3-87所示。

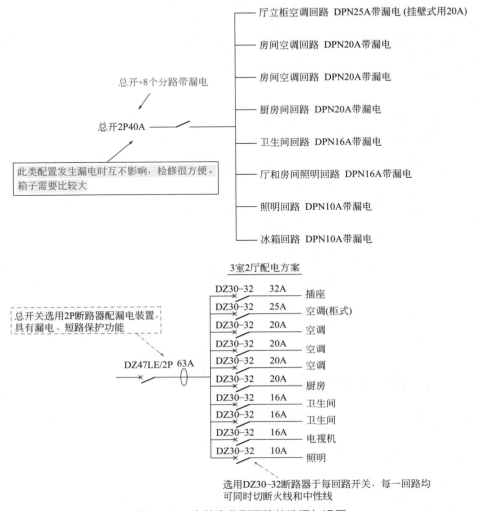

总开+8个分路带漏电

总开2P40A

此类配置发生漏电时互不影响，检修很方便。
箱子需要比较大

厅立柜空调回路 DPN25A带漏电 (挂壁式用20A)

房间空调回路 DPN20A带漏电

房间空调回路 DPN20A带漏电

厨房间回路 DPN20A带漏电

卫生间回路 DPN16A带漏电

厅和房间照明回路 DPN16A带漏电

照明回路 DPN10A带漏电

冰箱回路 DPN10A带漏电

3室2厅配电方案

总开关选用2P断路器配漏电装置，
具有漏电、短路保护功能

DZ47LE/2P 63A

DZ30-32	32A	插座
DZ30-32	25A	空调(柜式)
DZ30-32	20A	空调
DZ30-32	20A	空调
DZ30-32	20A	空调
DZ30-32	20A	厨房
DZ30-32	16A	卫生间
DZ30-32	16A	卫生间
DZ30-32	16A	电视机
DZ30-32	10A	照明

选用DZ30-32断路器于每回路开关，每一回路均
可同时切断火线和中性线

图3-87 家装豪华型回路的选择与设置

回路配置分析：如果一个2P（2匹）的空调回路选择DPN20A断路器，则其允许通过的最大功率为4400W（220V×20A = 4400W）。由于一个2匹的空调的额定功率约为2000W，并且考虑空调启动瞬间功率会突然增大，因此，选择一个20A的断路器即可。

如果总开关选择不带漏电的断路器，则可以考虑分路开关带漏电保护的断路器。一般插座、厨房、卫生间的独立回路一定要选择带漏电保护的断路器。照明、空调可以选择不带漏电保护的断路器。

知识贴士 如果总开关选择带漏电保护的断路器，则分路可以选择DPN型断路器，以及不需要带漏电保护的断路器。其缺点是电路有问题，可能总开关会跳闸，影响整个房间的用电情况。

3.10.4 家庭电气电路的特点与回路

家庭电气电路就是给家用电器供电的电路。以前，家庭电路也叫作照明电路，因为那时电灯、电视机、洗衣机、电冰箱都是由一组家庭电路来供电的。现在，简单的家居电路包括照明电路、插座电路、电器电路，也共用一组回路，如图3-88所示。插座可以接电视机、冰箱、洗衣机等家用电器。

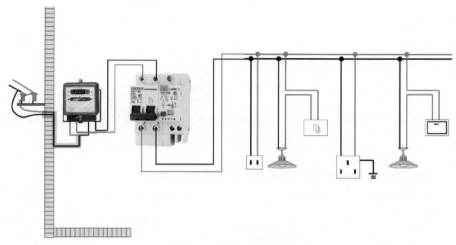

图3-88　简单的家庭电路

现在家庭电气电路与复杂的电路需要分多组回路。但是，无论是多组回路还是一组回路，家庭电气电路电源点均是从电表箱或者配电箱开始的。乡镇居民家庭电气电路电源点以电表箱（内部一般安装保护器）开始居多，城市楼房家庭电气电路电源点以室内配电箱（内部安装保护器）开始居多。

知识贴士 家庭用电量与设置规格参考选择见表3-1。

表 3-1　家庭用电量与设置规格参考选择

套型	使用面积 /m²	用电负荷 /kW	计算电流 /A	进线总开关脱扣器额定电流 /A	电能表容量 /A	进户线规格 /mm²
一类	50 以下	5	20.20	25	10（40）	BV 3×4
二类	50～70	6	25.30	30	10（40）	BV 3×6
三类	75～80	7	35.25	40	10（40）	BV 3×10
四类	85～90	9	45.45	50	15（60）	BV 3×16
五类	100	11	55.56	60	15（60）	BV 3×16

3.10.5 建筑照明线路的特点

建筑照明线路实物连接图如图3-89所示。

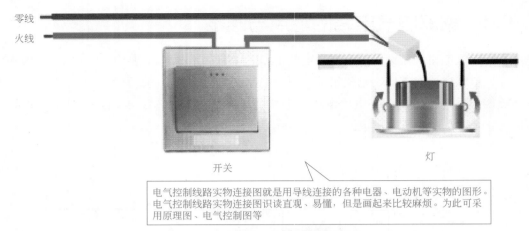

零线

火线

开关

灯

电气控制线路实物连接图就是用导线连接的各种电器、电动机等实物的图形。电气控制线路实物连接图识读直观、易懂，但是画起来比较麻烦。为此可采用原理图、电气控制图等

图3-89　建筑照明线路实物连接图

建筑电气控制图是用国家规定的图形符号、文字代号表示各种电器、电动机等，根据控制要求与动作原理，用线条代表导线连接起来的图，如图 3-90 所示。

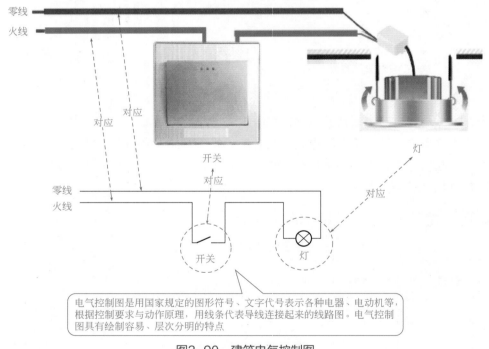

零线

火线

对应　对应

开关

灯

对应

零线

火线

对应

开关

灯

对应

电气控制图是用国家规定的图形符号、文字代号表示各种电器、电动机等，根据控制要求与动作原理，用线条代表导线连接起来的线路图。电气控制图具有绘制容易、层次分明的特点

图3-90　建筑电气控制图

第4章

电气设计

4.1 电气设计基础

4.1.1 机电设备电气线路设计的基本步骤

机电设备电气控制线路设计的基本步骤如图4-1所示。

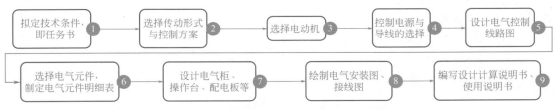

图4-1 机电设备电气控制线路设计的基本步骤

其中，电动机的选择包括电动机类型的选择、电动机额定功率的选择、电动机额定转速的选择、电动机结构形式的选择等，如图4-2所示。确定电动机的额定功率主要考虑的因素：电动机的发热与温升、电动机的短时过载能力。对于笼型异步电动机，还要考虑其启动能力。

确定电动机额定功率的方法有计算法、统计法、类比法等。电动机的启动方式需要根据电网容量的大小、电压、频率的波动范围以及允许的冲击电流值等来考虑、决定。

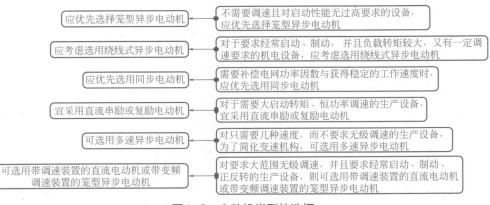

图4-2 电动机类型的选择

控制电源与导线的选择如图 4-3 所示。交流控制电路电源有 36V、127V、220V、380V 等规格。常见的交流电源为 220V、380V。设计的电路要适应所在电网情况。

导线的选择包括导线的种类选择、导线的截面积选择。

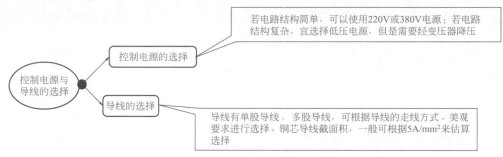

图4-3　控制电源与导线的选择

控制电源也可以根据安全照明、工作状态指示的要求、电磁线圈（电磁铁）的负载性质等综合选择。

变压器容量估算如图 4-4 所示。

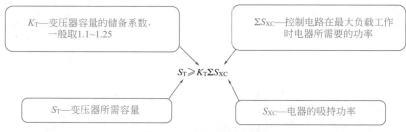

图4-4　变压器容量估算

4.1.2　电气控制线路的设计方法

电气控制线路常见的设计方法包括经验设计法、逻辑设计法等，如图 4-5 所示。逻辑设计法一般只作为经验设计法的辅助、补充。

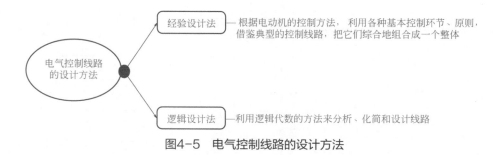

图4-5　电气控制线路的设计方法

逻辑设计方法是利用逻辑代数"1"和"0"表示两种对立的状态，如图 4-6 所示。

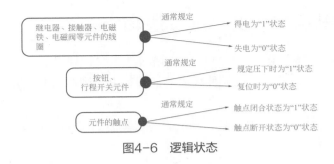

图4-6　逻辑状态

在继电器 - 接触器控制电路中，元件状态常以线圈的得失电来判定。一些元件的线圈得电时，其常开触点闭合，常闭触点断开。为了清楚地反映其状态，元件的线圈及其常开触点的状态用同一字符来表示，其常闭触点的状态则用该字符的"非"来表示。如果该元件为"1"状态，则表示其线圈得电，其常开触点闭合，常闭触点断开。然后利用这些规定与逻辑代数的运算规律、公式、定律，将继电器 - 接触器控制系统设计得更合理，使设计线路更充分地发挥元件的作用，以及所用的元件数量也最少。

4.1.3　常开触点串联的"与"逻辑

常开触点串联的"与"逻辑是电气控制线路的基本设计规律之一。要求几个条件同时具备时，才能够使元件线圈得电动作，则可以通过几个常开触点与线圈串联实现，如图 4-7 所示。

"与"逻辑的电路图、逻辑表达式、真值表与状态表如图 4-8 所示。

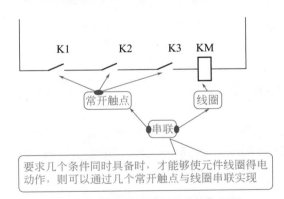

图4-7　常开触点串联的"与"逻辑

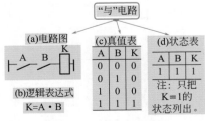

图4-8　"与"逻辑的电路图、逻辑表达式、真值表与状态表

4.1.4 常开触点并联的"或"逻辑

常开触点并联的"或"逻辑是电气控制线路的基本设计规律之一。在几个条件中，只要具备其中任一条件时，所控制的元件线圈就能够得电，则可以通过几个常开触点并联实现，如图 4-9 所示。

"或"逻辑的电路图、逻辑表达式、真值表与状态表如图 4-10 所示。

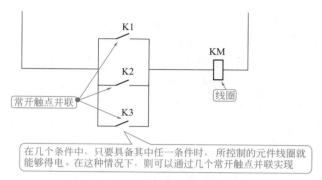

图4-9 常开触点并联的"或"逻辑

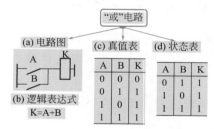

图4-10 "或"逻辑的电路图、逻辑表达式、真值表与状态表

4.1.5 常闭触点的串联

常闭触点的串联是电气控制线路的基本设计规律之一。如果几个条件中仅具备一个时，继电器线圈就失电，则可以用几个常闭触点与所控制的元件线圈串联实现，如图 4-11 所示。

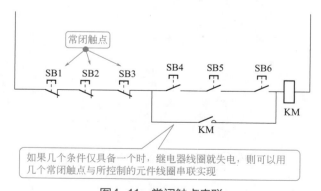

图4-11 常闭触点串联

4.1.6　电器触点连接的设计

设计线路时，同一电器的常开触点、常闭触点位置靠得很近，不能分别接在电源的不同相上，以免在触点断开时形成电弧，造成电源短路等现象，如图 4-12 所示。

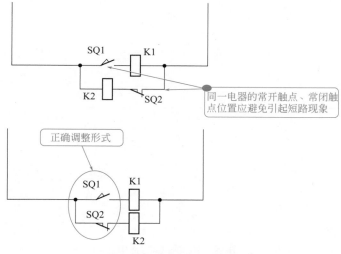

图4-12　电器触点的连接

4.1.7　线圈连接的设计

在交流控制线路中，不能串联接入两个电气线圈，即使外加电压是两个线圈额定电压之和也不允许。因每个线圈上所分配的电压与线圈阻抗成正比，两个元件动作会有先后，先吸合的电气磁路先闭合，其阻抗比未吸合的元件大，线圈上的电压也相应增大。因此，未吸合的电气线圈电压达不到吸合值。若两个线圈需同时动作，则线圈可以并联连接，如图 4-13 所示。

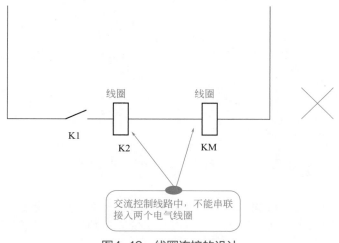

图4-13　线圈连接的设计

设计控制电路时，把电气线圈的一端接在电源的同一端，使所有电气元件的触点在电源的另一侧，这样，如果某一电气元件的触点发生短路，则不致引起电源短路，并且具有接线方便等特点，如图4-14所示。

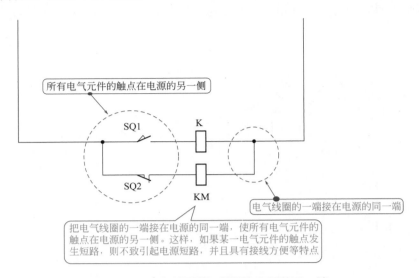

图4-14　电气线圈的一端接在电源的同一端

4.1.8　减少多个电气元件依次接通的要求

设计线路时，需要尽量减少多个电气元件一次动作后，才能够接通另一个电气元件，即尽量减少多个电气元件依次接通，如图4-15所示。

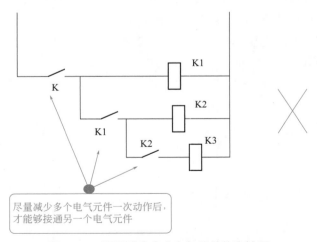

图4-15　尽量减少多个电气元件依次接通

知识贴士　设计的控制线路，尽量减少触点的数目，尽量减少连接导线，尽量减少电气元件非必要长期通电，尽量减少电气元件的数量，尽量采用标准元件，尽量选用相同型号的元件。

4.1.9　电气设计的注意事项

电气设计的注意事项如下。

① 设计的控制线路，力求简单、经济、安全、可靠，具有必要的保护环节以及符合基本要求。

② 当电路发生短路时，短路电流引起电器绝缘损坏产生强大的电动力，使电动机、电器产生机械性损坏。短路保护要求迅速、可靠切断电源。设计电气短路保护一般采用熔断器、断路器、过电流继电器等电器。

③ 电动机欠电压工作时，引起电流增加甚至使电动机停转。失电压（零电压）是指电源电压消失而使电动机停转。常用的失电压、欠电压保护设计有对接触器实行自锁、采用低电压继电器保护等。

零电压保护作用可以设计采用中间继电器 KA 来实现。欠电压保护作用可以设计采用欠电压继电器 KV 来实现。

④ 过载保护是为防止三相电动机在运行中电流超过额定值而设置的保护。常用的过载保护设计有采用热继电器保护、采用自动开关与电流继电器保护等。

由于热惯性的因素，热继电器不会受电动机短时过载冲击电流或短路电流的影响而瞬时动作。因此，使用热继电器作过载保护的同时，还需要有短路保护。一般情况下，作短路保护的熔断器熔体的额定电流不能大于 4 倍热继电器发热元件的额定电流。

⑤ 过电流常由电动机不正确启动、过大负载引起的，其一般比短路电流小。电动机运行时产生过电流比发生短路的可能性更大，尤其是在频繁正反转启动的重复短时工作的电动机中。

由于三相笼型异步电动机短时过电流不会产生严重后果，因此可以不设置过电流保护。

另外，尽管短路保护、过载保护、过电流保护均属于电流型保护，但是，由于故障电流、动作值、保护要求、保护特性、使用元件不同，它们之间是不能互相取代的。

⑥ 对于复合联锁正反转控制的设计，如果要求甲接触器工作时乙接触器不能工作，则在乙接触器的线圈电路中串入甲接触器的常闭触点即可。如果要求甲接触器工作时乙接触器不能工作，而乙接触器工作时甲接触器不能工作，则应在两个接触器的线圈电路中互串入对方的常闭触点，如图 4-16 所示。

电气控制电路常用保护如图 4-17 所示。对于有的电路，有些保护环节不一定设计采用，但是，过载保护、短路保护、零电压保护一般是不可缺少的。

⑦ 弱磁保护。直流电动机在磁场有一定强度下才能启动，如果磁场太弱，则电动机的启动电流会很大。直流电动机正在运行时，如果磁场突然减弱或消失，则电动机转速会迅速升高，甚至发生"飞车"现象。为此，需要采取弱磁保护。弱磁保护可以通过设计电动机励磁回路并串入欠电流继电器来实现。

⑧ 如果容量不够，则可以在线路中增加中间继电器，或者增加线路中触点数目。提高接通能力，则用多触点并联连接；提高分断能力，则用多触点串联连接。

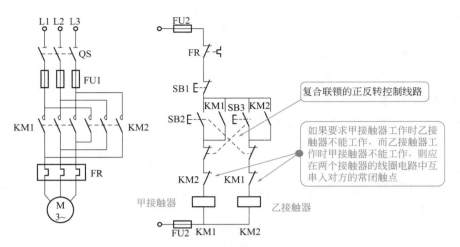

图4-16　复合联锁正反转控制的设计

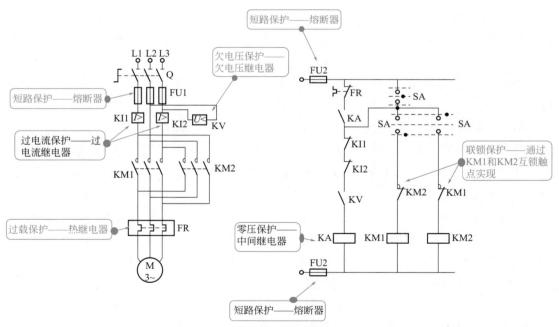

图4-17　电气控制电路常用保护

⑨ 同一继电器的常开触点、常闭触点有"先断后合"型与"先合后断"型。如果触点的动作先后发生"竞争"的情况，则电路工作会不可靠。

⑩ 设计的控制线路应防止寄生电路。

4.2 电气图的绘制

4.2.1 电气图纸的图幅尺寸

设计电气图时，需要根据电气图的规模、复杂程度、能清晰地反映电气图的细节、整套图纸的幅面尽量保持一致、便于装订与管理、软件绘图的特点、输出设备的限制等要求，选择合适的图幅尺寸。

常见的图幅尺寸如图 4-18 所示。

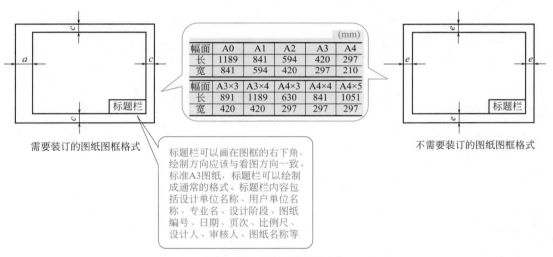

幅面	A0	A1	A2	A3	A4
长	1189	841	594	420	297
宽	841	594	420	297	210

幅面	A3×3	A3×4	A4×3	A4×4	A4×5
长	891	1189	630	841	1051
宽	420	420	297	297	297

需要装订的图纸图框格式

标题栏可以画在图框的右下角，绘制方向应该与看图方向一致。标准A3图纸，标题栏可以绘制成通常的格式。标题栏内容包括设计单位名称、用户单位名称、专业名、设计阶段、图纸编号、日期、页次、比例尺、设计人、审核人、图纸名称等

不需要装订的图纸图框格式

图4-18 常见的图幅尺寸

4.2.2 电气原理图的特点与要求

设计电气原理图时，可以以启停控制电路原理为主，兼顾电路的工作状态指示、设备工作点的局部照明等要求。

设计电气原理图时，可以分主电路设计、控制电路设计，如图 4-19 所示。

电气原理图电路或元件的布局方法分为功能布局法、位置布局法。功能布局法是简图中元件符号的布置只表示元件功能关系，不表示实际位置的一种布局方法。位置布局法是简图中元件符号的布置对应于该元件实际位置的一种布局方法。

功能布局法需要遵守的规则如下。

① 在闭合电路中，前向通路上的信息流方向应从左到右、从上到下，反向通路上的

信息流方向则与之相反。

② 如果信息流或能量流向从右到左、从下到上，以及流向在图中不明显时，则应在连接线上画开口箭头。

③ 对于因果关系清楚的电气原理图，布局顺序应从左到右、从上到下。

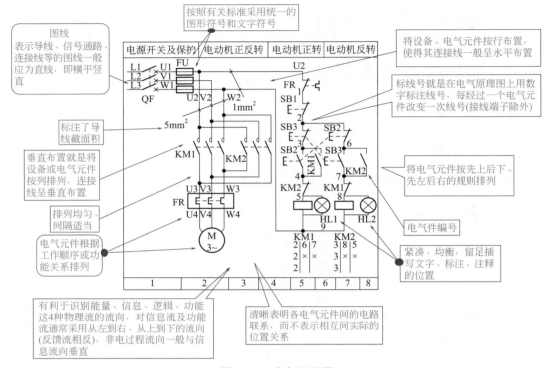

图4-19　电气原理图

知识贴士　在电气元件的位置布局法中，电气元件符号的布置需要与该电气元件实际位置基本一致。接线图、电缆配置图一般采用位置布局法。

4.2.3　其他电气图的特点与要求

其他电气图包括电气总平面图、电气系统图或框图、端子功能图、逻辑图、程序图、电气接线图、布置图等。

电气接线图是按照电气元件的实际位置、实际接线绘制的，并且根据电气元件布置最合理、连接导线最经济等原则来安排连接关系。电气接线图的特点如图4-20所示。

有的电气接线图包括了电气互连图，具体包括导线连接关系、穿线管的使用等。

电气布置图就是表示元气件清单中所用电气元件的安装位置。电气布置一般分柜内部电气、操作面板上电气。电气布置图可以集中绘制在一张图上，也可以分开绘制在不同图上。电气布置图应考虑电气元件的实际安装位置、结构尺寸、元件间间距等要求，如图4-21所示。

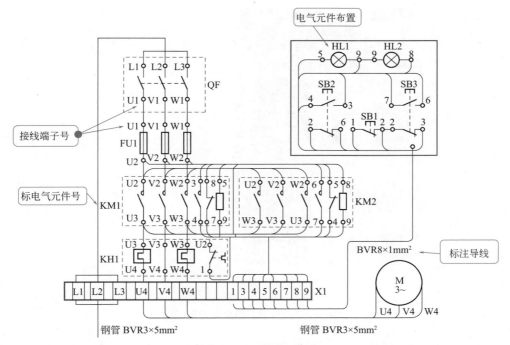

图4-20　电气接线图的特点

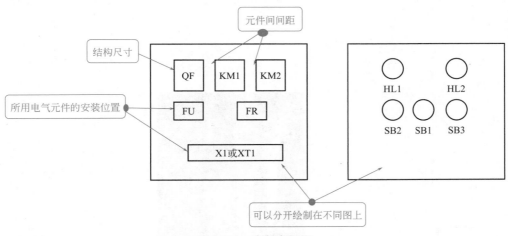

图4-21　电气布置图

4.3　电气控制柜

4.3.1　电气控制柜电气布置图的设计

电气控制柜（简称控制柜）总体配置设计，就是根据电气原理图工作原理、控制要求，把控制系统划分为组成部分（即部件），以及根据电气控制柜复杂程度，把部件划分为若干组件，然后根据电气原理图的接线关系，设计出各部分的进出线号、连接方式，如图 4-22 所示。

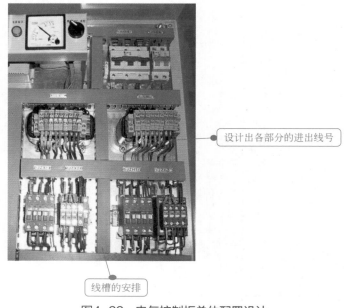

设计出各部分的进出线号

线槽的安排

图4-22　电气控制柜总体配置设计

电气控制柜总体配置设计往往是用电气系统的总装配图、接线图表达的，应能反映出各部分主要组件的位置、接线关系、走线方式以及线槽安排、管线安装等要求与特点，如图 4-23 所示。

主电路的电气元件需要设计布置在柜体内。一般电源进线、接线端子、断路器(电源开关和主电路熔断器)、交流接触器、热继电器、负载接线端子等从上到下排列整齐

发热元件需要设计在电器板的上面安装

强电与弱电设计时，需要分开、屏蔽，以防干扰

对于需要经常维护、检修、调整的电气元件，其设计安装位置不宜过高或过低

体积大、较重的电气元件需要设计在电器板的下面安装

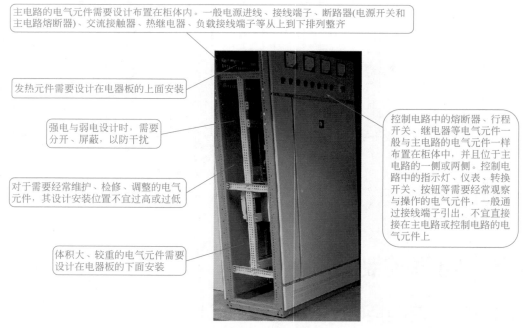

控制电路中的熔断器、行程开关、继电器等电气元件一般与主电路的电气元件一样布置在柜体中，并且位于主电路的一侧或两侧。控制电路中的指示灯、仪表、转换开关、按钮等需要经常观察与操作的电气元件，一般通过接线端子引出，不宜直接接在主电路或控制电路的电气元件上

图4-23　电气控制柜总体配置要求与特点

根据电气控制柜总体尺寸、结构形式、安装尺寸，设计柜内的安装支架、安装孔的标出、安装螺栓的尺寸、接地螺栓的尺寸、配作方式。

电气控制柜的开门方式、形式的设计，可以根据现场安装位置、操作特点、维修方便等要求来确定。设计控制柜时，需要选用适当的门锁。

设计控制柜时，还应考虑控制柜内电器的通风散热。因此，在柜体适当部位需要设计通风孔、通风槽，必要时在柜体上部设计强迫通风的装置、通风孔。

设计控制柜时，还应考虑其运输方式。因此，柜体适当部位需要设计起吊钩，或者柜体底部设计活动轮。

> **知识贴士** 根据操作需要与控制柜内各种电气元件的尺寸，确定电气控制柜的总体尺寸、结构形式。在非特殊情况下，设计选择的电气控制柜总体尺寸需要符合结构基本尺寸与常见系列。控制柜的材料一般选用专用型材。

4.3.2 盘、柜内二次回路的设计

盘、柜内二次回路导线截面积设计的要求如下。

① 盘、柜内电流回路配线应选择截面积不小于 2.5mm²、标称电压不低于 450V/750V 的铜芯绝缘导线，其他回路导线截面积设计选择不应小于 1.5mm²。

② 盘、柜内采用电子元件回路、弱电回路，采用锡焊连接时，则在满足载流量、电压降、足够机械强度的情况下，可以选择不小于 0.5mm² 截面积的绝缘导线。

导线用于连接门上的电器、控制台板等可动部件时的设计要求如图 4-24 所示。

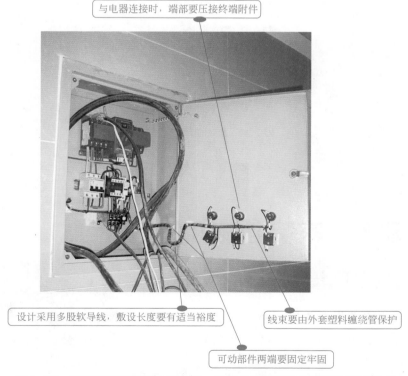

图4-24 导线用于连接门上的电器、控制台板等可动部件时的设计要求

引入盘、柜内的电缆、芯线的设计选择要求如下。

① 单股芯线设计弯圈接线时，其弯线方向要与螺栓紧固方向一致。

② 电缆需要排列整齐、编号清晰、固定牢固、避免交叉，不得使所接的端子承受机械应力。

③ 电缆、导线不得有中间接头。必要时，接头需要接触良好、牢固，不承受机械拉力，并且需要保证原有的绝缘水平。屏蔽电缆需要保证原有的屏蔽电气连接作用。

④ 多股软线与端子连接时，则需要压接相应规格的终端附件。

⑤ 盘、柜内的电缆芯线接线时，需要设计牢固、排列整齐、留有适当裕度。备用芯线需要引到盘、柜顶部或线槽末端，并且标明备用标识。

⑥ 屏蔽电缆的屏蔽层需要良好接地。

⑦ 强电、弱电回路不得使用同一根电缆，并且线芯要分别成束排列。

⑧ 单股芯线不应因弯曲半径过小而损坏线芯及绝缘。

⑨ 对于橡胶绝缘芯线，需要采用外套绝缘管保护。

4.3.3　变频器的备用电路

变频器故障或跳脱时会引起较大的停机损失或其他意外故障。为尽量避免该情况发生，可以增设图 4-25 所示的备用电路，以保证安全。

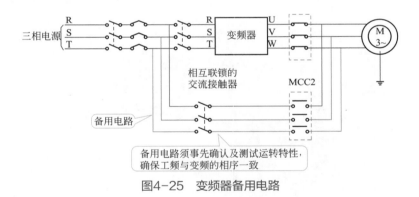

图4-25　变频器备用电路

4.4　建筑、家装电气的设计

4.4.1　居民照明集中装表的设计

居民照明集中装表在居民建筑电气中应用很广，如图 4-26 所示。居民照明集中装表有许多种类，例如单相集中装表电能计量箱（简称单相集装表箱）、三相直接式集中装表电能计量箱（简称三相集装表箱）、框

图4-26　居民照明集中装表

架型电能计量箱、铁皮电能计量箱等。电表箱的结构特点见表 4-1。

表 4-1　电表箱的结构特点

名称	图例
单相 6 位预付费电表箱（上下结构）	 电表室　防水通风口　压线槽　插卡口　防火隔板　出线开关室　压线槽　铅封位　挂锁位　进线开关室　进线孔　可拆卸安全挡板　信息窗　出线孔
透明直入预付费三相电表箱	 防水通风口　插卡口　防火隔板　铅封位　进线开关室　挂锁位　可拆卸式安全挡板　进线孔　信息窗　出线孔
多功能计量电表箱	 敲落式进出线孔　IC卡插卡口(可调节位置)　敲落式进出线孔　铰链　对流通风口　开关窗口　开关窗口(可调节位置)　主计量箱　开关箱　铅封位　铅封防护盖　挂锁位　挂锁位　铅封防护盖　敲落式进出线孔　铅封位　敲落式进出线孔
单相 12 位预付费电表箱（左右结构）	 进线口　防水通风口　进线开关室　电表室　总开关室　铰链　挂锁位　插卡口　出线开关室　压线槽　出线开关室　挂锁位　铅封位　出线孔　对流通风口

居民照明集中装表的要求见表 4-2。

表 4-2 居民照明集中装表的要求

名称	解说
箱体结构	① 箱体需要采用全封闭金属材料框架形式结构，净深要求≥155mm ② 箱内各功能单元至少具备计量单元、总负荷开关单元、用户负荷开关单元，以及各单元间必须相互隔离 ③ 各单元间需要有独立的结构，同时应用隔板或箱形结构加以区分 ④ 计量单元与用户负荷开关单元间的隔离方式，需要采用箱底板与箱面板各加一块隔离板的方式，两隔离板间平面间隙≤2mm，两隔板交叉重叠部分≥10mm ⑤ 在计量单元与总负荷开关单元间的隔离板上，应留有两个连接孔供分火线与零线通过使用。在计量单元与用户负荷开关单元的隔板上，应留有两个连接孔供分火线与零线通过使用。连接孔应装设有防止刮伤导线的绝缘密封圈，密封圈须安装牢固、完好 ⑥ 箱体的计量单元严禁开设敲落孔 ⑦ 墙挂式箱体需要设置便于现场安装的挂耳，安装挂耳不得少于4个，其机械强度应符合规定要求。挂耳厚度应大于主体材料厚度的1.5倍 ⑧ 户外型电能计量箱应设计有雨遮与排湿孔，雨遮边沿与水平面间的倾斜角为8°，超出箱体表面的尺寸应≥100mm ⑨ 居民照明集中装表箱体设计有进出线孔，空洞采用符合防护等级要求的敲落孔形式。在进出线孔上，需要装设防止刮伤导线的绝缘密封圈，密封圈须安装牢固、完好 ⑩ 表箱的电源进线需要在总负荷开关单元的侧面或上方进入，电源进线严禁通过计量单元。用户负荷开关出线（入户线）需要统一设在用户负荷开关单元分户开关的出线侧，用户出线严禁通过计量单元与总负荷开关单元
电能表安装位置	① 箱内两单相电能表间水平距离≥30mm，垂直距离≥100mm ② 箱内两个三相直接式电能表间水平距离≥80mm，垂直距离≥120mm ③ 电能表与箱体侧板的最小距离应≥40mm，安装后各型号电能表罩壳与观察窗的垂直距离应在12～40mm间 ④ 箱内应设计有电能表安装用垫板；对于使用厚度≥1.5mm±0.03mm的冷轧钢板，垫板须镀锌处理并整体制作成型 ⑤ 在三相集装表箱内，安装表位不得超过4列、2行 ⑥ 当单相集装表箱超过18表位时，箱体内计量单元及用户负荷开关单元应采用组合拼装方式进行扩展。箱内安装表位不应超过3行
电气接线	① 表位达12位及以上时，总负荷开关出线处应设计火线汇流接线端子铜排，其尺寸不应小于150mm×30mm×4mm。每个电能表火线进线均应分别接到汇流接线端子铜排处 ② 表位≤15位时，电能表进出线需要采用"两进两出"的接线方式 ③ 电能表N线进线端子排严禁设在用户负荷开关单元内，每个电能表的N线进线均应分别接到汇流接线端子排处。端子排应采用铜排，其尺寸≥100mm×30mm×4mm ④ 三相电源线需要按U、V、W相别分排布置、分相捆扎 ⑤ 总负荷开关需要采用三极开关，用户负荷开关需要采用双极开关
导线选用	① 电能表进出导线均需要采用铜质导线，线径需要根据实际容量配置，以及满足以下要求：电流回路导线截面积≥10mm²，电压回路导线截面积应≥6mm²。N线的汇流总线截面符合相关的要求，并且其接线端子（铜接耳）需要选配无缝式结构与采用机械冷压紧固 ② U、V、W各相导线分别对应采用黄、绿、红色电线，N线采用蓝色线或黑色线，PE线（接地线）采用黄绿相间色线 ③ 电能表的RS485、脉冲等弱电信号线采用PVC穿管方式布线 ④ 采用多芯线时，导线与端子连接的部分采取铜鼻子过渡，铜鼻子应为无缝式结构以及采用机械冷压紧固
接地	① 箱内必须焊有不小于M10的接地螺栓，并且接地螺栓接触良好，具有明显的接地符号与标识 ② 箱内接地端子排与各单元箱门需要通过导线与接地螺栓有效相连， ③ 接地端子排截面积≥20mm×4mm ④ 接地端子排接线孔距：当接地导线截面积≤10mm²时，孔距应≥10mm；当导线截面积＞10mm²时，孔距应≥15m ⑤ 箱体接地保护总线采用截面积≥16mm²的铜质导线，以及与接地端子排可靠连接 ⑥ 接地导线与接地端子排，需要采用挤压式固定或采用双钉固定 ⑦ 箱内带电体与地间的绝缘电阻≥1MΩ，测量直流电阻值≤100mΩ
开关	① 总负荷开关、用户负荷开关容量应与相应承载的电能表容量相匹配 ② 用户负荷开关需要采用设有防触电保护罩的产品，并且其对各出线的相与相间能加以隔离

电能表进出导线均采用铜质导线，线径需要根据实际容量来配置（表4-3），以及参考其他的要求。

表 4-3　线径根据实际容量配置

额定电流 /A	电缆截面积 /mm²
40 ~ 50	10
63	16
80 ~ 100	25
125	35
160 ~ 180	50
200	70
225 ~ 250	95
300 ~ 315	120
400	180

4.4.2　住宅用电负荷的设计计算

每套住宅用电负荷功率不大于 12kW 时，宜设计单相进户。超过 12kW 或设计有三相电气设备时，则应采用三相进户。每套住宅用电负荷计算功率要求如图 4-27 所示。

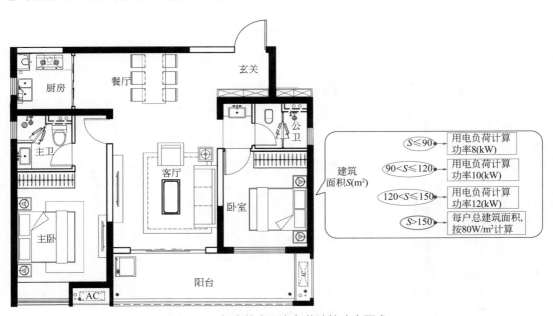

图4-27　每套住宅用电负荷计算功率要求

家居配电箱内应设计过电流、过载保护的照明供电回路、空调插座回路、电源插座回路、电炊具与热水器等专用电源插座回路。除了壁挂分体式空调的电源插座回路外，其他电源插座回路均应设计剩余电流保护电器，并且剩余动作电流不应大于30mA。

4.4.3　空气开关代替闸刀开关与熔断器的设计

电表箱需要安装总开关，家装电气设备如果再设有强电配箱，也需要在其内部设计、安装一总开关。过去总开关采用闸刀开关与熔断器组成，现在基本上用空气开关代替闸刀开关与熔断器。

多功能空气开关具有自动功能的特点，即当电路发生短路等导致电流过大时，它会自动断开，切断电路，从而保护用电安全。当排除故障后，把空气开关的扳手扳到接通位置即可。闸刀开关与熔断器组成的保护电路安全性、安装方便性比空气开关均要差，而且具有熔断器熔断后需要更换熔丝的麻烦。图例如图4-28所示。

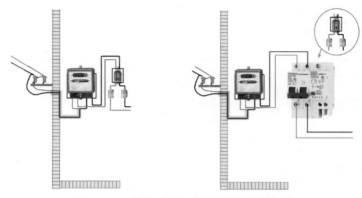

图4-28　空气开关代替闸刀开关与熔断器

4.4.4　家居配电箱的设计

每套住宅至少需要设置一个家居配电箱，跃层、别墅住宅应根据楼层设置分配电箱。单间配套小户型住宅可根据用电设备的实际情况配置调整。

家居配电箱的设置需要满足位置、高度、回路等要求，如图4-29所示。

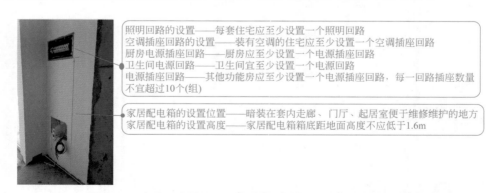

照明回路的设置——每套住宅应至少设置一个照明回路
空调插座回路的设置——装有空调的住宅应至少设置一个空调插座回路
厨房电源插座回路——厨房应至少设置一个电源插座回路
卫生间电源回路——卫生间宜至少设置一个电源回路
电源插座回路——其他功能房应至少设置一个电源插座回路，每一回路插座数量不宜超过10个(组)

家居配电箱的设置位置——暗装在套内走廊、门厅、起居室便于维修维护的地方
家居配电箱的设置高度——家居配电箱箱底距地面高度不应低于1.6m

图4-29　家居配电箱的设置需要满足位置、高度、回路等要求

家居住户配电箱内不应设计电涌保护器，家居配电箱电器的设置如下。

① 电源总开关——家居配电箱应装设同时断开火线、零线的电源进线总开关电器。

② 供电回路应设计保护电器——供电回路应装设短路、过负荷保护电器。

③ 手持移动家用电器应设计剩余电流保护电器——连接手持式、移动式家用电器的电源插座回路应设计装设剩余电流保护电器。

④ 空调的电源插座回路应设计剩余电流保护电器——柜式空调的电源插座回路应设计装设剩余电流保护电器，分体式空调的电源插座回路宜设计装设剩余电流保护电器。

> **知识贴士** 家居配电箱底距地面不低于1.6m，以便于检修、维护。单排家居配电箱暗装时箱底距地面宜为1.8m，双排家居配电箱暗装时箱底距地面宜为1.6m。家居配电箱明装时箱底距地面应为1.8m。

家居配电箱电器的设置如图4-30所示。

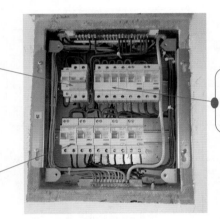

箱内应设计具有短路、过载、过电压、欠电压等保护功能并能同时断开火线与中性线的总断路器

每个柜式空调电源插座应单独设计1个回路，其他空调电源回路不宜设计超过2个插座

照明、空调电源插座、厨房电源插座、卫生间电源插座与其他电源插座均应分别设计配电回路

图4-30　家居配电箱电器的设置

> **知识贴士** 每套住宅家居配电箱里的电源进线开关电器必须能同时断开火线和零线。如果单相电源进户，则应选用双极开关电器；如果三相电源进户，则应选用四极开关电器。

4.4.5　住宅住户电源插座的设计

住宅建筑配电间、电能表间、电信间、电梯机房、电梯坑、电梯井道内、住户单元门口、住户信息箱内均应设计安装电源插座。

住宅住户单元门口、住户信息箱内均应设计安装电源插座。非全装修住宅可不设计插座。

卫生间电源插座、封闭式阳台插座应采用具有防溅功能的插座。

对于非集中空调系统的全装修住宅，其客厅、卧室、书房均应设计空调设备专用插座，厨房、卫生间可设空调设备专用插座。

除空调插座外，全装修住宅电源插座的设计数量不应少于表4-4的规定。如果双卫生间内装设热水器等大功率用电设备，每个卫生间应设计不少于一个电源回路，并且卫生间的照明宜设计与卫生间的电源插座同回路。如果住宅套内厨房、卫生间均无大功率用电设备，厨房与卫生间的电源插座、卫生间的照明可采用一个带剩余电流保护电器的电源回路供电。

洗衣机、分体式空调、电热水器有可能一段时间内不用，采用带开关控制的电源插座可避免频繁拔插电器插头。情况允许时，电视机插座也宜选用带开关控制的电源插座。

厨房电炊插座、洗衣机插座、剃须插座底边距地面规定为 $1 \sim 1.3m$。

表 4-4　全装修住宅电源插座的设计数量

房间	电源插座的最少设置数量
卫生间（有洗衣机）	防溅型单相二、三孔组合插座 2 个，防溅型单相三孔带开关插座 2 个
卫生间（无洗衣机）	防溅型单相二、三孔组合插座 2 个，防溅型单相三孔带开关插座 1 个
封闭式阳台	防溅型单相三孔带开关插座 1 个
起居室	单相二、三孔组合插座 5 个
主卧室、双人卧室	单相二、三孔组合插座 6 个
单人卧室	单相二、三孔组合插座 4 个
书房	单相二、三孔组合插座 3 个
厨房	单相二、三孔组合插座 3 个，单相三孔带开关插座 3 个

知识贴士　如果住宅建筑采用集中空调，则空调的插座回路应设计为风机盘管的回路。起居室等房间使用面积等于大于30m²时，宜设计预留柜式空调插座回路。起居室、卧室、书房的使用面积小于30m²时，宜设计预留壁挂式空调插座。三居室以上的住宅且光源安装容量超过2kW时，宜设计两个照明回路。

4.4.6　住宅照明的设计

对于住宅建筑公共部位照明，应设计采用长寿命节能型灯具。当每层电梯厅、公共走道照明灯具总数不超过 5 个时，均可根据应急照明进行设计。未设置自熄开关的公共部位照明，宜由消防控制室或其他值班室集中监控。

疏散照明不宜采用自熄开关控制。住宅设有火灾自动报警系统时，疏散照明可采用自熄开关控制，但是应在火灾发生时强制自动点亮。

无障碍坡道应设置专用照明，其控制开关宜设置在安防控制室等值班场所内或采用光敏元件自动控制。

除了门厅、电梯厅、设备机房、消防避难层（区）、电梯轿厢与其他不宜自动熄灯的场所外，公共部位的一般照明应设计采用自熄开关控制。

知识贴士　插座额定电流的选择：如果已知使用设备，则设计选择大于设备额定电流的1.25倍；如果未知使用设备，则不应小于5A。设计时，一般根据家用电器的额定功率、特性选择10A、16A或其他规格的电源插座。

第5章

电气安装、接线与布线

5.1 安装基本功

5.1.1 插头的接线安装

插头分为两插头、三插头、两相两孔二脚公头插头、两相两孔二脚母头插头、三脚10A插头、180°转动插头等类型，如图5-1所示。插头接线安装的要点就是连接火线、零线、地线，并且连接要牢固，如图5-2所示。

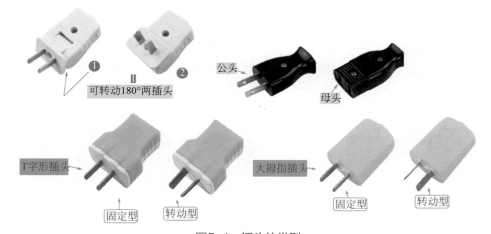

图5-1 插头的类型

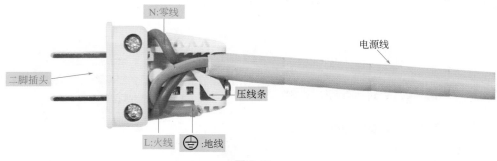

图5-2

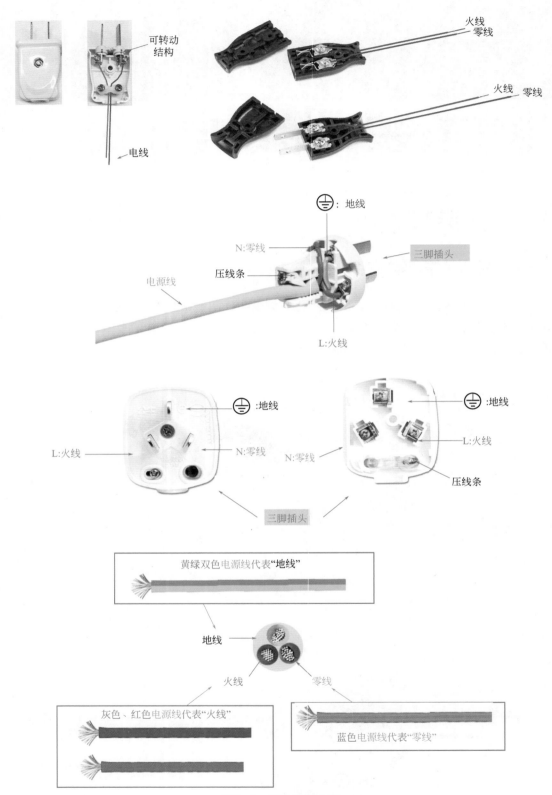

图5-2　插头接线安装

三插头有 10A、16A 三插头之分，分别对应 10A、16A 插座，如图 5-3 所示。

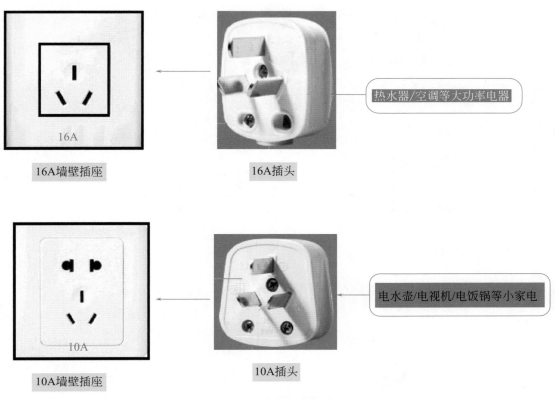

图5-3　三插头与插座

5.1.2　插座开关的接触类型与安装固线

插座结构如图 5-4 所示。插座开关端头接触类型如图 5-5 所示。开关插座接线端的处理方法如图 5-6 所示。

图5-4　插座结构

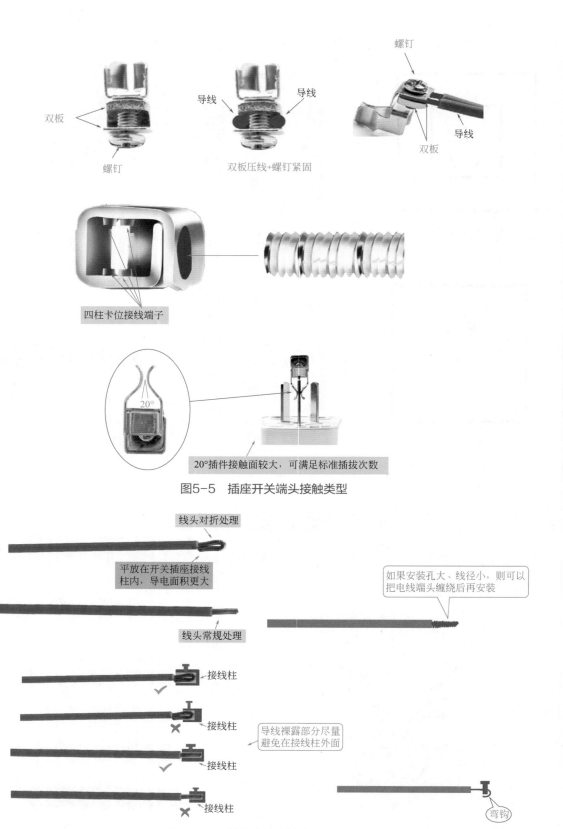

双板

螺钉

双板压线+螺钉紧固

螺钉

导线

导线

导线

双板

四柱卡位接线端子

20°

20°插件接触面较大，可满足标准插拔次数

图5-5　插座开关端头接触类型

线头对折处理

平放在开关插座接线柱内，导电面积更大

线头常规处理

如果安装孔大、线径小，则可以把电线端头缠绕后再安装

接线柱

✓

接线柱

✗

接线柱

✓

导线裸露部分尽量避免在接线柱外面

接线柱

✗

弯钩

图5-6　开关插座接线端的处理方法

5.2 不同器件的安装、接线与布线

5.2.1 低压电器适应的安装类别

低压电器适应的安装类别参考见表 5-1。

表 5-1 低压电器适应的安装类别参考

名称	信号水平级安装类别	负载水平级安装类别	配电及控制水平级安装类别	电源水平级安装类别
低压电动机启动器	—	√	√	—
低压断路器	—	√	√	√
低压接触器	—	√	√	—
低压熔断器	—	√	√	√
开关、隔离器、隔离开关、熔断器组合	—	√	√	√
控制电路电器、开关元件	√	√	√	—

5.2.2 低压电器安装前的检查要求

低压电器安装前，需要检查低压电器紧固件无松动、低压电器附件齐全等，具体如图 5-7 所示。

低压电器安装前的检查要求
①低压电器附件要齐全、完好
②低压电器紧固件要无松动
③低压电器铭牌、型号、规格需要与被控制线路相符、与设计相符
④低压电器内部仪表、灭弧罩、瓷件等需要无裂纹、无伤痕
⑤低压电器外壳、漆层、手柄需要无损伤、无变形

图5-7 低压电器安装前的检查要求

5.2.3 低压电器的固定要求

低压电器的固定要求如下。

① 低压电器安装固定的紧固件应采用镀锌制品、厂家配套提供的其他防锈制品，螺栓规格应选择适当。

② 低压电器安装固定应平稳、牢固。

③ 低压电器采用卡轨支撑安装时，卡轨应与低压电器匹配，不得使用变形与不合格的卡轨。

④ 低压电器采用膨胀螺栓安装固定时，应根据其技术要求选择合适的螺栓规格，并且其钻孔直径、埋设深度应与螺栓规格相符。注意：不得使用塑料胀塞、木楔来固定。

⑤ 低压电器根据结构不同，可以采用支架、金属板、绝缘板固定在墙、柱上，或者其他建筑构件上。

⑥ 低压电器固定用的金属板、绝缘板要平整。

⑦ 固定低压电器时，不得使电器内部受额外应力。

> **知识贴士** 有防振要求的电器应增加减振装置，并且其紧固螺栓要有防松措施。

5.2.4 低压电器的安装注意事项

低压电器的安装注意事项如下。

① 安装采用的低压电器、器材，不得采用国家明令禁止的低压电器、器材。

② 安装采用的低压电器、器材，均要有合格证明文件。属于"CCC"认证范围的设备，需要有认证标识、认证证书，设备应有铭牌。

③ 安装前，对于到达现场的低压电器和器材要进行检查验收。

④ 对于成排、集中安装的低压电器，需要排列整齐、标识清晰，以及电器间的距离要符合设计要求。

⑤ 低压电器的安装应便于操作、维护。

⑥ 低压电器的安装应符合产品技术文件的要求。如果无明确规定，则一般宜垂直安装，其倾斜度不得大于5°。

⑦ 低压电器的安装保管应符合产品技术文件的要求。

⑧ 低压电器的安装高度应符合设计规定。如果设计无规定，则低压电器的底部距离地面不宜小于200mm；操作手柄转轴中心与地面的距离宜为1200～1500mm，侧面操作的手柄与建筑物或设备的距离不宜小于200mm等。

⑨ 低压电器的安装与验收应根据已批准的设计文件来执行。

⑩ 家用及类似场所用电器的安装高度应符合设计要求。如果无设计要求，则其底部高度不得低于1.8m，并且在其明显部位应设置警告标志。

⑪ 可逆启动器、接触器的电气联锁装置与机械联锁装置的动作均要正确、可靠。

⑫ 真空接触器的接线要符合产品技术文件的要求，接地要可靠。

> **知识贴士** 室内使用的低压电器在室外安装时，则应有防雨、防雪等有效措施。对于需要接地的低压电器，其金属外壳、框架必须可靠接地。

5.2.5 电器外部的接线要求

电器外部接线时，需要接线导线绝缘良好、接线根据接线端头标识进行、外部接线不得使电器内部受到额外应力等，具体如图5-8所示。

电器外部接线的要求
①电器的接线要采用有金属防锈层、铜质的螺栓与螺钉，以及有配套的防松装置，连接时要拧紧，并且拧紧力矩值需要符合产品技术文件的要求
②电源侧进线要接在进线端，负荷侧出线要接在出线端
③接线导线绝缘应良好、无损伤
④接线应根据接线端头标识进行
⑤接线应排列美观、整齐
⑥对于具有通信功能的电器，其通信系统接线应符合产品技术文件的要求
⑦裸带电导体与电器连接时，其电气间隙不得小于与其直接相连的电气元件的接线端子的电气间隙
⑧外部接线不得使电器内部受到额外应力

图5-8　电器外部接线的要求

5.2.6　开关、隔离器与隔离开关的安装要求

开关、隔离器与隔离开关的安装要求如下。

① 安装杠杆操作机构时，要调节杠杆长度，使操作到位且灵活；辅助接点指示要正确。

② 电源进线一般要接在开关、隔离器、隔离开关上方的静触点接线端，出线一般要接在触刀侧的接线端。

③ 动触点与两侧压板距离要调整均匀，合闸后接触面要压紧，触刀与静触点中心线要在同一平面，并且触刀不得摆动。

④ 多极开关的各极动作要同步。

⑤ 开关、隔离器、隔离开关一般要垂直安装，并且使静触点位于上方。

⑥ 可动触点与固定触点的接触要良好，触点或触刀一般宜涂电力复合脂。

⑦ 母线隔离开关垂直或水平安装时，其触刀均要位于垂直面上。

⑧ 母线隔离开关在建筑构件上安装时，触刀底部与基础间的距离需要符合设计或产品技术文件的要求。当无要求时，则不宜小于 50mm。

⑨ 熔断器组合电器接线完毕后，熔断器要无损伤，灭弧栅要完好，以及固定要可靠；电弧通道要畅通，灭弧触点各相分闸要一致。

⑩ 直流母线隔离开关的刀体与母线直接连接时，母线固定端要牢固。

知识贴士　转换开关、倒顺开关安装后，其手柄位置指示要与其对应接触片的位置一致，定位机构要可靠，所有触点在任何接通位置上要接触良好。双投刀闸开关在分闸位置时，触刀要可靠固定，不得自行合闸。

5.2.7　热继电器的安装与维护

热继电器的安装与维护要求如下。

① 热继电器安放时，如果其发热元件在双金属片的下方，则双金属片发热快，热继电器动作时间短；如果发热元件在双金属片的旁边，则双金属片发热较慢，热继电器动作时间长。

② 热继电器安装的方向应与其说明书中规定的方向一致，一般倾斜度不超过 5°。

③ 热继电器安装后，其盖板要盖好。

④ 热继电器的动作机构应正常可靠。在安全情况下，可用手拨动 4～5 次进行观察，然后扣按钮看其是否灵活。一般情况下，热继电器出厂时，其触点调到手动复位。如果需要自动复位，则应将复位螺钉顺时针转动，以及稍微拧紧即可。如果需要调回手动复位，则应将复位螺钉逆时针旋转并且拧紧，以防振动时引起复位螺钉松动。

⑤ 热继电器动作时间为 1s、电动机满载工作、通电持续率为 60% 时，每小时允许操作次数最高不超过 40 次。要求更高的操作频率时，可以选择带速饱和电流互感器的热继电器。

⑥ 热继电器接线时应拧紧接线螺钉，使导线与热继电器可靠接触，如图 5-9 所示。

热继电器安装后，其盖板要盖好

热继电器接线时应拧紧接线螺钉，使导线与热继电器可靠接触

图5-9　热继电器的接线

⑦ 热继电器脱扣动作后，如果采用手动复位，应在 2min 后再按复位按钮复位。如果采用自动复位，则需要等待 5min 以后再投入运行。若时间过短，双金属片不能复位，易造成热继电器、电路有故障的假象。

⑧ 热继电器与其他电器装在一起使用时，尽可能将热继电器装在其他电器的下方且远离其他电器 50mm 以上，以免受其他电器发热的影响。

⑨ 用万用表检查热继电器控制触点，接触应良好。

⑩ 热继电器出线端的连接导线的截面积需要符合相关规定，见表 5-2。

表 5-2　热继电器出线端的连接导线参考截面积

发热元件额定电流 I_N/A	$I_N < 11$	$11 < I_N \leq 22$	$22 < I_N \leq 23$	$33 < I_N \leq 45$	$45 < I_N \leq 63$	$63 < I_N \leq 100$	$100 < I_N \leq 160$
绝缘铜导线截面积 /mm²	2.5	4	6	10	16	25	35

🔧 知识贴士　热继电器的连接导线除了导电外，还起到导热作用。如果连接导线太细，会缩短热继电器的脱扣动作时间。如果连接导线过粗，则会延长热继电器的脱扣动作时间。因此，热继电器连接导线截面不可太细或太粗，尽量选择其说明书规定的或相近截面积的连接导线。

5.2.8　断路器安装前的检查要求

断路器安装前，需要进行外观检查、清除灰尘、清除污垢、技术指标检查等，如图 5-10 所示。

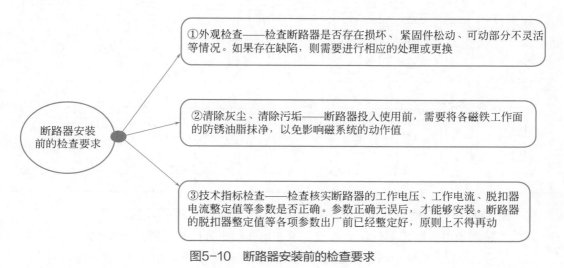

断路器安装前的检查要求

①外观检查——检查断路器是否存在损坏、紧固件松动、可动部分不灵活等情况。如果存在缺陷，则需要进行相应的处理或更换

②清除灰尘、清除污垢——断路器投入使用前，需要将各磁铁工作面的防锈油脂抹净，以免影响磁系统的动作值

③技术指标检查——检查核实断路器的工作电压、工作电流、脱扣器电流整定值等参数是否正确。参数正确无误后，才能够安装。断路器的脱扣器整定值等各项参数出厂前已经整定好，原则上不得再动

图5-10　断路器安装前的检查要求

5.2.9　RCD的安装要求

RCD 的安装要求如下。

① RCD 安装时，应符合 GB/T 22794—2017、GB/T 22387—2016 等有关标准的要求。

② RCD 安装时，应考虑供电方式、供电电压、系统接地方式、保护方式。

③ RCD 安装时，RCD 的形式、额定电压、额定电流、短路分断能力、额定剩余动作电流、分断时间均应满足被保护线路与电气设备的要求。

④ 采用不带过电流保护功能，并且需辅助电源的 RCD 时，与其配合的过电流保护元件（熔断器）要安装在 RCD 的负荷侧。

⑤ RCD 在不同的系统接地方式中，应正确接线。单相／三相三线、三相四线供电系统中的 RCD 接线方式见表 5-3。

表 5-3　RCD 的接线方式

接地类型	单相（二极）	三相	
		三线（三极）	四线（三极或四极）
TT			

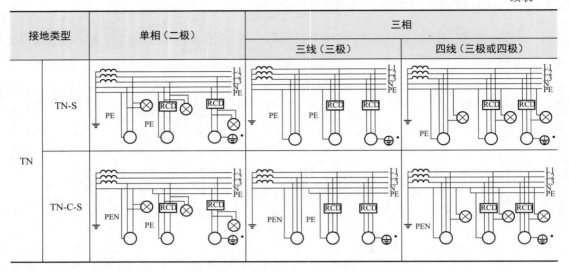

⑥ RCD 标有电源侧、负荷侧时，应根据规定安装接线，不得反接。

⑦ 安装剩余电流断路器时，应根据要求在电弧喷出方向有足够的飞弧距离。

⑧ 组合式 RCD 的控制回路的连接，应使用截面积不小于 $1.5mm^2$ 的铜导线。

⑨ RCD 安装时，通过 RCD 的 N 线不得作为 PE 线，不得重复接地或接设备外露的可接近导体。

⑩ 带有短路保护功能的 RCD 安装时，应确保有足够的灭弧距离，并且灭弧距离要符合产品相关技术文件的要求。

⑪ RCD 安装后，应根据要求对原有的线路、设备的接地保护措施进行检查、调整。

⑫ RCD 安装后，注意引出导线的连接处必须清洁，螺钉拧紧，避免接触不良引起局部过热，进而影响脱扣器动作性能。

⑬ RCD 安装后，除了检查接线无误外，还需要通过试验按钮、专用测试仪器检查其动作特性，并且要满足设计等要求。

知识贴士　RCD安装时，需要严格区分N线、PE线。三极四线式或四极四线式RCD的N线，需要接入保护装置。PE线不得接入RCD。

5.2.10　电涌保护器安装前的要求

电涌保护器安装前的要求见表 5-4。

表 5-4　电涌保护器安装前的要求

项目	安装前的要求
标识	外壳标明厂名或商标、安全认证标记，产品型号、最大持续运行电压、电压保护水平、分级试验类别、放电电流参数均要符合设计要求
外观	无划伤、无裂纹、无变形
运行指示器	通电时处于指示"正常"位置

5.2.11　电涌保护器的安装要求

电涌保护器的安装要求如下。

① 电涌保护器安装要牢固，其安装位置、布线要正确，连接导线规格要符合设计等要求。

② 电涌保护器的保护模式需要与配电系统的接地形式相匹配，以及要符合制造厂相关技术文件等要求。

③ 电涌保护器接入主电路的引线要尽量短并且直，不得形成环路与死弯。上引线、下引线长度之和一般不宜超过 0.5m。

④ 接线端子要压紧，接线柱、接线螺栓接触面与垫片接触要良好。

⑤ 电涌保护器要有过电流保护装置，安装位置应符合相关标准、制造厂技术文件等要求。

⑥ 同一条线路上有多个电涌保护器时，它们之间的安装距离均要符合相关标准、产品技术文件等要求。

知识贴士 电涌保护器电源侧引线与被保护侧引线不得合并绑扎或互绞。

5.2.12　低压接触器、电动机启动器的检查要求

低压接触器、电动机启动器安装前的检查要求如下。

① 当带有常闭触点的接触器、电动机启动器闭合时，要先断开常闭触点，后接通主触点。当断开时要先断开主触点，后接通常闭触点，并且三相主触点的动作要一致。

② 电动机启动器保护装置的保护特性需要与电动机的特性相匹配，以及需要根据设计要求进行定值校验。

③ 其触点的接触要紧密，固定主触点的触点杆要固定可靠。

④ 其衔铁表面要无锈斑、无油垢。接触面要平整、要清洁，可动部分要灵活、无卡阻。

低压接触器、电动机启动器安装完毕后的检查要求如图 5-11 所示。

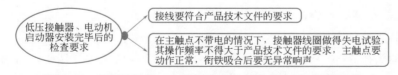

图5-11　低压接触器、电动机启动器安装完毕后的检查要求

5.2.13　真空接触器安装前的检查要求

真空接触器安装前，要根据产品技术文件要求检查真空开关管的真空度等情况，具体如图 5-12 所示。

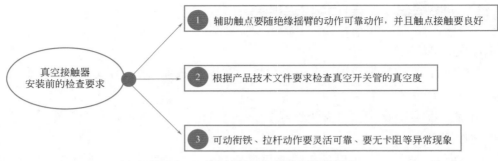

図5-12 真空接触器安装前的检查要求

5.2.14 接触器的安装概述

接触器安装前，应检查产品的绝缘电阻、接触器铭牌与线圈的技术数据是否符合实际使用要求等情况，具体如图 5-13 所示。

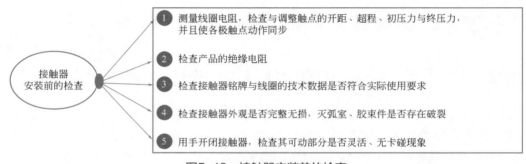

图5-13 接触器安装前的检查

> 知识贴士 接触器安装完毕后，在检查接触器接线正确无误后，应在主触点不带电的情况下操作几次，确能按要求动作后，才可以投入实际运行。

5.2.15 自耦降压启动器的安装与调整要求

自耦降压启动器的安装、调整要求如下。

① 启动器要垂直安装。

② 降压抽头在 65% ~ 80% 的额定电压下要根据负荷要求进行调整，启动时间不得超过自耦降压启动器允许的启动时间。

5.2.16 软启动器安装的要求

软启动器安装时，需要根据产品要求留有足够通风间隙；软启动器的专用接地端子要可靠接地等，具体如图 5-14 所示。

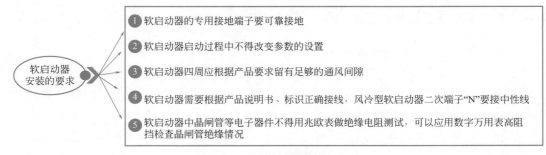

图5-14　软启动器安装的要求

5.2.17　凸轮控制器与主令控制器的安装要求

凸轮控制器、主令控制器的安装要求如下。

① 操作手柄或手轮的动作方向应与机械装置的动作方向一致。操作手柄或手轮在各个不同位置时，其触点的分合顺序均需要符合控制器的分合图表的要求，通电后应根据相应的凸轮控制器的位置检查被控电动机等设备，并且要运行正常。

② 操作要灵活，挡位要明显、准确。带有零位自锁装置的操作手柄要能正常工作。

③ 触点压力要均匀，触点超行程不得小于产品技术文件的要求。

④ 工作电压要与供电电源电压相符。

⑤ 金属外壳要可靠接地。

⑥ 凸轮控制器主触点的灭弧装置要完好。

⑦ 转动部分、齿轮减速机构要润滑良好。

知识贴士 凸轮控制器、主令控制器要安装在便于观察、操作的位置上，操作手柄或手轮的安装高度宜为800~1200mm。

5.2.18　按钮的安装要求

按钮安装时，满足按钮间的净距不宜小于30mm、按钮操作灵活等要求，具体如图5-15所示。

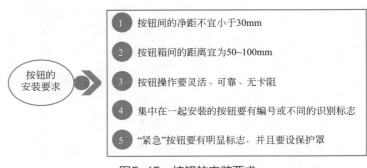

图5-15　按钮的安装要求

5.2.19　行程开关的安装、调整要求

行程开关的安装、调整要求如下。

① 安装位置要能使开关正确动作，并且不妨碍机械部件的运动。

② 碰块或撞杆要安装在开关滚轮或推杆的动作轴线上，对电子式行程开关要根据产品技术文件要求调整可动设备的间距。

③ 限位用的行程开关要与机械装置配合调整，并且要在确认动作可靠后接入电路使用。

> 知识贴士　行程开关的碰块或撞杆对开关的作用力及开关的动作行程均不应大于允许值。

5.2.20　避雷器的安装要求

避雷器安装时应满足垂直安装、周围应有足够的空间等要求，具体如图5-16所示。

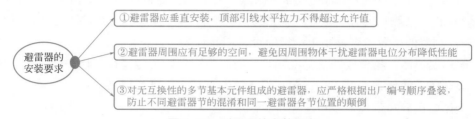

图5-16　避雷器的安装要求

5.3　家装电气

5.3.1　明装家用配电箱的安装、接线与布线

明装家用配电箱可以采用地脚螺栓、膨胀螺栓来固定，即采用四角安装孔来安装，如图5-17所示。

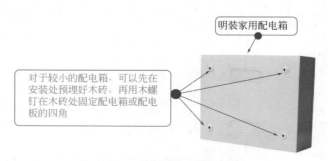

图5-17　明装家用配电箱的安装

明装家用配电箱安装高度一般大于或者等于1.5m，螺栓埋入墙壁深度一般为75～150mm，如图5-18所示。

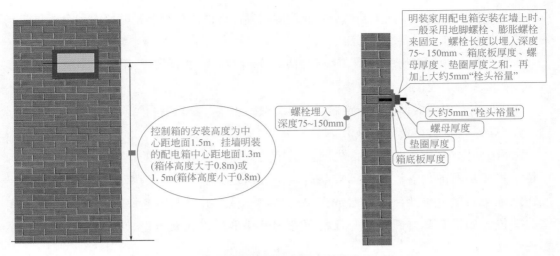

图5-18　明装家用配电箱的安装高度、深度

5.3.2 暗装家用配电箱的安装、接线与布线

暗装配电箱是指配电箱嵌入墙内安装。砌墙时预留配电箱孔洞，需要比配电箱的长、宽各大 20mm 左右。预留配电箱的深度，一般为配电箱厚度加上洞内壁抹灰的厚度。

圬埋配电箱时，箱体与墙间填埋混凝土即可，把配电箱箱体固定住。安装配电箱要牢固，要横平竖直。当箱体高在 50cm 以下时，配电箱垂直度允许偏差为 1.5mm。当箱体高在 50cm 以上时，配电箱垂直度允许偏差为 3mm。

暗装家用配电箱的开孔完成后，固定好箱体。然后安装好箱内导轨：导轨安装要水平，以及与盖板断路器操作孔要匹配。

暗装家用配电箱箱体的底面一般离地面高度为 1.3 ～ 1.8m（记忆技巧：1、3，谐音一生；1.8，谐音要发，寓意"一生要发，财源大发"），如图 5-19 所示。1.3 ～ 1.8m 高，也就是成人举起手来容易操作，避免未成年人接触，从而有利于安全。

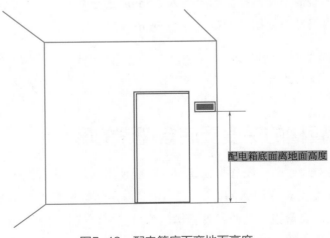

图5-19　配电箱底面离地面高度

暗装家用配电箱时，配电箱四周要无空隙，其面板四周边缘要紧贴墙面，箱体与建筑物、构筑物接触部分需要涂防腐漆。

家用配电箱内需要分别设置零线（N 线）、保护零线（PE 线）汇流排。零线、保护零线需要在汇流排上连接，不得铰接。

家用配电箱内需要设漏电断路器，并且分数路出线，分别控制照明、空调、插座等回路。回路需要确保负荷正常使用。

家用配电箱安装断路器时，先要注意箱盖上断路器安装孔的位置，确保断路器可以位于箱盖预留的位置。断路器安装时，一般从左到右排列。为断路器预留的空位一般在配电箱右侧。总断路器一般放在第一排第一位，并且与分断路器之间预留一个完整的整位。如果有多排断路器，还需要考虑断路器的连线要方便、排列要有规律、不要安装反。

家用断路器需要安装在进户电能表或总开关后。如果仅对某用电器进行保护与控制，则可以安装在用电器具本体上作为电源开关，或安装在该用电器具的电源来处（如插座）作为保护开关。

家用总断路器（总开关）一般选择 2P 断路器即可，一些公装需要选择 3P 断路器。

暗装家用配电箱配线前，需要正确应用电线的颜色与截面积。

① 家装 2 根线：零线的颜色一般选择蓝色，火线的颜色一般选择红色。如果是公装的三相，则火线的颜色选择红色、黄色、绿色。

② 家装照明、插座回路一般采用截面积为 2.5mm² 电线，每根电线所串联断路器数量不得大于 3 个。照明支路需要使用截面积至少为 1.5mm² 的电线。

③ 家装空调回路，3P 以下的空调需要使用截面积至少为 4mm² 的电线，3P 及以上的空调至少需要使用截面积为 6mm² 的电线，并且一根导线需要配一个断路器。

④ 家装厨房需要使用截面积至少为 4mm² 的电线。

⑤ 卫生间需要使用截面积至少为 4mm² 的电线。

⑥ 家装普通插座需要使用截面积至少为 2.5mm² 的电线。

⑦ 家装电热水器需要使用截面积至少为 6mm² 的电线。

知识贴士 配电箱的规格有12位、16位、20位、24位等。一位等于一个1P断路器或一个DPN断路器的宽度（大约18mm）。

5.3.3　线管管槽的深度受底盒埋深的影响

家装水电安装布线原则：线盒与线管相接时应使用锁母（底盒锁扣）。

线管管槽的深度受底盒埋深的影响，如图 5-20 所示。底盒锁扣有多种形状，但是均比线管要粗。为此，底盒锁扣处的线管管槽深度自然要比线管管槽的深一些。若接不同线管的底盒，则线管管槽的深度又有差异。

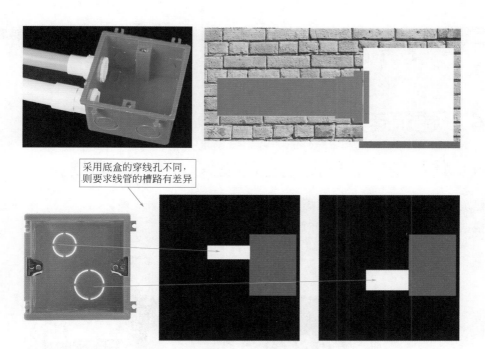

采用底盒的穿线孔不同，则要求线管的槽路有差异

图5-20　线管管槽的深度受底盒埋深的影响

知识贴士 若线管管槽不考虑底盒锁扣的影响，则原20mm线管管槽深度现为25mm。

5.3.4　电线管与水管的平行距离

　　电线管与水管的平行距离不应小于300mm，交叉、过桥时的间距不应小于100mm。巧记电线管与水管平行距离要求如下：常规插座与地面的距离要求为300mm，是一样的数据尺寸；交叉、过桥时的间距是$\frac{1}{3}$平行距离的数据尺寸（100mm）。

　　装修中300mm平行距离除了通过尺来测量外，还可以通过其他相关间距、尺寸的方法来判断。其中，一种吊顶的铝扣板是300mm×300mm的正方形，一种瓷砖也是300mm×300mm的正方形，则可以通过这些材料的尺寸边长来加深记忆，如图5-21所示。

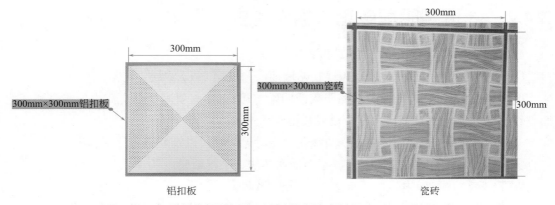

图5-21　通过其他相关间距、尺寸的方法来判断300mm平行距离

电线管和暖气管、煤气管之间的平行距离不应小于300mm，交叉距离也不应小于100mm。

5.4 建筑电气

5.4.1 建筑电气临时配电箱的安装、接线与布线

建筑电气临时配电箱箱内根据实际情况设置箱体、电表、断路器、熔断器、插座等，然后根据线路图进行安装，如图5-22所示。

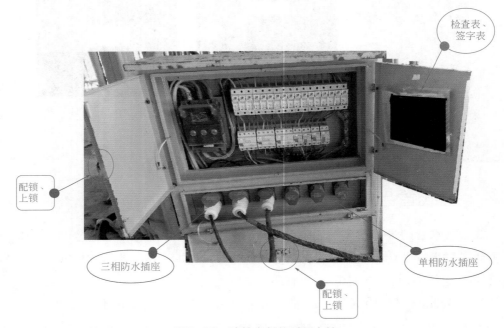

图5-22 建筑电气临时配电箱

5.4.2 建筑照明配电箱（板）的安装要求

建筑照明配电箱（板）的安装要求如下。

① 暗装配电箱（板）箱（板）盖要紧贴墙面，并且箱（板）涂层要完整。

② 建筑智能化控制或信号线路引入照明配电箱（板）时要减少与交流供电线路和其他系统线路的交叉，并且不得并排敷设或共用同一管槽。

③ 箱（板）内电线进出箱（板）的线孔要光滑无毛刺，以及要有绝缘保护套。

④ 箱（板）内电线连接要紧密，不得损伤芯线、不得断股。

⑤ 箱（板）内多股电线要压接接线端子或搪锡。

⑥ 箱（板）内分别设置零线（N）、保护接地线（PE）的汇流排，汇流排端子孔径大小、

端子数量要与电线线径、电线根数相适配。

⑦ 箱（板）内螺栓垫圈下两侧压的电线截面积要相同，并且同一端子上连接的电线不得多于 2 根。

⑧ 箱（板）内配线整齐，无铰接异常现象。

⑨ 箱（板）内剩余电流动作保护装置要经测试合格。

⑩ 箱（板）内火线、零线（N）、保护接地线（PE）的编号要齐全、正确。

⑪ 对于箱（板）内装设的螺旋熔断器，其电源线要接在中间触点的端子上，负荷线接在螺纹的端子上。

⑫ 照明配电箱（板）安装位置要正确，部件要齐全。

⑬ 照明配电箱（板）不带电的外露可导电部分要与保护接地线（PE）连接可靠。

⑭ 照明配电箱（板）不得采用可燃材料制作。

⑮ 照明配电箱（板）内的交流、直流或不同电压等级的电源，需要具有明显的标识。

⑯ 照明配电箱（板）箱体开孔要与导管管径适配，并且一管一孔，以及不得用电焊、气焊割孔。

⑰ 应急照明箱要有明显标识。

⑱ 箱（板）安装要牢固，垂直度偏差不得大于 1.5‰。照明配电箱（板）底边距楼地面高度不得小于 1.8m。如果设计无要求，则照明配电箱安装高度宜符合表 5-5 的规定。

表5-5　照明配电箱安装高度

配电箱高度 /mm	配电箱底边距楼地面高度 /m
600 以下	1.3 ～ 1.5
600 ～ 800	1.2
800 ～ 1000	1.0
1000 ～ 1200	0.8
1200 以上	落地安装，潮湿场所箱柜下应设 200mm 高的基础

知识贴士 装有电器的可开启门，要用裸铜编织软线与箱体内接地的金属部分做可靠连接。

5.4.3　电能表的安装

电能表应安装在通风、干燥、采光等地方，需要避开潮湿、有腐蚀性的气体、有尘沙有与有昆虫侵入的地方。

电能表可以单表或多表安装在专用电能表箱或电能表板上，也可以与断路器、漏电保护器等一起装在配电箱（板）上。

家庭一般使用单相电能表，单相电能表共有四个接线桩，从左到右设为 1、2、3、4 编号，则一般接线方法为编号 1、3 接电源进线，编号 2、4 接电源出线，如图 5-23 所示。

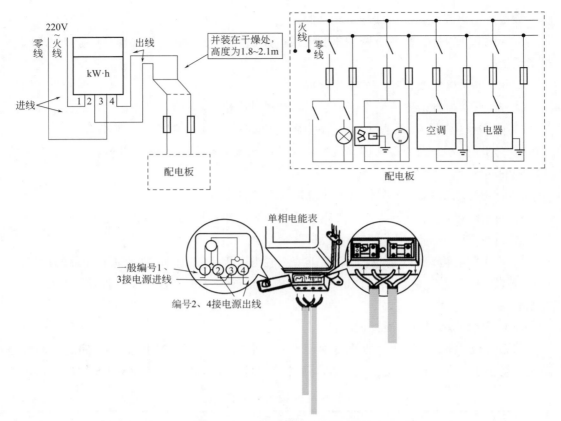

图5-23 单相电能表的接线方法

电能表的接线方法见表5-6。

表5-6 电能表的接线方法

名称	图例
单相电能表直接接入	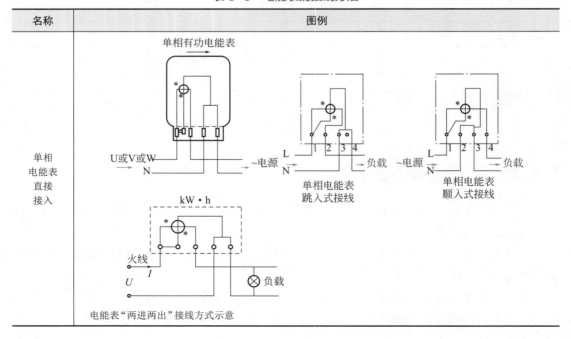

名称	图例
三相四线 电能表 直接接入	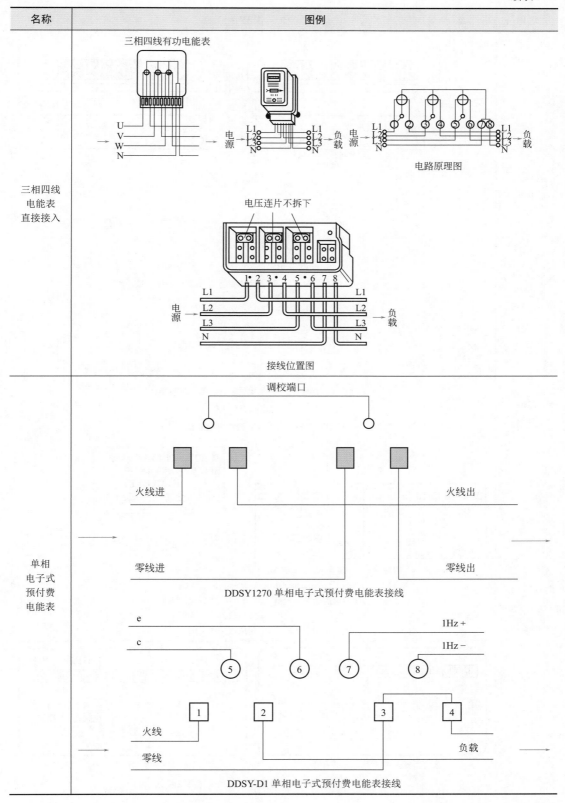
单相 电子式 预付费 电能表	

名称	图例
载波电能表	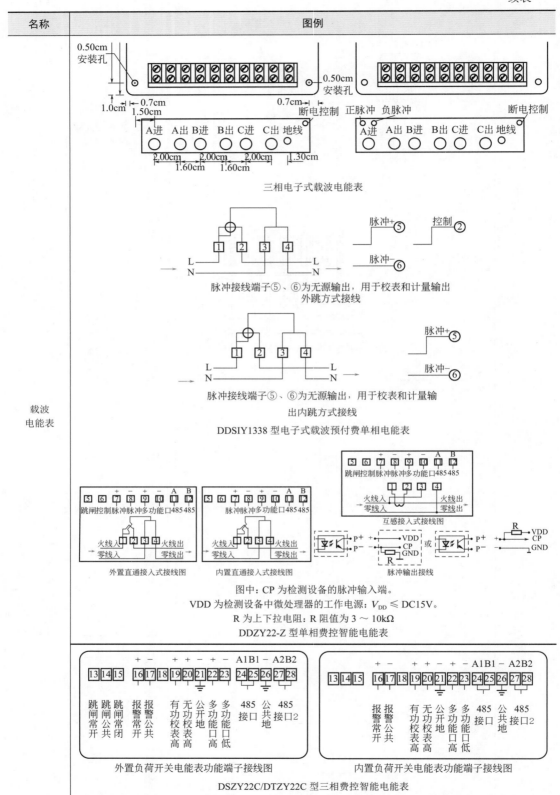

三相电子式载波电能表

脉冲接线端子⑤、⑥为无源输出，用于校表和计量输出
外跳方式接线

脉冲接线端子⑤、⑥为无源输出，用于校表和计量输出内跳方式接线

DDSIY1338 型电子式载波预付费单相电能表

图中：CP 为检测设备的脉冲输入端。
VDD 为检测设备中微处理器的工作电源：$V_{DD} \leqslant DC15V$。
R 为上下拉电阻：R 阻值为 $3 \sim 10k\Omega$。
DDZY22-Z 型单相费控智能电能表

外置负荷开关电能表功能端子接线图

内置负荷开关电能表功能端子接线图

DSZY22C/DTZY22C 型三相费控智能电能表

5.4.4　建筑电气插座的安装要求

建筑电气插座的安装要求如下。

① 暗装的插座面板要紧贴墙面或装饰面，四周要无缝隙，安装要牢固，表面要光滑整洁、无碎裂、无划伤，装饰帽（板）要齐全。

② 暗装在装饰面上的插座，电线不得裸露在装饰层内。

③ 保护接地线（PE）在插座间不得串联连接。

④ 并列安装相同型号的插座高度差不宜大于 1mm。

⑤ 潮湿场所需要采用防溅型插座，并且安装高度不得低于 1.5m。

⑥ 厨房、卫生间插座底边距地面高度宜为 0.7 ~ 0.8m。

⑦ 对于单相两孔插座，其右孔或上孔要与火线连接，左孔或下孔要与零线连接。

⑧ 单相三孔插座、三相四孔插座、三相五孔插座的保护接地线（PE）必须接在上孔。插座的保护接地端子不得与零线端子连接。

⑨ 对于单相三孔插座，其右孔要与火线连接，左孔要与零线连接。

⑩ 当交流、直流或不同电压等级的插座安装在同一场所时，需要有明显的区别，以及必须选择不同结构、不同规格、不能互换的插座。配套的插头要根据交流、直流或不同电压等级的电源区别使用。

⑪ 当设计无要求时，插座底边距地面高度不宜小于 0.3m。

⑫ 当设计无要求时，有触电危险的家用电器、频繁插拔的电源插座宜选用能断开电源的带开关的插座，并且开关断开火线。

⑬ 地面插座要紧贴地面，盖板要固定牢固，密封要良好。

⑭ 地面插座应用配套接线盒，如图 5-24 所示。插座接线盒内应干净整洁，无锈蚀。

⑮ 家用插座回路需要设置剩余电流动作保护装置，以及每一回路插座数量不宜超过 10 个。

⑯ 接线盒要安装到位，接线盒内要干净整洁，无锈蚀。

⑰ 在老年人专用的生活场所，插座底边距地面高度宜为 0.7 ~ 0.8m。

⑱ 对于同一场所的三相插座，接线的相序要一致。

⑲ 同一室内相同标高的插座高度差不宜大于 5mm。

⑳ 无障碍场所插座底边距地面高度宜为 0.4m。

㉑ 火线与零线不得利用插座本体的接线端子转接供电。

㉒ 应急电源插座要有标识。

㉓ 用于计算机电源的插座数量不宜超过 5 个（组），以及需要采用 A 型剩余电流动作保护装置。

图5-24　地面插座

在住宅、幼儿园、小学等儿童活动场所，电源插座底边距地面高度低于1.8m时，必须选用安全型插座。

5.4.5　插座墙壁开槽位置

插座在墙的上部，在墙面垂直向上开槽，并且到墙的顶部安装装饰角线的安装线内。插座在墙的下部，在墙面垂直向下开槽，并且到安装踢脚板的底部。

插座在墙壁上部开槽和在下部开槽的图示如图5-25所示。

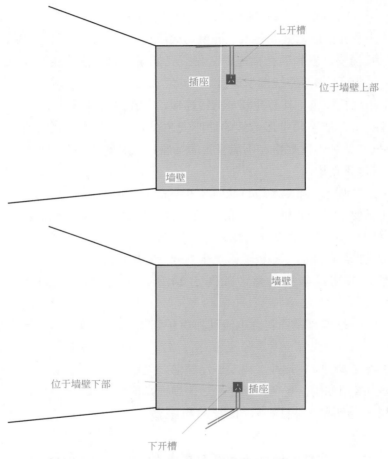

图5-25　插座在墙壁上部开槽和在下部开槽

整体开槽深度一般要一致。

5.4.6　开关的安装要求

开关的安装要求如下。

① 对于安装在装饰面上的开关，其电线不得裸露在装饰层内。

② 暗装的开关面板需要紧贴墙面或装饰面，四周要无缝隙，安装要牢固，表面要光滑整洁、无碎裂、无划伤，装饰帽（板）要齐全。

③ 接线盒要安装到位，接线盒内要干净整洁，要无锈蚀。

④ 开关的安装位置要便于操作，同一建筑物内开关边缘距门框（套）的距离一般宜为 0.15 ～ 0.2m。

⑤ 设计无要求时，开关面板底边距地面高度一般宜为 1.3 ～ 1.4m。

⑥ 设计无要求时，拉线开关底边距地面高度一般宜为 2 ～ 3m，距顶板一般不小于 0.1m，并且拉线出口要垂直向下。

⑦ 设计无要求时，老年人生活场所开关一般宜选用宽板按键开关，开关底边距地面高度宜为 1 ～ 1.2m。

⑧ 设计无要求时，无障碍场所开关底边距地面高度宜为 0.9 ～ 1.1m。

⑨ 在同一建筑物、构筑物内，开关的通断位置要一致，操作要灵活，接触要可靠。

⑩ 同一室内安装的开关控制有序不错位，火线要经开关控制。

⑪ 同一室内相同规格、相同标高的开关高度差不宜大于 5mm。

> **知识贴士** 同一室内并列安装相同规格的开关高度差一般不宜大于1mm，并列安装不同规格的开关一般宜底边平齐，并列安装的拉线开关相邻间距一般不小于20mm。

5.4.7 风扇的安装要求

风扇的安装要求见表 5-7。

表 5-7 风扇的安装要求

项目	安装要求
壁扇	① 壁扇底座要采用膨胀螺栓固定，膨胀螺栓的数量不得少于 3 个，并且直径不得小于 8mm ② 壁扇底座固定要牢固可靠 ③ 壁扇不带电的外露可导电部分保护接地要可靠 ④ 壁扇防护罩要扣紧，固定要可靠，运转时扇叶和防护罩均要无明显颤动和异常声响 ⑤ 壁扇涂层要完整，表面要无划痕，防护罩要无变形 ⑥ 壁扇下侧边缘距地面高度不应小于 1.8m
吊扇	① 吊扇挂钩要安装牢固，挂钩的直径不得小于吊扇挂销的直径，且不得小于 8mm ② 吊扇挂钩销钉要设防振橡胶垫，并且销钉的防松装置要齐全可靠 ③ 吊扇接线要正确，不带电的外露可导电部分保护接地要可靠 ④ 吊扇扇叶距地面高度不得小于 2.5m ⑤ 吊扇涂层要完整，表面要无划痕，吊杆上下扣碗安装要牢固到位 ⑥ 吊扇组装时严禁改变扇叶角度，扇叶固定螺栓防松装置要齐全 ⑦ 同一室内并列安装的吊扇开关安装高度要一致，控制有序不错位 ⑧ 运转时扇叶不得有明显颤动
换气扇	① 换气扇安装要紧贴安装面，固定可靠 ② 无专人管理场所的换气扇一般宜设置定时开关

5.4.8　灯具安装的一般规定

灯具安装的一般规定如下。

① Ⅰ类灯具的不带电的外露可导电部分必须与保护接地线（PE）可靠连接，并且要有标识。

② 安装在公共场所的大型灯具的玻璃罩，要有防止玻璃罩坠落或碎裂后溅落伤人的措施。

③ 在变电所内，高低压配电设备、裸母线的正上方不得安装灯具，灯具与裸母线的水平净距不得小于 1m。

④ 成排安装的灯具中心线偏差不得大于 5mm。

⑤ 成套灯具的带电部分对地绝缘电阻值不得小于 2MΩ。

⑥ 触发器到光源的线路长度不得超过产品的规定值。

⑦ 对于带开关的灯头，开关手柄不得有裸露的金属部分。

⑧ 带有自动通断电源控制装置的灯具，动作要准确、可靠。

⑨ 当采取螺口灯头时，火线应接于灯头中间触点的端子上。

⑩ 当设计无要求时，室外墙上安装的灯具的底部距地面高度不得小于 2.5m。

⑪ 当镇流器、触发器、应急电源等灯具附件与灯具分离安装时，要固定可靠。

⑫ 灯具表面及其附件等高温部位靠近可燃物时，应采取隔热、散热等防火保护措施。

⑬ 灯具附件与灯具本体间的连接电线应穿导管保护，电线不得外露。

⑭ 灯头绝缘外壳不得有破损或裂纹等缺陷。

⑮ 顶棚内安装镇流器、触发器、应急电源等灯具附件时，不得直接固定在顶棚上。

⑯ 聚光灯、类似灯具出光口面与被照物体的最短距离要符合产品技术文件要求。

⑰ 连接吊灯灯头的软线应做保护扣，两端芯线要搪锡压线。

⑱ 露天安装的灯具及其附件、紧固件、底座和与其相连的导管、接线盒等，要有防腐蚀措施、防水措施。

⑲ 卫生间照明灯具不宜安装在便器或浴缸正上方。

⑳ 以卤钨灯或额定功率大于或等于 100W 的白炽灯泡为光源时，其吸顶灯、槽灯、嵌入灯要采用瓷质灯头，并且引入线要采用瓷管、矿棉等不燃材料作隔热保护。

㉑ 因特定条件而采用的非定型灯具在尚未由第三方检测其安全、光学及电气性能合格前，不得使用。

> **知识贴士** 对于质量大于10kg的灯具，其固定装置要根据5倍灯具质量的恒定均布载荷全数做强度试验，历时15min，固定装置的部件要无明显变形。引向单个灯具的电线线芯截面积应与灯具功率相匹配，电线线芯最小允许截面积不得小于 1mm²。

5.4.9 灯具金属外壳的接地要求

室内安装壁灯、床头灯、台灯、落地灯、镜前灯等灯具时，高度低于 2.4m 及以下的灯具的金属外壳均应接地可靠，以保证使用安全，如图 5-26 所示。

高度低于 2.4m 的记忆技巧：24，谐音"耳饰"。高度低于 2.4，灯具会变成"耳饰"，危险耶。

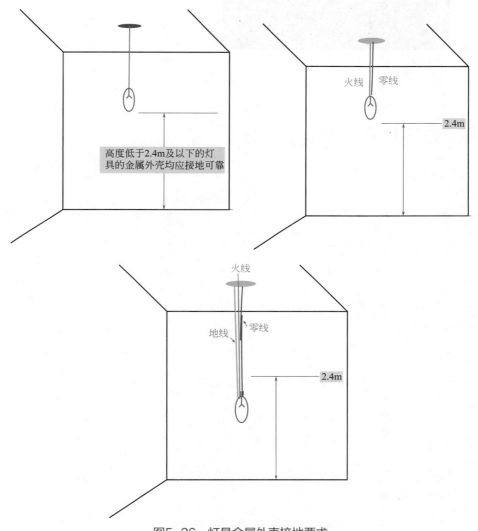

图5-26 灯具金属外壳接地要求

5.4.10 灯管镇流器的安装

灯管镇流器有环形灯管镇流器、方形灯管镇流器等类型。灯管镇流器的安装一般根据其说明来进行。一般情况下，灯管镇流器一端接灯管，另一端接电源线，如图 5-27 所示。

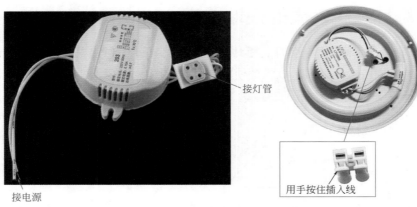

接灯管

用手按住插入线

接电源

图5-27　灯管镇流器的安装

5.4.11　常用灯具的安装要求

常用灯具的安装要求见表5-8。

表5-8　常用灯具的安装要求

名称	安装要求
安装在线槽或封闭插接式照明母线下方的灯具	① 灯具与线槽或封闭插接式照明母线连接应采用专用固定件，固定要可靠 ② 电源插座一般宜设置在线槽或封闭插接式照明母线的侧面 ③ 线槽或封闭插接式照明母线应带有插接灯具用的电源插座
高压汞灯、高压钠灯、金属卤化物灯	① 触发器与灯具本体的距离应符合产品技术文件要求 ② 灯具的额定电压、支架形式、安装方式应符合设计要求 ③ 电源线需要经接线柱连接，不得使电源线靠近灯具表面 ④ 光源的安装朝向应符合产品技术文件要求 ⑤ 光源及附件必须与镇流器、触发器、限流器配套使用
埋地灯	① 埋地灯防护等级应符合设计要求 ② 埋地灯光源的功率不得超过灯具的额定功率 ③ 埋地灯接线盒需要采用防水接线盒，盒内电线接头应做防水、绝缘处理
嵌入式灯具	① 导管与灯具壳体应采用专用接头连接。当采用金属软管时，其长度不宜大于 1.2m ② 灯具的边框应紧贴安装面 ③ 多边形灯具应固定在专设的框架或专用吊链（杆）上，固定用的螺钉不得少于 4 个 ④ 由接线盒引向灯具的电线应采用导管保护，电线不得裸露
庭院灯、建筑物附属路灯、广场高杆灯	① 灯杆的检修门应有防水措施，以及设置需使用专用工具开启的闭锁防盗装置。 ② 灯具接线盒盒盖防水密封垫要齐全完整 ③ 灯具与基础应固定可靠，地脚螺栓应有防松措施 ④ 每套灯具应在火线上装设相配套的保护装置
悬吊式灯具	① 采用钢管作灯具吊杆时，钢管应有防腐措施，其内径不得小于 10mm，壁厚不得小于 1.5mm ② 带升降器的软线吊灯在吊线展开后，灯具下沿应高于工作台面 0.3m ③ 质量大于 0.5kg 的软线吊灯应增设吊链（绳） ④ 质量大于 3kg 的悬吊灯具，需要固定在吊钩上，吊钩的圆钢直径不得小于灯具挂销直径，并且不得小于 6mm
其他灯具	① 室外安装的壁灯，其泄水孔应在灯具腔体的底部，绝缘台与墙面接线盒盒口间要有防水措施 ② 投光灯的底座、支架要固定牢固，枢轴要沿需要的光轴方向拧紧固定 ③ 吸顶、墙面上安装的灯具固定用的螺栓或螺钉不得少于 2 个 ④ 导轨灯安装前需要核对灯具功率和载荷与导轨额定载流量和载荷相适配

5.4.12　专用灯具的安装要求

专用灯具的安装要求见表 5-9。

表 5-9　专用灯具的安装要求

名称	安装要求
紫外线杀菌灯	① 紫外线杀菌灯的安装位置不得随意变更，其控制开关需要有明显标识 ② 紫外线杀菌灯与普通照明开关位置需要分开设置
游泳池和类似场所用灯具	① 游泳池和类似场所用灯具安装前应检查其防护等级 ② 自电源引入灯具的导管必须采用绝缘导管，严禁采用金属或有金属护层的导管
应急照明灯具	① 应急照明灯具必须采用经消防检测中心检测合格的产品 ② 地面上的疏散指示标志灯应有防止被重物或外力损坏的措施 ③ 疏散照明灯投入使用后，需要检查灯具始终处于点亮状态 ④ 应急照明灯回路的设置除符合设计要求外，尚应符合防火分区设置的要求 ⑤ 应急照明最少持续供电时间应符合设计要求 ⑥ 安全出口标志灯需要设置在疏散方向的里侧上方，灯具底边宜在门框（套）上方 0.2m ⑦ 应急照明灯具安装完毕，应检验灯具电源转换时间，其值为：备用照明不得大于 5s；金融商业交易场所不得大于 1.5s；疏散照明不得大于 5s；安全照明不得大于 0.25s ⑧ 当厅室面积较大，疏散指示标志灯无法装设在墙面上时，宜装设在顶棚下且距地面高度不宜大于 2.5m
霓虹灯	① 霓虹灯灯管长度不得超过允许最大长度 ② 霓虹灯灯管固定后，灯管与建筑物、构筑物表面的距离不得小于 20mm ③ 霓虹灯灯管应采用专用的绝缘支架固定，固定应牢固可靠 ④ 霓虹灯灯管应完好，无破裂 ⑤ 霓虹灯托架及其附着基面应用难燃材料或不燃材料制作，固定可靠 ⑥ 霓虹灯专用变压器的二次侧电线和灯管间的连接线，应采用额定电压不低于 15kV 的高压绝缘电线 ⑦ 霓虹灯专用变压器的二次侧电线与建筑物、构筑物表面的距离不得小于 20mm ⑧ 室外安装时应耐风压，安装牢固 ⑨ 在室外安装时应有防雨措施 ⑩ 专用变压器在顶棚内安装时应固定可靠，有防火措施，并且不宜被非检修人员触及
建筑物景观照明灯具	① 灯具的节能分级应符合设计要求 ② 灯具及其金属构架和金属保护管与保护接地线（PE）应连接可靠，并且有标识 ③ 在人行道等人员来往密集场所安装的灯具，无围栏防护时灯具底部距地面高度应在 2.5m 以上
航空障碍标志灯	① 当灯具在烟囱顶上安装时，应安装在低于烟囱口 1.5～3m 的部位且呈正三角形水平布置 ② 灯具安装在屋面接闪器保护范围外时，应设置避雷小针，并与屋面接闪器可靠连接 ③ 灯具安装牢固可靠，并且应设置维修与更换光源的设施
手术台无影灯	① 固定手术台无影灯基座的金属构架应与楼板内的预埋件焊接连接，不得采用膨胀螺栓来固定 ② 开关到灯具的电线应采用额定电压不低于 450V/750V 的铜芯多股绝缘电线 ③ 固定灯座的螺栓数量不得少于灯具法兰底座上的固定孔数，螺栓直径应与孔径匹配，螺栓应采用双螺母锁紧
建筑物彩灯	① 彩灯的金属导管、金属支架、钢索等应与保护接地线（PE）可靠连接 ② 彩灯配管应为热浸镀锌钢管，按明配敷设，并采用配套的防水接线盒，其密封完好 ③ 管路、管盒间采用螺纹连接，连接处的两端用专用接地卡固定跨接接地线，跨接接地线需要采用绿 / 黄双色铜芯软电线，其截面积不得小于 4mm^2 ④ 当建筑物彩灯采用防雨专用灯具时，其灯罩应拧紧，灯具应有泄水孔 ⑤ 建筑物彩灯宜采用 LED 等节能新型光源，不得采用白炽灯泡
太阳能灯具	① 灯具表面应平整光洁，色泽要均匀 ② 灯具表面漆膜不得有明显的流挂、起泡、橘皮、针孔、咬底、渗色和杂质等缺陷 ③ 灯具接线盒盖的防水密封垫应完整 ④ 灯具应安装在光照充足、无遮挡的地方，应避免靠近热源

名称	安装要求
太阳能灯具	⑤ 灯具应无明显的裂纹、缺损、划痕、锈蚀、变形等异常情况 ⑥ 灯具与基础固定可靠，地脚螺栓要有防松措施 ⑦ 太阳能电池板迎光面上无遮挡物阴影，上方不得有直射光源 ⑧ 太阳能电池组件应根据安装地区的纬度调整电池板的朝向、仰角，使受光时间最长 ⑨ 太阳能电池组件与支架连接时要牢固可靠，组件的输出线不得裸露，以及用扎带绑扎固定 ⑩ 灯具内部短路保护、负载过载保护、反向放电保护、极性反接保护功能应正确齐全 ⑪ 太阳能系统拆卸顺序应为负载—电池板—蓄电池 ⑫ 太阳能系统接线顺序应为蓄电池—电池板—负载 ⑬ 太阳能蓄电池在运输、安装过程中不得倒置，不得放置在潮湿处，以及不得暴晒于太阳光下
洁净场所灯具	① 灯具安装时，灯具与顶棚间的间隙应用密封胶条、衬垫密封 ② 灯具安装时，密封胶条和衬垫应平整，不得扭曲、折叠 ③ 灯具安装完毕后，应清除灯具表面的灰尘
防爆灯具	① 导管与防爆灯具、接线盒间连接螺纹啮合扣数应不少于 5 扣，并应在螺纹上涂以电力复合脂或导电性防锈脂 ② 导管与防爆灯具、接线盒间连接应紧密，密封完好 ③ 灯具的安装位置应远离释放源，并且不得在各种管道的泄压口、排放口上方或下方 ④ 灯具的紧固螺栓应无松动、无锈蚀等现象，密封垫圈完好 ⑤ 灯具的外壳应完整，无损伤、无凹陷变形 ⑥ 灯具灯罩无裂纹，金属护网无扭曲变形，并且防爆标志清晰 ⑦ 防爆灯具附件要齐全，不得使用非防爆零件代替防爆灯具配件 ⑧ 防爆弯管工矿灯应在弯管地方用镀锌链条或型钢拉杆加固 ⑨ 灯具的防爆标志、外壳防护等级、温度组别应与爆炸危险环境相适配

5.5 电气控制柜

5.5.1 电气控制柜的要求

电气控制柜是指根据电气接线要求将开关设备、测量仪表、保护电器、辅助设备等组装在封闭或半封闭金属柜中或屏幅上，如图 5-28 所示。

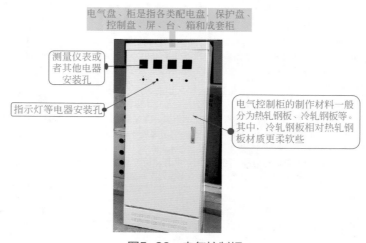

图5-28 电气控制柜

电气控制柜的布置应满足电力电路系统正常运行的要求，以及便于检修，并且不得危及人身与周围设备的安全。

正常运行时，电气控制柜可以借助手动开关或自动开关接通或分断电路。故障或不正常运行时，电气控制柜可以借助保护电器切断电路或报警。电气控制柜还具有测量显示等功能，如图 5-29 所示。

电气控制柜可以借助仪表显示运行中的各种参数，以及对某些电气参数进行调整

图5-29　电气控制柜的测量显示等功能

知识贴士 导线引出面板时，面板线孔应光滑无毛刺。金属面板应装设绝缘保护套。配电箱金属外壳应可靠接地（接零）。

5.5.2　盘、柜安装的基础型钢要求

基础型钢安装后，其顶部宜高出最终地面 10～20mm；手车式成套柜应根据产品技术要求制作。基础型钢一般根据设计图纸或设备尺寸制作，其尺寸应与盘、柜相符，允许偏差的规定如图 5-30 所示。

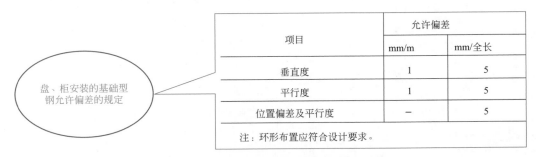

盘、柜安装的基础型钢允许偏差的规定

项目	允许偏差	
	mm/m	mm/全长
垂直度	1	5
平行度	1	5
位置偏差及平行度	—	5
注：环形布置应符合设计要求。		

图5-30　盘、柜安装的基础型钢允许偏差的规定

5.5.3　电气控制柜二次回路——实物快速识读

电气控制柜二次回路如图5-31所示。

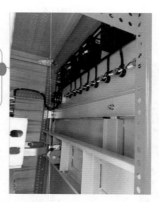

二次回路

二次回路就是电气设备的操作、保护、测量、信号等回路及回路中操作机构的线圈、接触器、继电器、仪表、互感器二次绕组等

图5-31　电气控制柜二次回路

5.5.4　盘、柜二次回路的规定与要求

盘、柜二次回路接线施工应制定安全技术措施。二次回路辅助开关的切换接点要动作准确，接触可靠。抽屉与柜体间的二次回路连接插件要接触良好。二次回路的连接插件均应采用铜制品，绝缘件要采用自熄性阻燃材料。二次回路接线的规定如图5-32所示。

二次回路接线的规定
①导线与电气元件间应采用螺栓连接、插接、焊接或压接等，并且均要牢固可靠
②根据有效图纸施工，接线要正确
③电缆芯线与所配导线的端部均应标明其回路编号，编号要正确，字迹要清晰，不易脱色
④多股导线与端子、设备连接应压终端附件
⑤每个接线端子的每侧接线宜为1根，不得超过2根。对于插接式端子，不同截面的两根导线不得接在同一端子中。螺栓连接端子接两根导线时，中间需要加平垫片
⑥盘、柜内的导线不得有接头，芯线应无损伤
⑦配线要整齐、清晰、美观，导线绝缘要良好

图5-32　二次回路接线的规定

> **知识贴士**　二次回路的电源回路送电前应检查绝缘，其绝缘电阻值不应小于1MΩ，潮湿地区不应小于0.5MΩ。

5.5.5 电气控制柜端子排——实物快速识读

电气控制柜端子排如图5-33所示。

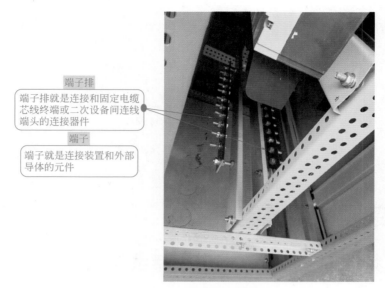

端子排
端子排就是连接和固定电缆芯线终端或二次设备间连线端头的连接器件

端子
端子就是连接装置和外部导体的元件

图5-33 电气控制柜端子排

5.5.6 接地类型

接地类型包括保护接地、信号接地、工作接地等，如图5-34所示。

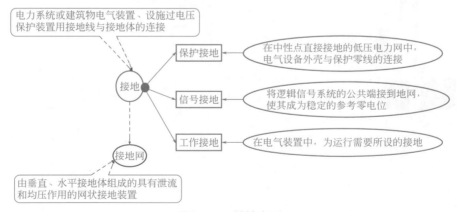

电力系统或建筑物电气装置、设施过电压保护装置用接地线与接地体的连接

接地

保护接地 ← 在中性点直接接地的低压电力网中，电气设备外壳与保护零线的连接

信号接地 ← 将逻辑信号系统的公共端接到地网，使其成为稳定的参考零电位

工作接地 ← 在电气装置中，为运行需要所设的接地

接地网

由垂直、水平接地体组成的具有泄流和均压作用的网状接地装置

图5-34 接地类型

5.5.7 盘、柜安装允许偏差

盘、柜单独或成列安装时，其垂直、水平偏差，以及盘、柜面偏差，盘、柜间接缝等的允许偏差规定如图5-35所示。

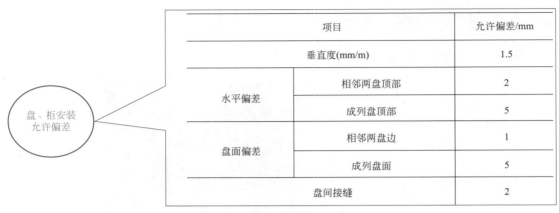

项目		允许偏差/mm
垂直度(mm/m)		1.5
水平偏差	相邻两盘顶部	2
	成列盘顶部	5
盘面偏差	相邻两盘边	1
	成列盘面	5
盘间接缝		2

盘、柜安装允许偏差

图5-35　盘、柜安装允许偏差

5.6　变频器系统电气

5.6.1　变频器的控制柜的安装、接线与布线

变频器的控制柜与系统安装如图5-36所示。

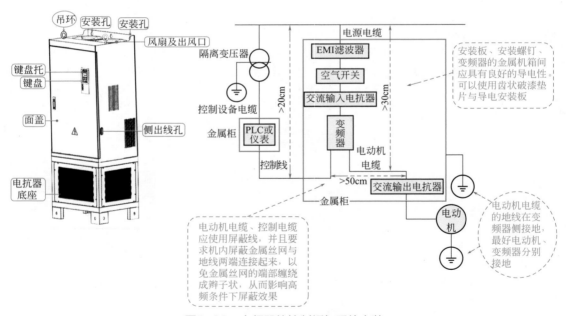

图5-36　变频器的控制柜与系统安装

变频器安装要求如下。

① 变频器出风口上方应加装保护网罩。

② 变频器的专用接地端子应可靠接地。

③ 变频器散热排风通道应畅通，如图5-37所示。

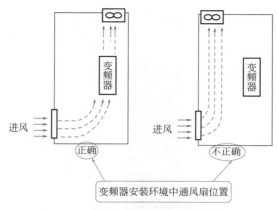

图5-37 变频器散热排风通道应畅通

④ 变频器应根据产品技术文件、标识正确接线。

⑤ 变频器一般要垂直安装，如图 5-38 所示。变频器安装时，要便于热量向上散发。安装变频器应注意变频器的方向，不能倒置。如果柜内装有多台变频器，则并排安装，并且切勿上下安装。

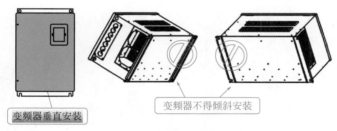

图5-38 变频器垂直安装

⑥ 变频器与周围物体间的距离应符合产品技术文件的要求。如果无要求，其两侧间距不得小于 100mm，上、下间距不得小于 150mm，如图 5-39 所示。

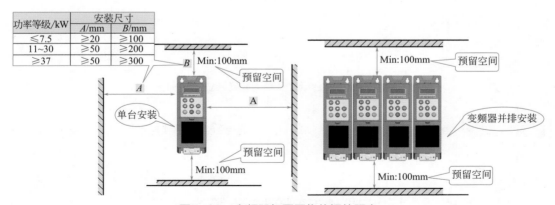

功率等级/kW	安装尺寸	
	A/mm	B/mm
≤7.5	≥20	≥100
11~30	≥50	≥200
≥37	≥50	≥300

图5-39 变频器与周围物体间的距离

⑦ 有两台或两台以上变频器时，应横向排列安装。当必须竖向排列安装时，应在两台变频器间加装隔板。两台以上变频器的安装要求图例如图 5-40 所示。

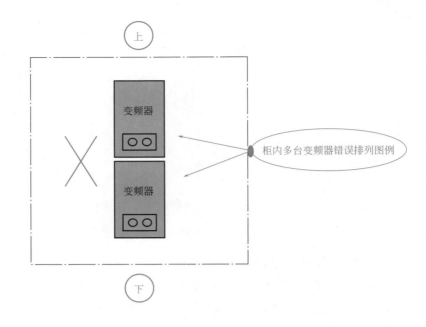

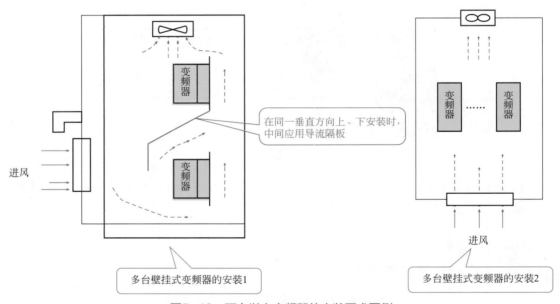

图5-40　两台以上变频器的安装要求图例

> **知识贴士**　当设计无要求时，与变频器有关的信号线应采用屏蔽线。屏蔽层应接到控制电路的公共端上。

5.6.2　变频器制动电阻的连接与计算选择

变频器制动电阻连接的类型、特点如图 5-41 所示。变频器制动电阻的计算选择如图 5-42 所示。

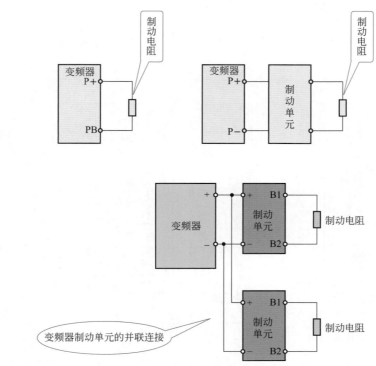

图5-41 变频器制动电阻连接的类型、特点

计算制动电阻的阻值

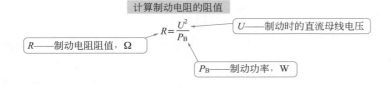

$$R = \frac{U^2}{P_B}$$

R——制动电阻阻值，Ω

U——制动时的直流母线电压

P_B——制动功率，W

计算制动电阻的功率

$$P_R = P_B D$$

P_R——制动电阻的功率

制动功率

D——制动频度，由负载的工况特点来决定，一些场合的典型值如下表所示

应用场合	D的取值
电梯	10%~20%
放卷和收卷	40%~50%
离心机	40%~60%
偶然制动负载	5%
一般场合	10%

图5-42 变频器制动电阻的计算选择

5.6.3 变频器与PLC的连接

变频器与 PLC 连接的图解如图 5-43 所示。

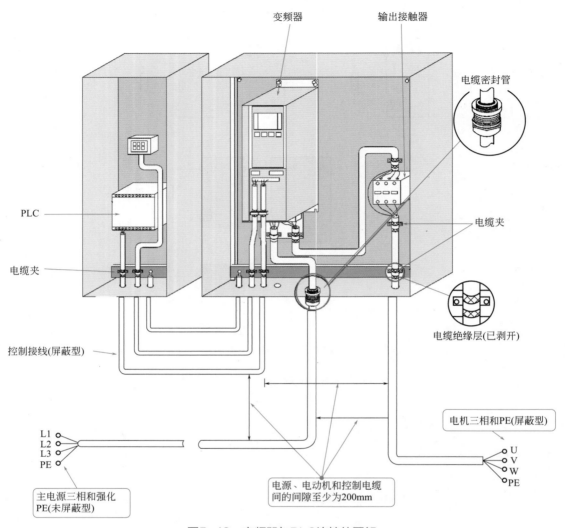

图5-43　变频器与PLC连接的图解

图中标注文字：
变频器　输出接触器　电缆密封管　电缆夹　PLC　电缆夹　控制接线(屏蔽型)　电缆绝缘层(已剥开)　电机三相和PE(屏蔽型)　L1　L2　L3　PE　主电源三相和强化PE(未屏蔽型)　电源、电动机和控制电缆间的间隙至少为200mm　U　V　W　PE

5.6.4　变频器共直流母线的连接

在一些多电动机传动应用中，普遍采用变频器共直流母线的方案。也就是某一时刻，某些电动机处在电动工作状态，另一些电动机处在再生制动（发电）状态。这时再生能源在直流母线上自动均衡，可以供给电动状态的电动机使用，从而减少整个系统从电网吸收的电能，达到节能的目的。

例如两台电动机同时工作时，一台始终处于电动状态，另一台始终处于再生制动状态。如果将两台变频器的直流母线并联，再生能源可供给电动状态的电动机使用，即达到节能目的。变频器共直流母线的连接如图5-44所示。

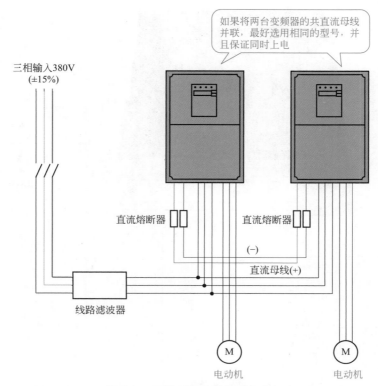

图5-44 变频器共直流母线的连接

5.6.5 电动机连接的类型与接法

电动机连接的类型、接法如图 5-45 所示。

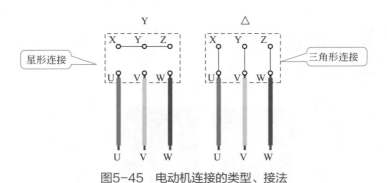

图5-45 电动机连接的类型、接法

5.6.6 变频器控制回路端子的配线

变频器控制回路端子常见的有电源输出端子、模拟输入端子、模拟输出端子、故障输出端子等。不同的变频器,其控制回路端子的配线情况有所差异。某变频器控制回路端子的配线情况如图 5-46 所示。

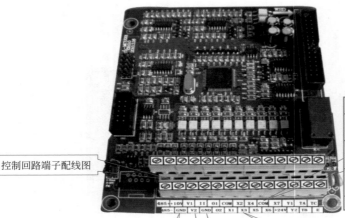

种类	端子符号	端子功能
OC 输出	Y1 Y2	可编程开路集电极输出，由参数P3.32及P3.33设定
故障输出	TA-TB-TC	可编程继电器输出
RS485 通信	485+ 485-	RS485通信端子
E		接地端子

控制回路端子配线图

种类	端子符号	端子功能
电源输出	+10V	+10V/10mA电源
	GND	频率设定电压信号的公共端(+10V、电源地)，模拟电流信号输入负端(电流流出端)
	+24V	向外提供的+24V/50mA的电源(COM端子为该电源地)
	COM	控制端子的公共端

种类	端子符号	端子功能
输入(控制端子)	X2	多功能输入端子2
	X3	多功能输入端子3
	X4	多功能输入端子4
	X5	多功能输入端子5
	X6	多功能输入端子6
	X7	多功能输入端子7,也可作外部脉冲信号的输入端子

种类	端子符号	端子功能
模拟输入	V1	模拟电压信号输入端1
	V2	模拟电压信号输入端2
	II	模拟电流信号输入正端

种类	端子符号	端子功能
模拟输出	01	可编程电压信号输出端，外接电压表头
	02	可编程频率、电压、电流输出端

图5-46　某变频器控制回路端子的配线情况

5.6.7　变频器主回路的接线

某变频器结构如图 5-47 所示。

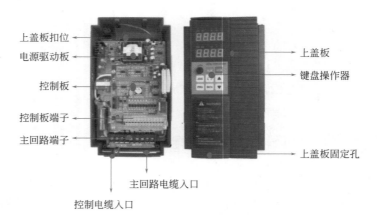

图5-47　某变频器的结构

变频器的主回路接线前应掌握变频器接线的要求如下。

① 不要对连接到变频器上的电缆线头进行焊接处理。焊接处理后的电缆，经过一段时间后会出现松动，进而因端子接触不良导致变频器误动作等意外情况发生。

② 考虑变频器内部继电器触点、电解电容使用寿命等情况，通过电源侧 MC 的 ON/OFF 对变频器进行运行、停止的操作频度，有的规定最高不得超过 30min 一次。也就是说，尽量通过变频器的运行、停止操作来控制电动机的运行、停止。

变频器的主回路接线前应掌握具体变频器的主回路端子的特点。机型不同，具体端子的位置会有所差异。

变频器的主回路接线图例如图 5-48 所示。某些变频器的主回路接线特点如图 5-49 所示。

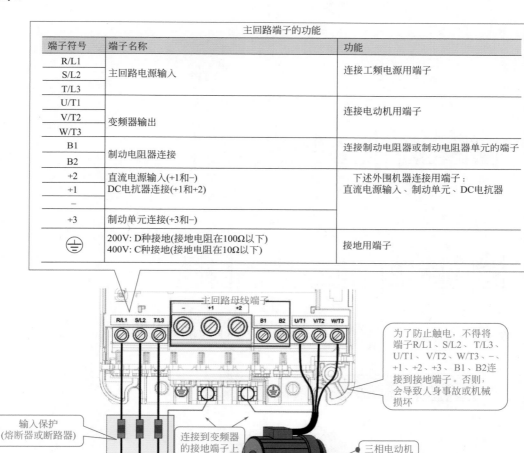

主回路端子的功能		
端子符号	端子名称	功能
R/L1	主回路电源输入	连接工频电源用端子
S/L2		
T/L3		
U/T1	变频器输出	连接电动机用端子
V/T2		
W/T3		
B1	制动电阻器连接	连接制动电阻器或制动电阻器单元的端子
B2		
+2	直流电源输入(+1和−) DC电抗器连接(+1和+2)	下述外围机器连接用端子： 直流电源输入、制动单元、DC电抗器
+1		
−		
+3	制动单元连接(+3和−)	
⏚	200V: D种接地(接地电阻在100Ω以下) 400V: C种接地(接地电阻在10Ω以下)	接地用端子

图5-48

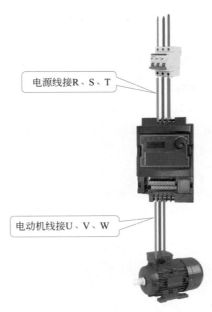

电源线接R、S、T

电动机线接U、V、W

图5-48　变频器的主回路接线图例

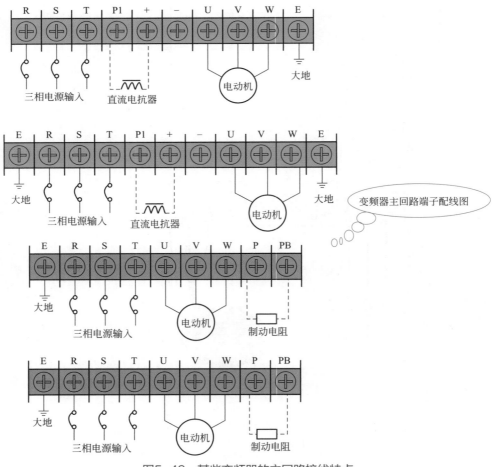

图5-49　某些变频器的主回路接线特点

变频器电动机接线、主电源接线以及接地示例精讲如图 5-50 所示。

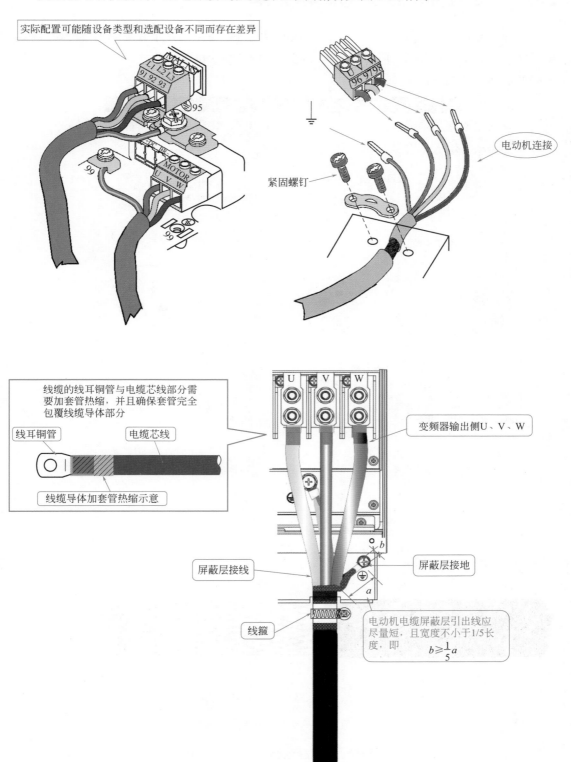

图5-50 变频器电动机接线、主电源接线以及接地示例精讲

5.6.8 变频器电缆的选择与安装

选择变频器连接电线尺寸时应考虑电线的电压降；尽量选择不会造成电压降超过额定电压 2% 的电线。如果电压降造成影响，则应根据电缆长度选用尺寸较粗的电线。线间电压降的估计公式如下：

$$线间电压降(V)=\sqrt{3}×电线电阻率(\Omega/km)×接线距离(m)×电动机额定电流(A)×10^{-3}$$

变频器主回路的电源配线最好使用隔离线或线管，将隔离线或线管两端接地。

变频器动力输入电缆选择技巧如图 5-51 所示。

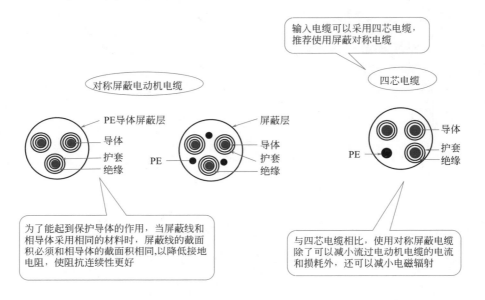

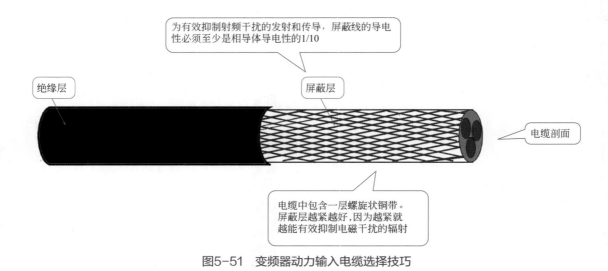

图5-51 变频器动力输入电缆选择技巧

变频器布线固定可采用螺母紧固、卡片紧固等，如图 5-52 所示。

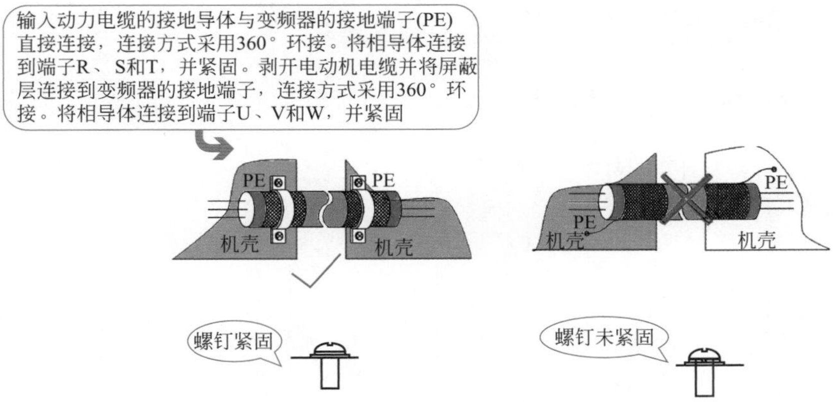

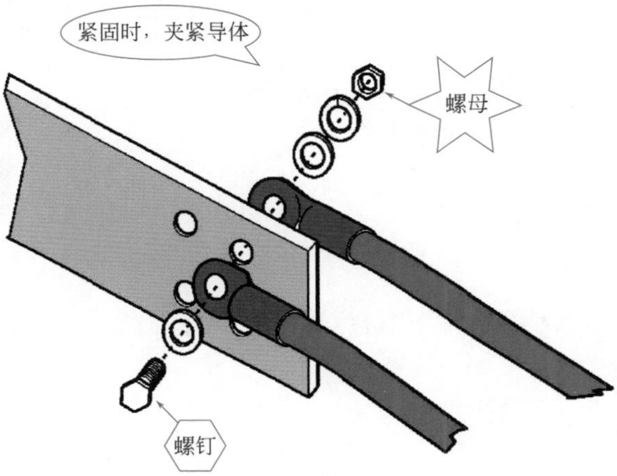

输入动力电缆的接地导体与变频器的接地端子(PE)直接连接，连接方式采用360°环接。将相导体连接到端子R、S和T，并紧固。剥开电动机电缆并将屏蔽层连接到变频器的接地端子，连接方式采用360°环接。将相导体连接到端子U、V和W，并紧固

PE PE
机壳 机壳

PE
机壳 机壳
PE

螺钉紧固

螺钉未紧固

紧固时，夹紧导体

螺母

螺钉

图5-52 变频器布线固定

5.6.9 电源与输入端电器的安装

在电源与输入端装设空气断路器时，如果使用漏电开关，则应使用带高频对策的断路器，如图 5-53 所示。

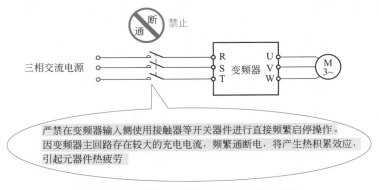

断
通 禁止

三相交流电源

R U
S 变频器 V M
T W 3~

严禁在变频器输入侧使用接触器等开关器件进行直接频繁启停操作。因变频器主回路存在较大的充电电流，频繁通断电，将产生热积累效应，引起元器件热疲劳

图5-53 变频器电源与输入端电器的安装

5.6.10　变频器滤波器的安装

滤波器安装时应靠近变频器的输入端子，之间的连接电缆应小于30cm，如图5-54所示。

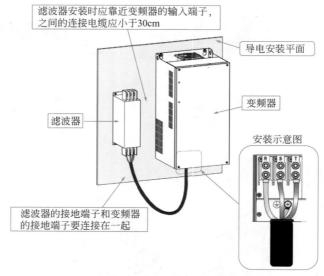

图5-54　变频器滤波器的安装

变频器输出端不可使用移相电容器、LC/RC 滤波器等电气元件，如图 5-55 所示。

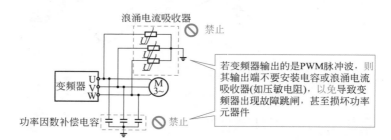

图5-55　变频器输出端不可使用移相电容器、LC/RC滤波器等

5.6.11　变频器与电动机间距离较长情况的安装

变频器与电动机间距离较长时，则应降低载波频率使用，如图 5-56 所示。

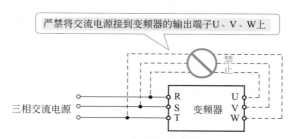

图5-56　变频器与电动机间距离较长情况的安装

5.6.12 变频器的外围件的连接

变频器外围件常见的有断路器、电抗器、电动机等。变频器的外围件连接如图5-57所示。

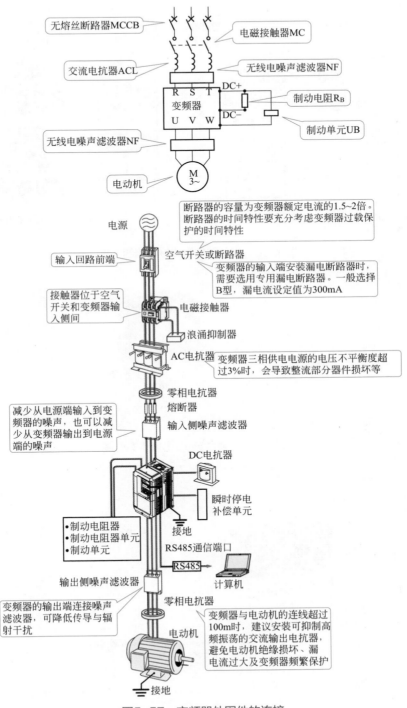

图5-57 变频器外围件的连接

5.6.13 变频器与电磁接触器、DC电抗器、AC电抗器的连接

变频器与电磁接触器、DC 电抗器、AC 电抗器的连接分别如图 5-58 ～图 5-60 所示。

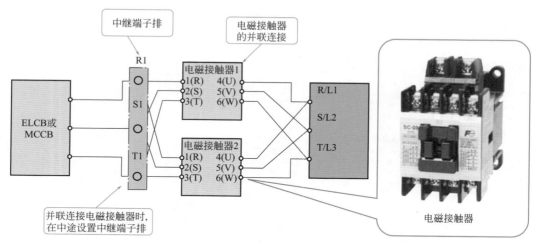

图5-58 变频器与电磁接触器的连接

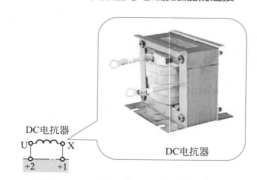

图5-59 变频器与DC电抗器的连接

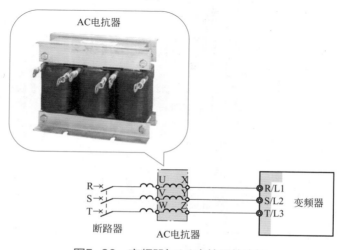

图5-60 变频器与AC电抗器的连接

5.6.14　变频器与零相电抗器的连接

变频器与零相电抗器的连接如图 5-61 所示。

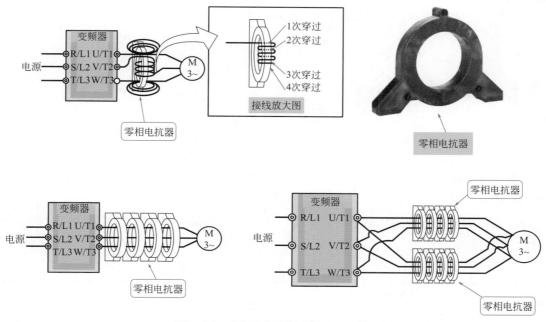

图5-61　变频器与零相电抗器的连接

5.6.15　变频器与电容器型噪声滤波器的连接

变频器与电容器型噪声滤波器的连接如图 5-62 所示。

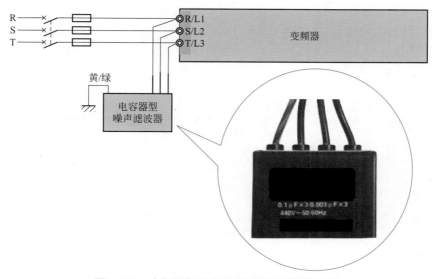

图5-62　变频与电容器型噪声滤波器的连接

5.6.16　多台变频器接地配线方式

多台变频器接地配线（也称接地线）方式如图5-63所示。变频器接地端子应正确接地，接地配线应根据电气设备基本要求与尺寸来确定。变频器会产生漏电流，载波频率越大，漏电流越大。变频器整机的漏电流大于3.5mA，漏电流的大小由使用条件决定。

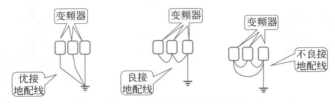

图5-63　多台变频器接地配线方式

变频器接地配线时，应避免与电焊机、动力机械等大电力设备共用接地配线。变频器接地配线越短越好。

在使用两台以上变频器的场合，不得使接地配线形成回路。保护导体（地线）的截面积见表5-10。

表5-10　保护导体（地线）的截面积

U、V、W 相的截面积 S/mm^2	PE 的最小截面积 S/mm^2
$S \leqslant 16$	S
$16 < S \leqslant 35$	16
$35 < S$	$S/2$

📖 知识贴士　为了保证安全，变频器、电动机必须接地。接地电阻应小于10Ω。接地电缆的线径要求应参考同机型输入、输出电缆截面积的一半选择。

5.6.17　变频器现场配线要求

变频器现场配线要求如图5-64所示。

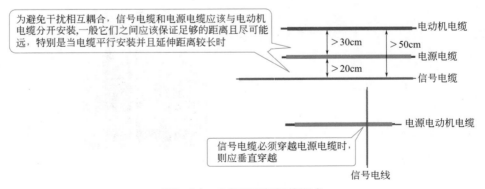

图5-64　变频器现场配线要求

5.6.18　变频器接地与其他设备接地的连接要求

变频器接地与其他设备接地的连接要求如图 5-65 所示。为了保证安全，防止电击、火警事故发生，变频器的接地端子 PE 必须良好接地，并且接地电阻要小于 10Ω。

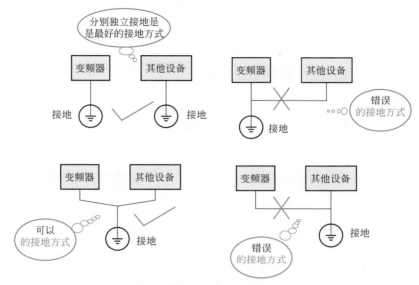

图5-65　变频器接地与其他设备接地的连接要求

> **知识贴士**　变频器接地线要粗而短，使用多股铜芯线。多台变频器接地时，建议尽量不要使用公共地线，避免接地线形成回路。

5.6.19　变频器控制电路的配线

变频器信号线不可与主电路配线置于同一线槽中，信号线和电源线的类型应为屏蔽线，并且正确使用控制板上的控制端子。

变频器控制电缆的选择技巧如图 5-66 所示。

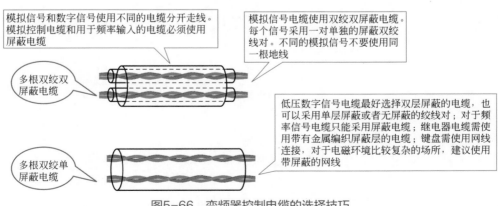

图5-66　变频器控制电缆的选择技巧

5.6.20　变频器模拟输入端子的连线

变频器模拟输入端子连线要求如图 5-67 所示。

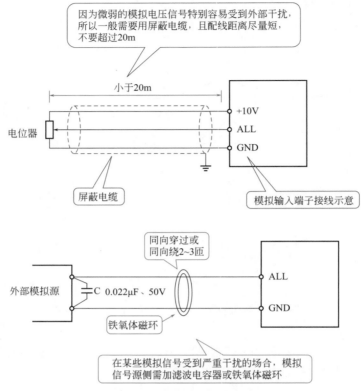

图5-67　变频器模拟输入端子连线要求

5.6.21　变频器数字输出端子的连线

变频器数字输出端子连线要求如图 5-68 所示。

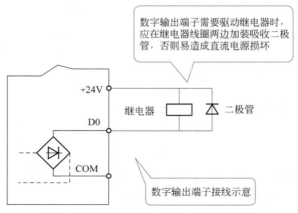

图5-68　变频器数字输出端子连线要求

5.6.22 变频器通信网络的组建连接

一台变频器与计算机的连接、多台变频器与计算机的连接如图5-69所示。

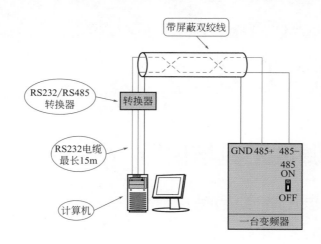

图5-69 变频器通信网络的组建连接

有的RS485接口直接连接变频器通信A口（RJ45），其默认数据格式：8-N-1，38400bit/s。有的推荐使用 EIA/TIA T568B 直接连网线，其 A 口引脚定义如图5-70所示。

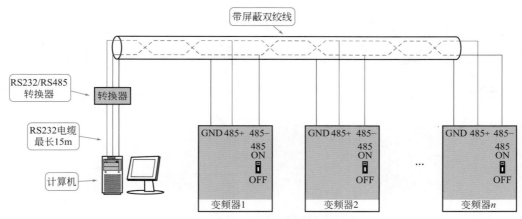

通信A口引脚	1	2	3	4	5	6	7	8
通信A口信号	+5V	GND	485+	485−	485+	485−	GND	+5V
EIA/TIA T568A	白绿	绿	白橙	蓝	白蓝	橙	白棕	棕
EIA/TIA T568B	白橙	橙	白绿	蓝	白蓝	绿	白棕	棕

图5-70 A口引脚定义

第6章

电气调试

6.1 电气调试工具与仪器

6.1.1 电工仪表的种类与特点

电工仪表的种类与特点如图 6-1 所示。

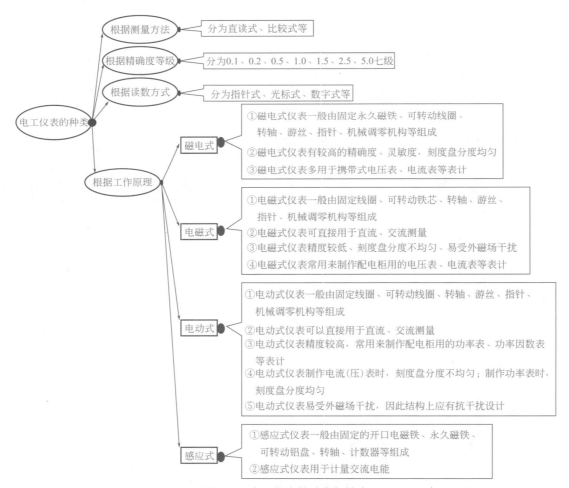

图6-1 电工仪表的种类与特点

6.1.2 电工仪表的常用符号

电工仪表常用符号如图 6-2 所示。

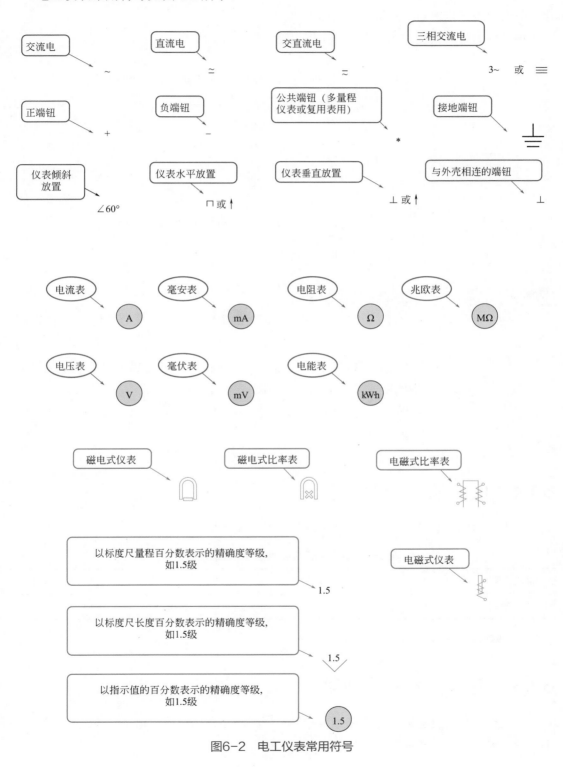

图6-2 电工仪表常用符号

6.1.3　电工仪表的误差

电工仪表的误差是测量过程中，由于仪表本身机构、电路参数、外界因素影响发生变化，导致仪表指示值与实际值间产生的差值。

误差分为绝对误差、相对误差、引用误差，如图 6-3 所示。

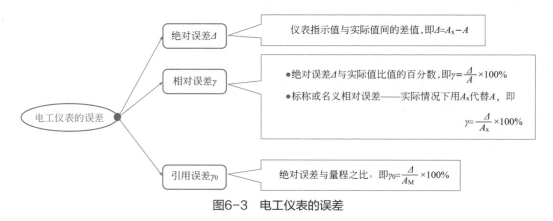

图6-3　电工仪表的误差

知识贴士　减小或消除误差的方法如下。

① 疏失误差，可以通过提高操作者的素质、工作责任心、科学工作作风来改善。

② 偶然误差，可以增加测量次数，通过重复测量求出其平均值作为测量结果来减小或消除。

③ 系统误差，可以选择经过校正、精确度高的仪表工具，以及使用正确方法测量来减小或消除。

6.1.4　仪表的精确度

仪表的精确度等级共分七级，其与误差的对应关系见表 6-1。

表 6-1　电工仪表的精确度与误差的对应关系

精确度等级	0.1	0.2	0.5	1.0	1.5	2.5	5
误差等级	±0.1	±0.2	±0.5	±1.0	±1.5	±2.5	±5

注：表中数字越小者，则表示精确度越高。

6.1.5　电工仪表的灵敏度

电工仪表灵敏度越高，测量精确度越高，误差越小，则说明该电工仪表质量越好。电工仪表的灵敏度计算式如图 6-4 所示。

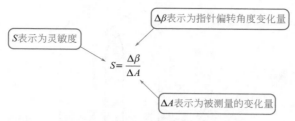

図6-4 电工仪表的灵敏度计算式

6.1.6 电工仪表测量方法与注意事项

电工仪表测量是将未知的被测量与已知的标准量进行直接或间接的比较，从中确定出被测量大小的过程。其中，采用电工仪表进行测量。

电工仪表测量分为直接测量法、间接测量法，如图 6-5 所示。

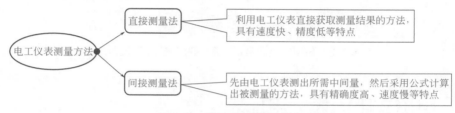

图6-5 电工仪表测量方法

电工仪表使用注意事项如下。

① 长期使用或长期存放的电工仪表应定期检验、定期校正。

② 不得随意调试、拆装电工仪表，以免影响灵敏度、准确性。

③ 使用电工仪表时应轻拿轻放。

④ 使用前，严格分清仪表测量功能、仪表量程，不得用错，不能接错测量线路。

⑤ 测量过程中，不得更换挡位或切换开关。

⑥ 严格根据要求存放、使用电工仪表。

6.2 电流、电压的检测

6.2.1 磁电式电流表、电压表

磁电式电流表、电压表通常用来测量直流电压、直流电流，其结构、工作原理如图 6-6 所示。

磁电式仪表的固定部分包括永久磁铁、极靴、圆柱形铁芯；可动部分包括绕在铝框上的线圈、线圈两端的轴、平衡重物、指针、游丝（整个可动部分被支撑在轴承上）。永久磁铁置于可动线圈外面，可动线圈位于永久磁铁当中。

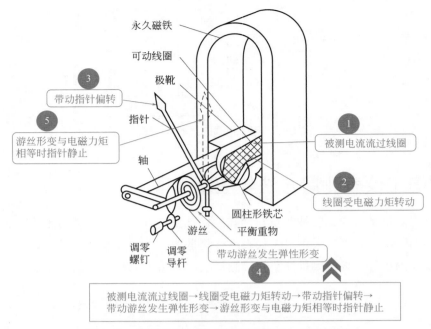

永久磁铁

可动线圈

极靴

③ 带动指针偏转

⑤ 游丝形变与电磁力矩相等时指针静止

指针

轴

圆柱形铁芯

调零螺钉

调零导杆

游丝

平衡重物

带动游丝发生弹性形变

① 被测电流流过线圈

② 线圈受电磁力矩转动

④

被测电流流过线圈→线圈受电磁力矩转动→带动指针偏转→带动游丝发生弹性形变→游丝形变与电磁力矩相等时指针静止

图6-6　磁电式电流表、电压表的结构、工作原理

6.2.2　电磁式电流表、电压表

电磁式电流表、电压表通常用来测量交流电压、交流电流，其结构、工作原理如图6-7所示。

电磁式电流表包括固定部分、可动部分。其中，固定部分包括固定线圈、固定铁片等，可动部分包括可动铁片、指针、转动轴、游丝、零位调整装置等。

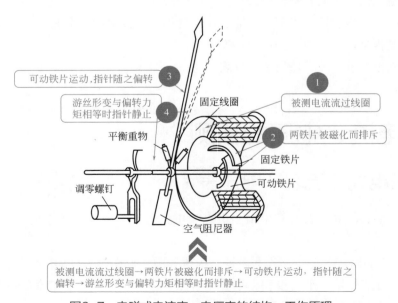

③ 可动铁片运动,指针随之偏转

④ 游丝形变与偏转力矩相等时指针静止

平衡重物

调零螺钉

固定线圈

① 被测电流流过线圈

② 两铁片被磁化而排斥

固定铁片

可动铁片

空气阻尼器

被测电流流过线圈→两铁片被磁化而排斥→可动铁片运动，指针随之偏转→游丝形变与偏转力矩相等时指针静止

图6-7　电磁式电流表、电压表的结构、工作原理

6.2.3 直流电流的测量

电流的测量包括直流电流的测量、交流电流的测量。其中，直流电流的测量包括直接测量、扩大量程测量，如图 6-8 所示。

测量较大电流时，需要在仪表（电流表）上并联低阻值电阻设计成分流器，以扩大量程测量。

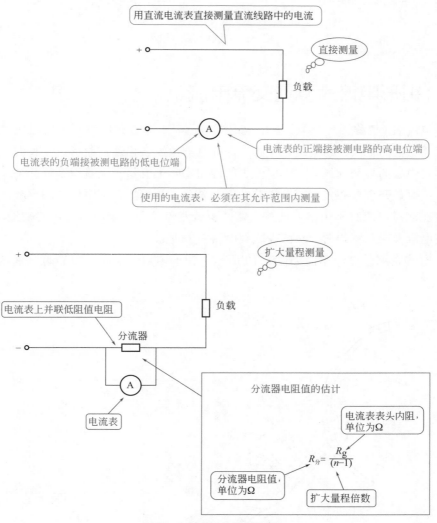

$$R_{分}= \frac{R_{\mathrm g}}{(n-1)}$$

图6-8　直流电流的测量

6.2.4 交流电流的测量

测量交流电流时，电流表不分极性。但是，当其直接测量时，也要串入被测电路中。电流表测量交流电流的方法包括直接测量、扩大量程测量，如图 6-9 所示。

测量较大电流时，可以加接电流互感器来实现。

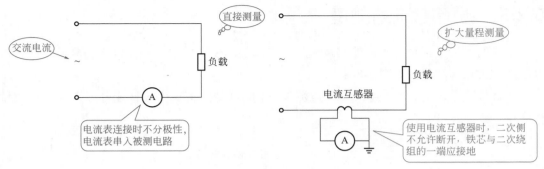

图6-9　交流电流的测量

6.2.5　钳形电流表测量交流电流

钳形电流表（也称钳形表）主要由电磁式电流表、穿心式电流互感器组成。其中，穿心式电流互感器的二次绕组缠绕在铁芯上，并且与电流表相连。钳形电流表的一次绕组为穿过互感器中心的被测导线。钳形电流表的旋钮实际上就是一个量程选择开关。钳形电流表的扳手主要是开合穿心式互感器铁芯的可动部分，利用扳手可钳住被测导线。因此，钳形电流表在测量电流时不用串入被测电路，也就避免了在测量电流时需将被测电路断开，才能够使电流表或互感器的一次侧串联到电路中的现象。

钳形电流表测量交流电流如图 6-10 所示。钳形电流表本身精度较低，通常为 2.5 级或 5.0 级。

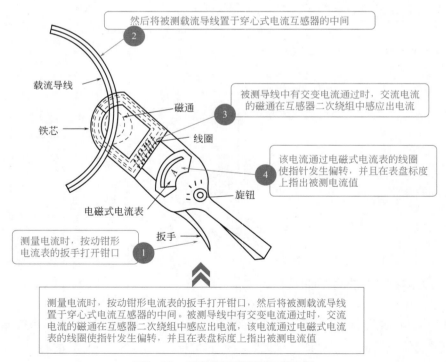

图6-10　钳形电流表测量交流电流

使用钳形电流表测量交流电流的注意事项如下。

① 测量前，弄清使用的钳形电流表的类型，是交流钳形电流表，还是交直流两用钳形电流表。

② 被测电路电压不能够超过钳形电流表上所标明的数值。

③ 每次只能测量一相导线的电流，不可以将多相导线都夹入钳口测量。

④ 测量前，需要注意钳形电流表的调零。

⑤ 正确选择钳形电流表的量程，尽量让被测值超过中间刻度。如果无法估计，可以先用最大量程挡，然后适当换小量程，以准确读数。不能使用小电流挡测量大电流，以防损坏仪表。

⑥ 检查钳口的开合情况，要求钳口开合自如，两边钳口接合面接触紧密。如果钳口闭合后有杂音，可以打开钳口重合一次。如果杂音仍不能消除，则需要检查磁路上各面是否光滑，有尘污时要擦拭干净。

⑦ 被测电路电流太小时，为了提高精确度，可以将被测载流导线在钳口部分铁芯柱上缠绕几圈后进行测量，然后将指针指示数除以穿入钳口内导线根数即得实际电流值。

⑧ 测量时，应使被测导线置于钳口内中心位置，以利于减小测量误差。

⑨ 钳形电流表不用时，应将量程选择旋钮旋到最高量程挡，如图6-11所示。

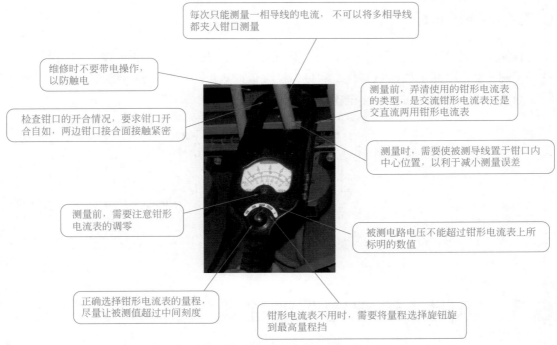

图6-11　使用钳形电流表测交流电流的注意事项

知识贴士　维修时，不要带电操作钳形电流表，以防触电。这是由于钳形电流表一次绕组匝数少，二次绕组匝数多。只要一次侧有一定大小的电流，二次侧开路时，就会有高电压出现。

6.2.6　直流电压的测量

电压的测量包括直流电压的测量、交流电压的测量。其中，直流电压的测量包括直接测量、扩大量程测量，如图 6-12 所示。

测量较大电压时，需要在仪表（电压表）上串联电阻，以扩大量程测量。

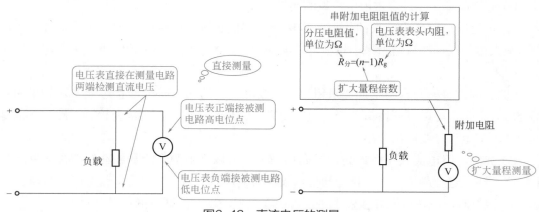

图6-12　直流电压的测量

6.2.7　交流电压的测量

测量交流电压时，电压表不分极性。但是，当其直接测量时，也要串入被测电路中。电压表测量交流电压的方法包括直接测量、扩大量程测量，如图 6-13 所示。

测量较大电压时，可以加接电压互感器来实现。

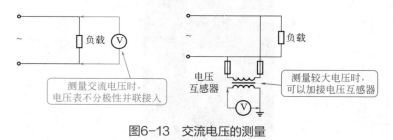

图6-13　交流电压的测量

6.3　电阻、绝缘电阻的检测

6.3.1　兆欧表的特点与选择

兆欧表又叫作摇表、绝缘电阻表，是测量电气设备、电路绝缘电阻的一种仪表。兆欧表本身带有高压电源，其高压电源多采用手摇直流发电机提供，也有采用晶体管直流变换器代替手摇式直流发电机的。

兆欧表常用规格有 250V、500V、1000V、2500V、5000V 等，兆欧表的选择见表 6-2。选用兆欧表时，主要从输出电压、测量范围两方面来考虑。高压设备和电路应选择电压高的兆欧表，低压设备和电路应选择电压低的兆欧表。

表 6-2　兆欧表的选择

被试物	弱电工程	50 ～ 100V	100 ～ 500V	500 ～ 1000V	1000 ～ 3000V	3000V 以上
兆欧表电压等级 /V	50	100	500	1000	2500	5000

使用兆欧表前的准备如图 6-14 所示。

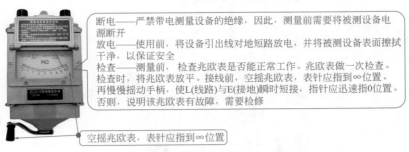

断电——严禁带电测量设备的绝缘，因此，测量前需要将被测设备电源断开
放电——使用前，将设备引出线对地短路放电，并将被测设备表面擦拭干净，以保证安全
检查——测量前，检查兆欧表是否能正常工作。兆欧表做一次检查。
检查时，将兆欧表放平。接线前，空摇兆欧表，表针应指到∞位置。
再慢慢摇动手柄，使L(线路)与E(接地)瞬时短接，指针应迅速指0位置。
否则，说明该兆欧表有故障，需要检修

空摇兆欧表，表针应指到∞位置

图6-14　使用兆欧表前的准备

知识贴士　兆欧表的引线必须使用绝缘较好的单根多股软线，两根引线不能缠在一起使用。另外，兆欧表的引线也不能与电气设备或地面接触。兆欧表的线路L接线端、接地E接线端可以采用不同颜色，以便于识别、使用。

6.3.2　兆欧表测量线路的绝缘电阻

兆欧表测量线路的绝缘电阻如图 6-15 所示。

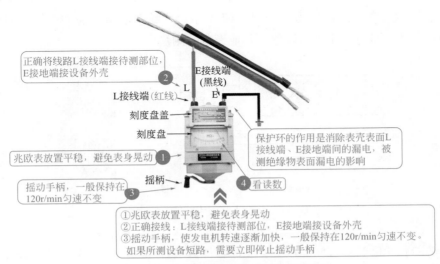

正确将线路L接线端接待测部位，E接地端接设备外壳
E接线端(黑线)
L接线端(红线)
刻度盘盖
刻度盘
兆欧表放置平稳，避免表身晃动
保护环的作用是消除表壳表面L接线端、E接地端间的漏电，被测绝缘物表面漏电的影响
摇动手柄，一般保持在120r/min匀速不变
摇柄
看读数

①兆欧表放置平稳，避免表身晃动
②正确接线：L接线端接待测部位，E接地端接设备外壳
③摇动手柄，使发电机转速逐渐加快，一般保持在120r/min匀速不变。
如果所测设备短路，需要立即停止摇动手柄

图6-15　兆欧表测量线路的绝缘电阻

6.3.3　兆欧表测量电动机的绝缘电阻

兆欧表测量电动机的绝缘电阻如图 6-16 所示。

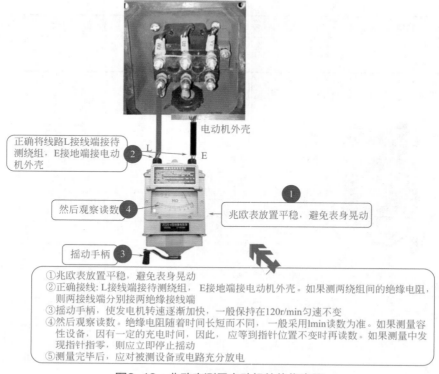

正确将线路L接线端接待测绕组，E接地端接电动机外壳 ②

然后观察读数 ④

兆欧表放置平稳，避免表身晃动 ①

摇动手柄 ③

电动机外壳

①兆欧表放置平稳，避免表身晃动
②正确接线：L接线端接待测绕组，E接地端接电动机外壳。如果测两绕组间的绝缘电阻，则两接线端分别接两绝缘接线端
③摇动手柄，使发电机转速逐渐加快，一般保持在120r/min匀速不变
④然后观察读数。绝缘电阻随着时间长短而不同，一般采用1min读数为准。如果测量容性设备，因有一定的充电时间，因此，应等到指针位置不变时再读数。如果测量中发现指针指零，则应立即停止摇动
⑤测量完毕后，应对被测设备或电路充分放电

图6-16　兆欧表测量电动机的绝缘电阻

6.3.4　兆欧表测量电缆的绝缘电阻

兆欧表测量电缆的绝缘电阻，如图 6-17 所示。兆欧表测量电缆的绝缘电阻时，除了接线不同，其他测量方法步骤可以参考其他设备的测量。

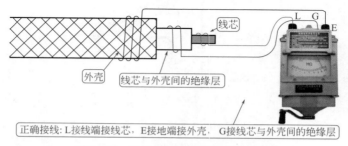

线芯

外壳

线芯与外壳间的绝缘层

正确接线：L接线端接线芯，E接地端接外壳，G接线芯与外壳间的绝缘层

图6-17　兆欧表测量电缆的绝缘电阻

知识贴士　禁止在雷电时或附近有高压导体的设备上测量绝缘电阻。兆欧表没有停止转动前，不可用手去触及设备的测量部分或兆欧表接线端。

6.3.5 电阻表的特点、工作原理与注意事项

电阻表与兆欧表均是用来测电阻的仪表。但是，电阻表多用于测量电气线路、设备的直流电阻；兆欧表多用于测量电气线路、设备的绝缘电阻。

电阻表一般由电源、串接的附加电阻、表头等组成。电阻表测量前，应先调零。调零就是将 a、b 两端钮短路，调节附加电阻的阻值（R），使表头指针偏转到最大值的过程。

电阻表工作原理图解如图 6-18 所示。

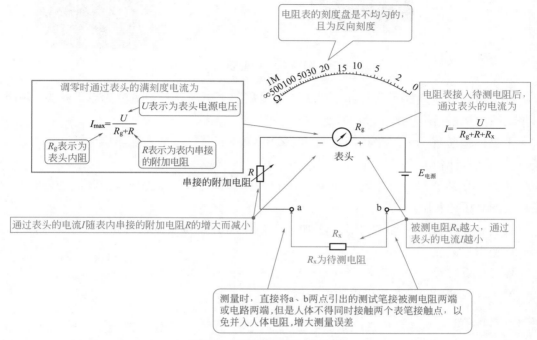

图6-18　电阻表工作原理图解

使用电阻表的注意事项如下。

① 被测电路或设备不得带电。

② 每次测量、更换量程挡时，均要调零。

③ 测量时，应估计电阻阻值，并且选择合适的量程。

6.4　电能表

6.4.1　电能表的基础

电能表（又称电度表）是用于测量负载在一定时间内所耗电能的仪表。电能表有单相电能表、三相三线有功电能表、三相四线有功电能表等种类，如图 6-19 所示。电能表规格有 2A、4A、5A、10A、20A 等。

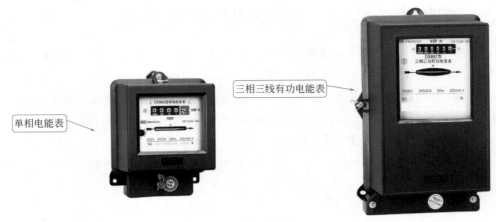

单相电能表

三相三线有功电能表

图6-19　电能表

根据所计电能量的不同与计量对象的重要程度，电能计量装置分为以下几类（说明：月平均用电量是指用户上年度的月平均用电量）。

Ⅰ类计量装置——月平均用电量 $500×10^4$kW·h 及以上或变压器容量为 1000kV·A 及以上的高压计费用户。

Ⅱ类计量装置——月平均用电量 $100×10^4$kW·h 及以上或变压器容量为 2000kV·A 及以上的高压计费用户。

Ⅲ类计量装置——月平均用电量 $10×10^4$kW·h 以上或变压器容量为 315kV·A 及以上的计费用户。

Ⅳ类计量装置——负荷容量为 315kV·A 以下的计费用户。

Ⅴ类计量装置——单相供电的电力用户。

知识贴士 电能表由电压线圈、电流线圈等组成。其中，电压线圈与被测电路并联，其匝数多、线径小；电流线圈与被测电路串联，其匝数少、线径大。

6.4.2　电能表的选用

电能表选用时，应与电器的总电流相适应。

单相电能表的额定电流最大可达 100A。一般单相电能表允许短时间通过的最大额定电流为额定电流的 2 倍，少数厂家的电能表允许短时间通过的最大额定电流为额定电流的 3 倍或者 4 倍。

三相四线有功电能表额定电流常见的有 5A、10A、25A、40A、80A 等，长时间允许通过的最大额定电流一般可为额定电流的 1.5 倍。

单相电子式电能表的型号有 4 种，即 5（20）A、10（40）A、15（60）A、20（80）A，其也称为 4 倍表。另外，还有 2 倍表、5 倍表等。表的倍数越大，则在低电流时计量越准确。

电能表铭牌电流标注，如 5（20）A，的含义为：5A 表示基本电流为 5A，20A 表示最大电流为 20A。

如果电能表超负荷用电，则是不安全的，可能会引发火灾等隐患。电能表的额定电压与工作频率必须与所接入的电源规格相符合。即如果电源电压是220V，则必须选择220V电压的电能表，不能选择110V电压的电能表。另外，电能表铭牌上还标有准确度。

选择电能表的方法如下。

① 电能表的额定容量需要根据用户的负荷来选择，也就是根据负荷电流与电压值来选定合适的电能表，使电能表的额定电压、额定电流大于或等于负荷的电压与电流。

② 选用电能表时，一般负荷电流的上限不能超过电能表的额定电流，其下限不能低于电能表允许误差范围内规定的负荷电流。最好使用电负荷在电能表额定电流的20%～120%内。

③ 电能表应满足精确度的要求。

④ 电能表应根据负荷的种类来选择。

⑤ 根据负载电流不大于电能表额定电流的80%，当出现电能表额定电流不能满足线路的最大电流时，则应选择一定电流比的电流互感器，将大电流变为小于5A的小电流，再接入5A电能表。计算耗电电能时，5A电能表耗电度数乘以所选用电流互感器的电流比，即为实际耗用电能的度数。一般超过50A的电流计量宜选用电流互感器进行计量。

一般情况下，可以根据表6-3来选择电能表。

表6-3 选择电能表

电能表规格 /A	单相220V 最大 / W	三相380V/W
1.5（6）	<1500	<4700
2.5（10）	<2600	<6500
5（30）	<7900	<23600
10（60）	<15800	<47300
20（80）	<21000	<63100

知识贴士 对于一般低压供电，负荷电流为50A及以下时，宜采用直接接入式电能表。负荷电流为50A以上时，宜采用经电流互感器接入式的接线方式。为提高低负荷时的计量准确性，选用过载4倍及以上的电能表。

6.4.3 电能计量装置的验收与注意事项

电能计量装置安装后的验收与注意事项如下。

① 对电能计量装置验收的基本内容包括用户的电能计量方式、电能计量装置的接线、安装工艺质量、计量器具产品质量、计量法制标志等，均应符合相关的规定要求。

② 凡验收不合格的电能计量装置，不准投入使用。

③ 伪造或者开启法定或授权的计量检定机构加封的用电计量装置封印用电、故意损

坏供电企业用电计量装置、绕越供电企业的供电设施擅自接线用电、故意使供电企业的用电计量装置计量不准或者失效的行为等均属于窃电行为，电力管理部门有权责令其停止违法行为，以及追缴电费与罚款，构成犯罪的可以依法追究相关责任。

④ 擅自迁移、更动或擅自操作供电企业的用电计量装置的行为属于危害供电、用电，扰乱正常供电、用电秩序的行为，供电企业可以根据违章事实和造成的后果追缴电费，以及可以根据国家有关规定程序停止供电。

现在，一般两居室用电负荷可以达到4000W，进户铜电线截面积不得小于10mm^2。如果是电热设备多的用户，则需要根据 6 ～ 12kW/ 户来选择，进户铜电线截面积不得小于 16mm^2。

> **知识贴士** 现在家居电能表规格的选择，也可以根据以下参数进行参考选择。
>
> ① 用户用电量为4～5kW，电能表为5（20）A，则进户线可以选择BV-3×10。
>
> ② 用户用电量为6～8kW，电能表为15（60）A，则进户线可以选择BV-3×16。
>
> ③ 用户用电量为10kW，电能表为20（80）A，则进户线可以选择BV-2×25+1×16。

6.5 万用表

6.5.1 万用表的特点、分类与结构

万用表又叫作复用表、三用表、多用表、繁用表等，是电子、电气设备等工作不可缺少的测量仪表、检测仪表。

根据显示方式，万用表可以分为指针万用表、数字万用表；根据量程转换方式，万用表可以分为手动量程、自动量程、自动 / 手动量程等万用表。万用表的分类图例如图 6-20 所示。

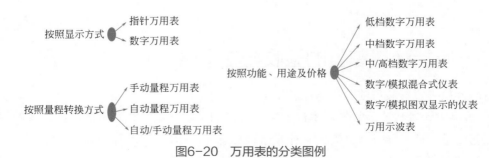

图6-20　万用表的分类图例

一般万用表可以测量直流电流、直流电压、交流电流、交流电压、电阻、音频电平

等，有的万用表还可以测电容量、电感量、半导体参数等。

万用表组成结构包括表头、测量线路、转换开关、表笔、表笔插孔等，如图6-21所示。

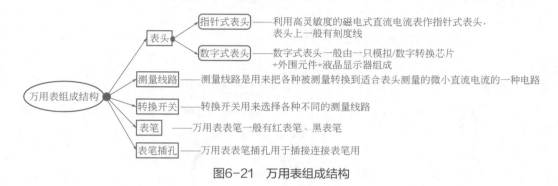

图6-21　万用表组成结构

6.5.2　万用表的面板与符号对照

常见的万用表面板图例如图6-22所示。

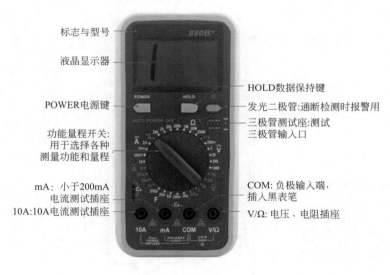

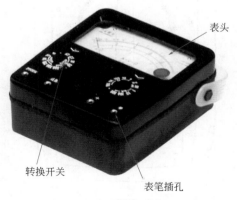

图6-22

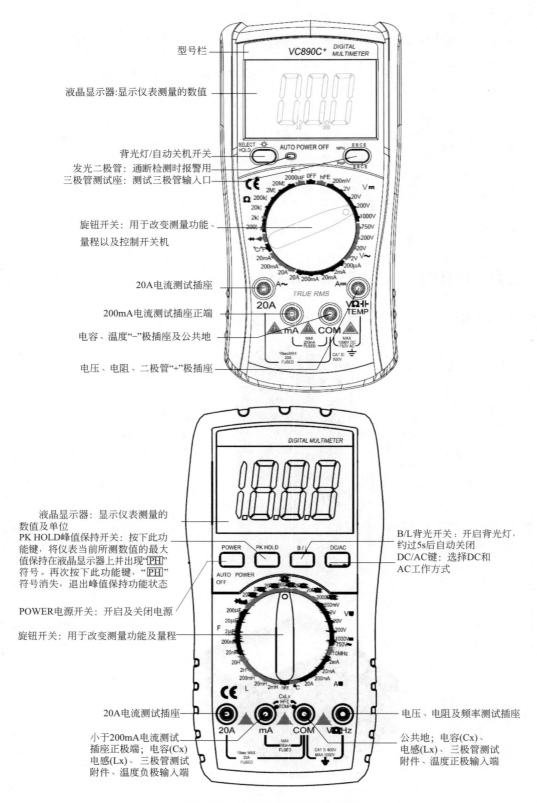

型号栏

液晶显示器:显示仪表测量的数值

背光灯/自动关机开关

发光二极管：通断检测时报警用

三极管测试座：测试三极管输入口

旋钮开关：用于改变测量功能、
量程以及控制开关机

20A电流测试插座

200mA电流测试插座正端

电容、温度"−"极插座及公共地

电压、电阻、二极管"+"极插座

液晶显示器：显示仪表测量的
数值及单位

PK HOLD峰值保持开关：按下此功
能键，将仪表当前所测数值的最大
值保持在液晶显示器上并出现"PH"
符号。再次按下此功能键，"PH"
符号消失，退出峰值保持功能状态

POWER电源开关：开启及关闭电源

旋钮开关：用于改变测量功能及量程

B/L背光开关：开启背光灯，
约过5s后自动关闭

DC/AC键：选择DC和
AC工作方式

20A电流测试插座

小于200mA电流测试
插座正极端；电容(Cx)
电感(Lx)、三极管测试
附件、温度负极输入端

电压、电阻及频率测试插座

公共地；电容(Cx)、
电感(Lx)、三极管测试
附件、温度正极输入端

图6-22　常见的万用表面板图例

万用表上常见符号含义如下。

∽——表示交流。

2000Ω/V DC——表示直流挡的灵敏度为 2000Ω/V。

45—65 — 1000Hz——表示使用频率范围为 1000Hz 以下，标准工频范围为 45 ～ 65Hz。

ACA——表示交流电流。

ACV——表示交流电压。

AC——表示交流。

APO——表示自动关机功能。

AUTO OFF POWER——表示自动关机。

A － V － Ω——表示可测量电流、电压、电阻。

A——表示交直流安培。

COM——表示公共端。电流、电压、二极管、电阻、频率的测试共用接口。

Cx——表示接口是待测电容的接口。

C——表示电容量。

DATA HOLD——表示数据保持按钮。

DCA——表示直流电流。

DCV——表示直流电压。

EF——表示电磁感应探测。

℉——表示华氏温度测量。

f——表示频率。

HFE——表示三极管放大倍数 β 测量。

HOLD——表示数据保持按键。

Hz/%——表示频率及占空比测量。

Hz/DUTY——表示赫兹 / 信号占空比。

Hz——表示频率。

LIGHT——表示背光控制按键。

LOGIC——表示逻辑测试。

MAX/MIN——表示最大值、最小值模式按钮。

mA——表示交直流毫安电流。

mV——表示交直流毫伏电压。

ns——表示电导。

OFF——表示关机。

PEAK——表示峰值测量按键。

PNP、NPN——表示测量三极管的放大倍数。

RANGE——表示量程选择按键。

REL/ZERO——表示可以激活相对测量模式按钮。

REL△——表示相对值测量测试。

REL——表示读取相对测量值按键。

RS232C——表示 RS232 串行数据输出按键。

SELECT——表示范围选择按钮。

TRMS——表示真有效值测试。

T——表示温度。

V～——表示交流电压。

V － 2.5kV 4000Ω/V——表示对于交流电压及 2.5kV 的直流电压挡，其灵敏度为 4000Ω/V。

VF——表示二极管正向压降。

V-——表示直流电压。

μA——表示交直流微安电流。

Ω——表示欧姆，测量电阻阻值。

V-——表示电压，测量直流电压。

V～——表示电压，测量交流电压。

A-——表示电流，测量直流电流。

A～——表示电流，测量交流电流。

—▸|——表示二极管，测量二极管的极性。

——表示直流。

6.5.3 指针万用表的工作原理

指针万用表的基本工作原理：利用一个灵敏的磁电式直流电流表作表头，当微小电流通过表头时，会有电流指示。由于指针万用表表头不能够通过大电流，因此，必须在指针万用表表头上并联与串联电阻进行分流或降压，从而可以测出电路中的电流、电压、电阻等。指针万用表的基本测量电路如图 6-23 所示。

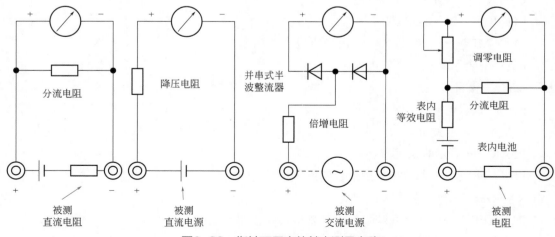

图6-23 指针万用表的基本测量电路

指针万用表内部结构如图 6-24 所示。

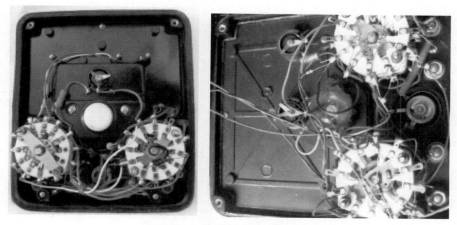

图6-24　指针万用表内部结构

指针万用表线路图例如图 6-25 所示。

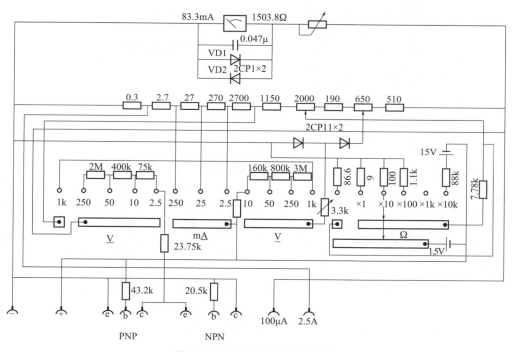

图6-25　指针万用表线路图例

6.5.4　数字万用表的工作原理

数字万用表的测量过程：由转换电路将被测量转换成直流电压信号，再由模/数（A/D）转换器将电压模拟量转换成数字量，然后通过电子计数器计数，最后把测量结果用数字直接显示在显示屏上。

数字万用表的表头一般由一只 A/D 转换芯片 + 外围元件 + 液晶显示器组成。数字万用表的工作原理框图图例如图 6-26 所示。数字万用表基本结构如图 6-27 所示。

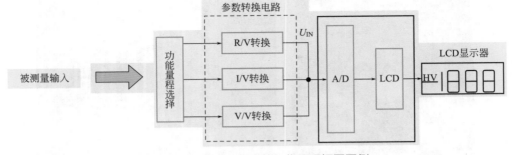

图6-26　数字万用表的工作原理框图图例

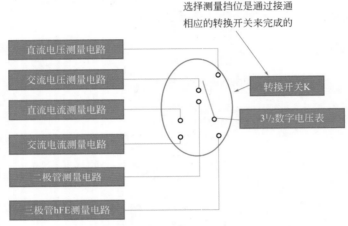

图6-27　数字万用表基本结构

数字万用表的测量原理举例见表 6-4。

表 6-4　数字万用表的测量原理举例

名称	图解
直流电流测量电路	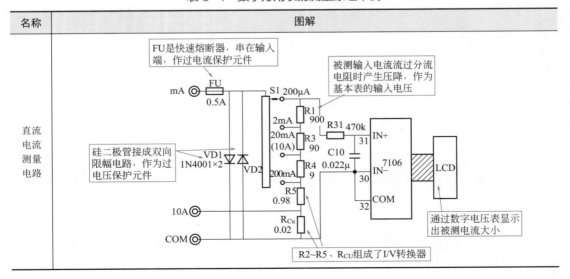

名称	图解
测量交流电压电路	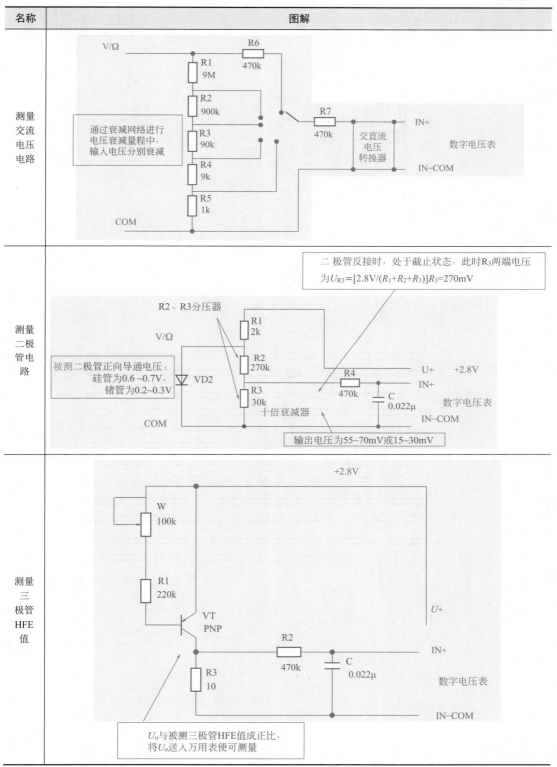
测量二极管电路	
测量三极管HFE值	

DT838 数字万用表参考线路图如图 6-28 所示。

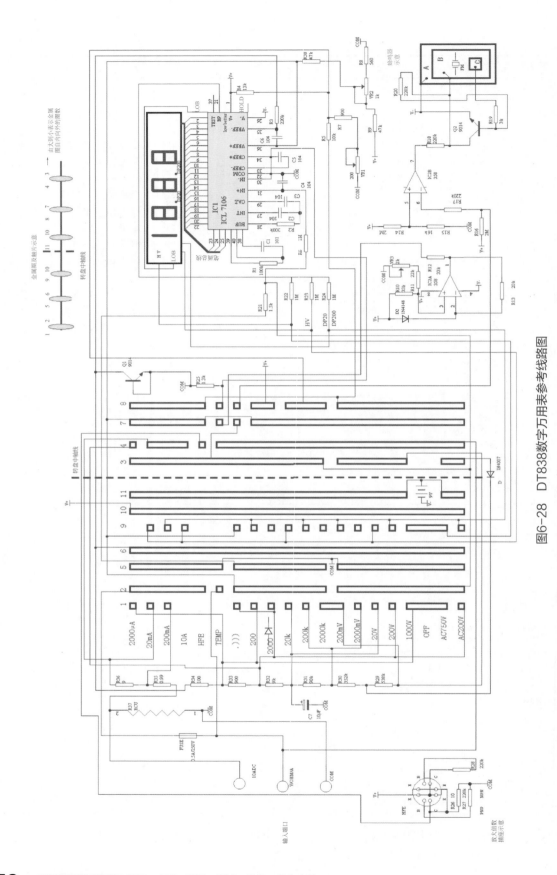

图6-28　DT838数字万用表参考线路图

6.5.5　指针万用表的使用方法

指针万用表的使用方法如下。

① 上好电池，插好表笔，如图 6-29 所示。

插好表笔
"+"红
"—"黑

图6-29　插好表笔

② 测试前，首先把万用表放置水平状态并视其指针是否处于零点。如果不在零点，则需要调整表头下方的机械调零旋钮，使指针指向零点。调零图例如图 6-30 所示。

测量前，注意水平放置时表头指针是否处于交直流挡标尺的零刻度线上，否则读数会有较大的误差。若不在零位，应通过机械调零的方法使指针回到零位(使用小螺丝刀调整表头下方机械调零旋钮)

机械调零旋钮

图6-30　调零图例

③ 一般以指针偏转角不小于最大刻度的 30％为合理量程，如图 6-31 所示。

选择正确挡位
测量时，指针停在中间或附近

图6-31　合理量程指针指示范围

④ 根据被测项，正确选择万用表上的测量项目、量程开关。如果已知被测量的数量级，则需要选择与其相对应的数量级量程。如果不知被测量的数量级，则需要从最大量程开始测量，当指针偏转角太小而无法精确读数时，再把量程减小。

⑤ 测量电阻时，在选择适当倍率挡后，需要将两表笔相碰使指针指在零位。如果指针偏离零位，则需要调节欧姆调零旋钮，使指针归零，以保证测量结果准确。欧姆调零如图 6-32 所示。

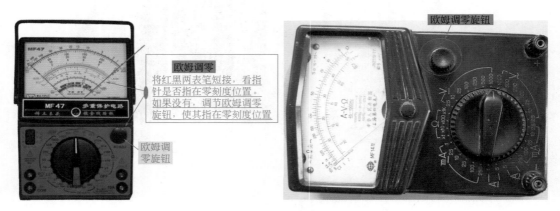

图6-32　欧姆调零

⑥ 在测量某电路电阻时，必须切断被测电路的电源，不得带电测量。

⑦ 使用万用表进行测量时，需要注意人身、仪表设备的安全。测试中不得用手触摸表笔的金属部分，不允许带电切换挡位开关，以确保测量准确、安全。测量阻值时，不要用手触摸表笔，以免产生并联电阻，如图 6-33 所示。

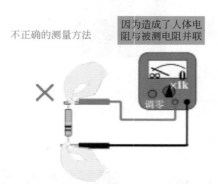

图6-33　测量阻值时，不要用手触摸表笔

⑧ 万用表使用完毕，需要将转换开关置于交流电压的最大挡。如果长期不使用，还需要将万用表内部的电池取出来，以免电池腐蚀表内其他元器件。

6.5.6　指针万用表指示的读取

指针万用表的指示线特点与读取方法如图 6-34 所示。

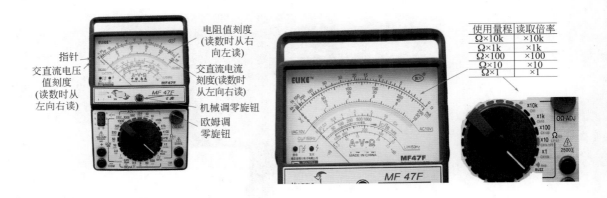

使用量程	读取倍率
Ω×10k	×10k
Ω×1k	×1k
Ω×100	×100
Ω×10	×10
Ω×1	×1

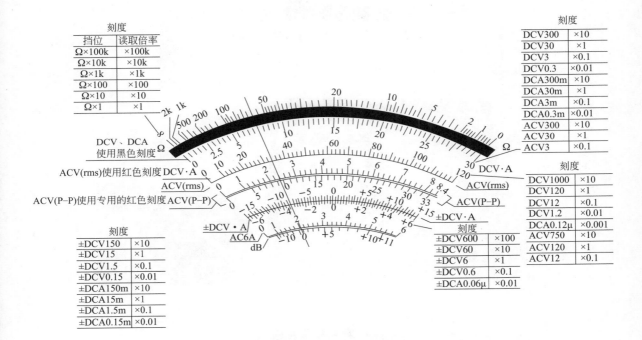

刻度

挡位	读取倍率
Ω×100k	×100k
Ω×10k	×10k
Ω×1k	×1k
Ω×100	×100
Ω×10	×10
Ω×1	×1

刻度

刻度	
DCV300	×10
DCV30	×1
DCV3	×0.1
DCV0.3	×0.01
DCA300m	×10
DCA30m	×1
DCA3m	×0.1
DCA0.3m	×0.01
ACV300	×10
ACV30	×1
ACV3	×0.1

刻度

刻度	
DCV1000	×10
DCV120	×1
DCV12	×0.1
DCV1.2	×0.01
DCA0.12μ	×0.001
ACV750	×10
ACV120	×1
ACV12	×0.1

刻度

±刻度	
±DCV150	×10
±DCV15	×1
±DCV1.5	×0.1
±DCV0.15	×0.01
±DCA150m	×10
±DCA15m	×1
±DCA1.5m	×0.1
±DCA0.15m	×0.01

刻度

±刻度	
±DCV600	×100
±DCV60	×10
±DCV6	×1
±DCV0.6	×0.1
±DCA0.06μ	×0.01

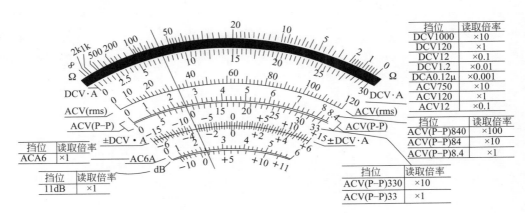

挡位	读取倍率
DCV1000	×10
DCV120	×1
DCV12	×0.1
DCV1.2	×0.01
DCA0.12μ	×0.001
ACV750	×10
ACV120	×1
ACV12	×0.1

挡位	读取倍率
ACV(P–P)840	×100
ACV(P–P)84	×10
ACV(P–P)8.4	×1

挡位	读取倍率
ACA6	×1

挡位	读取倍率
11dB	×1

挡位	读取倍率
ACV(P–P)330	×10
ACV(P–P)33	×1

图6-34

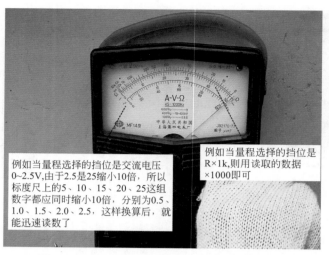

例如当量程选择的挡位是交流电压 0~2.5V,由于2.5是25缩小10倍，所以标度尺上的5、10、15、20、25这组数字都应同时缩小10倍，分别为0.5、1.0、1.5、2.0、2.5，这样换算后，就能迅速读数了

例如当量程选择的挡位是 R×1k,则用读取的数据 ×1000即可

图6-34　指针万用表的指示线特点与读取方法

指针万用表读取举例如图 6-35 所示。

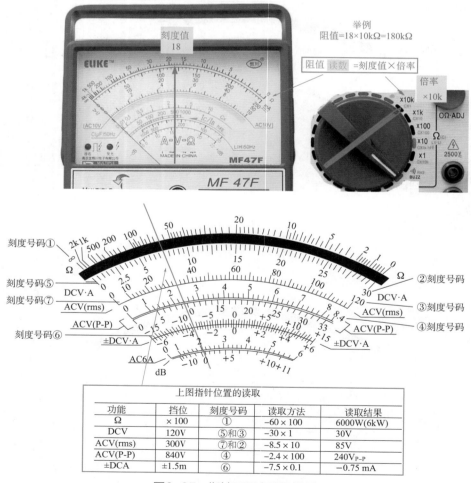

功能	挡位	刻度号码	读取方法	读取结果
Ω	×100	①	−60×100	6000W(6kW)
DCV	120V	⑤和③	−30×1	30V
ACV(rms)	300V	⑦和②	−8.5×10	85V
ACV(P-P)	840V	④	−2.4×100	240V$_{P-P}$
±DCA	±1.5m	⑥	−7.5×0.1	−0.75 mA

上图指针位置的读取

图6-35　指针万用表读取举例

6.5.7　万用表作为欧姆表的使用方法与要求

万用表作为欧姆表使用的方法与要求如下。

① 测量时先调零。

② 为了提高测试的精度，应正确选择合适的量程挡。

③ 量程挡不同，流过被测电阻的测试电流大小不同。一般量程挡越小，测试电流越大，否则相反。

④ R×1、R×10 等挡属于小量程欧姆挡。

⑤ 测量二极管、三极管的极间电阻时，不能够把欧姆挡置调到 R×10k 挡，以免管子极间击穿。

⑥ 欧姆表使用时内接干电池，黑表笔接的是干电池的正极。

⑦ 测量较大电阻时，双手不可同时接触被测电阻的两端，不然，人体电阻会与被测电阻并联，使测量结果不正确。

⑧ 使用万用表完毕后不要将量程选择开关放在欧姆挡上，应把量程选择开关拨在直流电压或交流电压的最大量程位置上。

> **知识贴士** 测电路上的电阻时应将电路的电源切断，以免测量结果不准确、烧坏表头等情况发生。

6.5.8　万用表作为电流表的使用方法与要求

万用表作为电流表使用的方法与要求如下。

① 把万用表串接在被测电路中时应注意电流的方向，其中红表笔接电流流入的一端，黑表笔接电流流出的一端。如果不知被测电流的方向，则可以在电路的一端先接好一支表笔，另一支表笔在电路的另一端轻轻地碰一下，如果指针向右摆动，则说明接线正确。如果指针向左摆动，则说明接线不正确，需要把万用表的两支表笔位置调换。

② 在指针偏转角大于或等于最大刻度的 30% 时，尽量选用大量程挡。因量程挡越大，分流电阻越小，电流表的等效内阻越小，被测电路引入的误差越小。

> **知识贴士** 测大电流时，不要在测量过程中拨动量程选择开关，以免产生电弧，烧坏量程选择开关。

6.5.9　万用表作为电压表的使用方法与要求

万用表作为电压表使用的方法与要求如下。

① 万用表作为电压表使用时，应把万用表并接在被测电路上。

② 测量直流电压时，需要注意被测电压的极性，也就是把红表笔接电压高的一端，黑表笔接电压低的一端。如果不知道被测电压的极性，则可以采用试探法试一试，如果

指针向右偏转，则说明可以进行测量。如果指针向左偏转，则把红表笔、黑表笔调换才能测量。

③ 为了减小电压表内阻引入的误差，在指针偏转角大于或等于最大刻度的30％时，测量时尽量选择大量程挡。

④ 测量交流电压时，不必考虑极性问题，只要将万用表并接在被测两端即可。

⑤ 交流电源的内阻都比较小，因此测量交流电压时，不必选用大量程挡或高电压灵敏度的万用表。

⑥ 被测交流电压波形只能是正弦波，其频率应小于或等于万用表的允许工作频率，否则会产生较大误差。

⑦ 测量有感抗的电路中的电压时，需要在测量后先把万用表断开再关电源，以免在切断电源时，因电路中感抗元件的自感现象，产生高压把万用表烧坏。

⑧ 不要在测较高电压时拨动量程选择开关，以免产生电弧，烧坏量程选择开关。

⑨ 测量大于或等于100V的高电压时，必须注意安全与正确的操作方法。

【实例】测量DC9V电压时，不选择3V或30V的挡位，而选择12V的挡位。测量DC15V时，选择30V的挡位。

> **知识贴士** 电压［DCV、±DCV，ACV（rms）、ACV（P-P）］、电流（DCA、±DCA）挡位的选择原则：选择大于测量的最大值的挡位，并且使指针摆动幅度尽量大。

6.5.10 数字万用表的数值读取与使用方法

数字万用表显示器的读取需要看符号、数据，不同的数字万用表，其屏幕显示的符号有差异。数字万用表屏幕显示的符号如下。

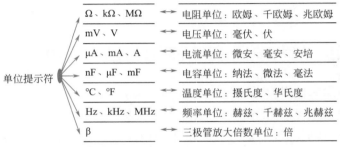

一款数字万用表屏幕显示的符号如图6-36所示。

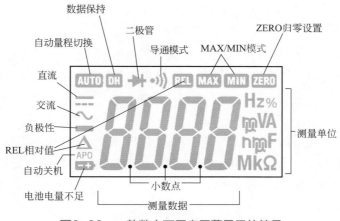

图6-36　一款数字万用表屏幕显示的符号

数字万用表导通性检测如下。

① 在电源断开后，应确认电池低电量标志未点亮。如果该标志点亮，则需要更换新的电池。

② 为了确保安全，操作前需要进行导通性检测。可以通过检查蜂鸣器是否发出声音来判断：如果没有发出声音，则需要检查。如果显示屏没有任何显示，则电池电量可能已经完全耗尽。导通性检测如图6-37所示。

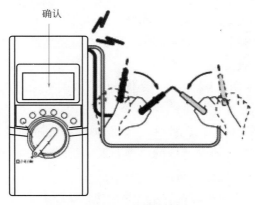

图6-37　导通性检测

数字万用表的使用方法如下。

① 测量电阻时，先将表笔插入"COM"和"V/Ω"插孔中，再把旋钮打旋到"Ω"中所需的量程，然后用表笔接在电阻两端金属部位，测量中可以用手接触电阻，但是不要双手同时接触电阻两端。读数时，要保持表笔与电阻有良好的接触，并且注意单位。

② 测量直流电压时，先将黑表笔插入"COM"插孔，红表笔插进"V/Ω"插孔。再把旋钮旋到比估计值大的量程，接着把表笔接电源或电池两端，并且保持接触稳定。数值可以直接从屏上读取，如果显示为"1."，则说明量程太小。如果在数值左边出现"−"，则说明表笔极性与实际电源极性相反，此时红表笔接的是负极。

③ 测量交流电压时，表笔插孔与直流电压测量一样，只是旋钮需要打到交流挡

"V～"处所需的量程。交流电压无正负之分。

④ 测量直流电流时，先将黑表笔插入"COM"插孔。如果测量大于200mA的电流，则要将红表笔插入"10A"插孔并将旋钮打到直流"10A"挡。如果测量小于200mA的电流，则需要将红表笔插入"200mA"插孔，并且将旋钮打到直流200mA以内的合适量程。如果屏幕显示为"1."，则说明需要加大量程。如果在数值左边出现"−"，则说明电流从黑表笔流进万用表。

⑤ 普通万用表表笔的阻值较大，爱好者可以自行制作一副表笔：准备1m左右的优质音箱线或者多芯铜电线，带绝缘套的夹子一对，用于音箱接线的香蕉插一对。线的一端焊牢在夹上，另一端相应接入香蕉插中。

6.5.11　指针万用表的使用注意事项

指针万用表的使用注意事项如下。

① 万用表属于比较精密的仪器，如果使用不当，不仅造成测量不准确，还可能损坏指针万用表。为此，需要掌握万用表的使用方法、注意事项。

② 指针万用表测量电流、电压时，不能旋错挡位。如果误将欧姆挡或电流挡测电压，易烧坏万用表。

③ 测量直流电压、直流电流时，需要注意"+""−"极性，不要接错。如果发现指针开始反转，需要立即调换表笔，以免损坏指针、表头。

④ 如果不知道被测电压、电流的大小，需要先用最高挡，再根据情况选用合适的挡位来测试，以免指针偏转过度而损坏表头。

⑤ 测量电阻时，不要用手触及元件裸体的两端或两支表笔的金属部分，以免人体电阻与被测电阻并联，使测量结果不准确。

⑥ 测量电阻时，如果将两支表笔短接，调欧姆调零旋钮到最大，指针仍然不指零处，该现象一般是由表内电池电压不足造成的，需要换上新电池。

⑦ 万用表不用时，不要旋在欧姆挡上。

⑧ 使用指针万用表，切勿在超过规定容量的电路上进行测量。

⑨ 当测量有效值33V（峰值为46.7V）以上的交流电压或70V以上的直流电压时，必须特别小心，避免造成人身伤害。

⑩ 不要施加超过最高额定输入值的输入信号。

⑪ 有的万用表不能测量与会产生感应电压或浪涌电压的设备相连的导线的电压，因为电压可能会超过所允许的最大电压。

⑫ 当万用表或测试表笔线损坏时，不要使用该万用表。

⑬ 当万用表外壳或电池盖已经打开时，不要使用该万用表。

⑭ 万用表内部的熔丝应使用指定额定值与类型的熔丝，不要使用其他替代物或将熔丝短路。

⑮ 进行测量时，需要将手指保持在表笔的手指保护翼后面。

⑯ 切换功能或量程时，需要将测试表笔从电路中断开。

⑰ 开始测量前，需要确保万用表的功能、量程已经进行了适当的设置。

⑱ 不要在万用表潮湿时或用湿手操作万用表。

⑲ 需要使用指定型号的万用表测试表笔。

⑳ 除了更换电池、熔丝以外，不要打开万用表外壳。

㉑ 为了确保安全和保持精确度，使用期间需要对万用表进行一次以上校准、检验。

㉒ 有的万用表仅限于室内使用。

㉓ 选择、使用万用表时，需要注意不要超过万用表的过载保护最大输入值，也就是不同万用表信号输入端与 COM 端间的最大电压是有规定的。某万用表的过载保护最大输入值见表 6-5。

表 6-5　某万用表的过载保护最大输入值（容量 6kV·A 以内）

功能		输入端子	过载保护最大输入[①]	
DCV	1000V	$\left[\dfrac{COM}{-}\right]\cdot\left[\dfrac{V\cdot A\cdot\Omega}{+}\right]$	DC·AC1000V 或峰值 V_{p-p}1400V	
ACV	750V			
DCV ACV	1.2/3/12/30V		DC·AC240V 或峰值 V_{p-p}340V	
	120/300V		DC·AC750V 或峰值 V_{p-p}1100V	
DCV	0.3V		DC·AC50V 或峰值 V_{p-p}70V	
DCA	0.12μA			
	0.3/3mA		DC·AC10mA	DC·AC100V 或峰值 V_{p-p}140V[②]
	30/300mA		DC·AC500mA	
Ω	×1～×100kΩ		DC·AC50V 或峰值 V_{p-p}P70V[②、③]	
DCA	6A	$\left[\dfrac{COM}{-}\right]\cdot\left[\dfrac{DC6A}{AC6A}\right]$	DC·AC20A[④]	
ACA	6A			

① 过载保护最大输入值的信号施加时间为 5s 以内，并且交流电压信号波形为正弦波。

② 对电压的过电压保护电器是熔断器（500mA）与二极管。

③ 对电压的过电压保护电器是熔断器（500mA）与二极管，但是输入信号的时序（直流信号的极性）有时会导致电阻等器件损坏。

④ 过载保护电器是熔断器（6.3A）。

知识贴士　针对使用情况，选择具体类型的万用表。万用表有通用型、高灵敏度型等。有的万用表是面向小容量电路而设计的高灵敏度万用表，其主要用于测量小型通信设备、家电产品的各部分电压，电灯线、电池的电压，反复出现的电压波形峰值，微安级别的微小电流。

6.5.12　数字万用表的使用注意事项

数字万用表的使用注意事项如下。

① 为避免电击、人员伤害，使用数字万用表前，应掌握数字万用表的安全信息、警

告及注意点、使用方法等知识。

② 如果数字万用表损坏，不应使用。

③ 使用数字万用表前，应检查外壳、接线端子旁的绝缘等。

④ 使用数字万用表前，应使用万用表测量一个已知电压来确认万用表是正常的。

⑤ 测量电流时，连接数字万用表到电路前，需要关闭电路的电源。

⑥ 测量有效值为 30V 的交流电压、峰值达 42V 的交流电压或者 60V 以上的直流电压时，需要特别注意，因为使用该类电压有产生电击的危险。

⑦ 使用数字万用表前，检查表笔是否有损坏的绝缘或裸露的金属，以及检查表笔的通断。若表笔损坏，则需要更换表笔。

⑧ 当非正常使用数字万用表后，不要再使用，因为其保护电路有可能失效。怀疑有问题时，需要将数字万用表送修。

⑨ 一般数字万用表勿在爆炸性气体、水蒸气或多尘的环境中使用。

⑩ 有的数字万用表使用时，需要保持手指一直在表笔的挡板之后。

⑪ 测量时，在连接红色表笔前，需要先连接黑色表笔（公共端）。当断开连接时，需要先断开红色表笔再断开黑色表笔。

⑫ 数字万用表的外壳打开或者松动时，不要使用该数字万用表。

⑬ 为避免得到错误的读数而导致电击危险或人员伤害，需要在数字万用表指示低电压 时，马上更换电池。

⑭ 测量时，不得超过数字万用表的限制电压与电压的类别。

⑮ 不要在功能开关处于 Ω 的位置时将电压源接入。

⑯ 不要施加超过最高额定输入值的输入信号。

⑰ 有的万用表不能测量与会产生感应电压或浪涌电压的设备相连的导线的电压，因为电压可能会超过所允许的最大电压。

⑱ 当万用表或测试表笔线损坏时，不要使用该万用表。

⑲ 切换功能或量程时，应将测试表笔从电路中断开。

⑳ 开始测量前，应确保万用表的功能、量程已经进行了适当的设置。

㉑ 不要在万用表潮湿时或用湿手操作万用表。

㉒ 应使用指定型号的万用表测试表笔。

㉓ 测量逆变器时，有的万用表可能无法正确测量或有误动作发生。

㉔ 测量变频器时，有的万用表可能会发生误动作。

㉕ 测量正弦波之外的交流波形时，有的万用表表示值会比较小，注意不要测量过载信号。

㉖ 为了确保安全和保持精确度，使用期间需要对万用表进行一次以上校准、检验。

㉗ 有的万用表仅限于室内使用。

㉘ 针对使用情况，选择具体类型的万用表。有的便携式数字万用表主要用于测量弱电电路。其不仅可以对小型通信设备、家用电器、墙壁插座的电压、多种类型的电池进行测量，还有其他附加功能，有助于进行电路分析。有的数字万用表为用于测量低压电路而

设计的数字万用表。

㉙ 选择、使用万用表时，应注意不要超过万用表的过载保护最大输入值。某款数字万用表的过载保护最大输入值见表 6-6。

表 6-6　某款数字万用表的过载保护最大输入值

功能	测量插孔	最大额定输入值	最大过载保护输入值
V	V/ADP/Ω/•))) /→┠/ ┨/TEMP/Hz・COM	DC・AC1000V	1050Vrms，1450V（峰值）
ADP		DC・AC400V	600VDC/ACrms
Ω・•)))・→┠ ┨・TEMP		⚠禁止施加电压或电流输入	
Hz		20VACrms	
μA・mA	μA/mA・COM	DC・AC400mA	0.63A/500V 熔丝熔断容量：200kA
A	A・COM	DC・AC10A（10A 量程可进行连续测量）	12.5A/500V 熔丝熔断容量：20kA

另外某款数字万用表的过载保护最大输入值见表 6-7。

表 6-7　另外某款数字万用表的过载保护最大输入值

功能	输入端子	最大输入值	最大过载保护值
DCV・ACV	红表笔 + 黑表笔 −	DC/AC600V	DC/AC600V
Hz/Duty			
Ω/•)))/→┠		禁止输入电流、电压	
电容			
DCA・ACA	钳式电流探头	禁止输入电压	DC/AC100A

知识贴士　当在变压器、高电流电路和无线电设备附近进行测量时，由于存在强磁场或强电场，测量结果可能会不正确。

6.6　电气调试的基础

6.6.1　电气调试的内容

电气调试，就是当电气设备安装工作结束后，根据有关的规范、规程、技术要求，逐项对各个设备进行调整试验，并且检验安装质量、检验产品质量是否符合有关技术要求，以及得出是否适合投入正常运行等结论与任务。

电气调试可以防患于未然，是保证电气系统的安全与经济运行的重要措施之一。

电气调试的分类如下。

① 根据试验性质、调试本身所起到作用的不同，电气调试一般分为绝缘试验、特性试验、系统整组试验。

② 根据试验目的不同，电气调试可以分为交接试验、预防性试验。

电气调试的内容主要包括电气试验、电气调整、试运转等。其中，电气试验的特点、分类如图6-38所示。在施工作业中，涉及的电气试验项目主要包括绝缘性能试验、电气特性试验、系统调试等。

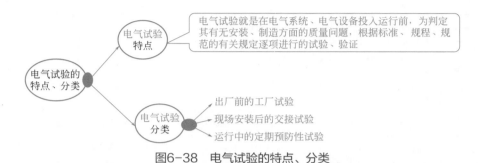

图6-38　电气试验的特点、分类

电气调整就是在电气系统投入运行前，为了保证电气系统能够正常运行而对其接线进行核查，对系统中电气设备、电器以及元器件的特性、参数等，根据图中的规定值进行整定，使其符合要求，以确保电气系统能够长期安全运行的一项工作。

试运转就是在试验、系统调试工作全部完成后，电气设备、电气系统已经具备了投入使用条件，在该条件下正常投入运行的一项工作。

知识贴士 试运转也就是运行一定的时间，以验证试验、调整工作的质量，以及再次确认被试设备能够正常投入运行的一项工作。

6.6.2　电气调试的总体要求

电气调试的总体要求如下。

① 掌握有关试验检验规程、试验标准、管理规程、设备资料、调试方案等。

② 在维护、检修、交接工作中，有关人员应执行检修、运行有关规定，坚持预防为主，积极改进设备，使设备能长期、安全、经济地运行。

③ 坚持科学的态度，对调试结果全面、正确地进行综合分析，以便掌握设备性能变化规律、趋势。

④ 加强技术管理，健全资料档案管理，不断提高调试水平，适应调试要求。

⑤ 根据实际情况，采用单独调试、整体调试，并且形成调试记录。

⑥ 调试的方法、参数、安全措施等均应符合要求。

知识贴士 调试人员应非常熟悉有关规程，掌握各种试验方法，善于处理调试中具体问题，不断提高对调试结果的分析判断能力、分析电气设备绝缘事故的能力、资料积累能力、交接能力等。

6.6.3　电气调试的调试条件与准备工作

电气调试的调试条件如下。

① 新安装的待试设备应符合规程所规定的工艺、技术要求，经验收合格，达到调试要求。

② 待试设备的周围环境应初步具备运行条件，不能再因其他工作对其造成可能的损坏。

③ 严重受潮的电机等设备调试时，应经干燥处理后再进行调试。

电气调试的准备工作如下。

① 调试前，应搞清楚被试设备的安装位置、周围环境、型号、规格、运行历史、曾发生故障的信息。

② 查看说明书、过去的试验报告、调试说明等。

③ 熟悉调试标准或规程。

④ 拟定调试方案。调试方案内容包括调试目的、标准、接线、调试设备、调试方法、调试步骤、注意事项、安全措施、调试人员分工、预期结果、特别调试注意点等。

⑤ 设想调试中可能出现的不安全因素，应制定有效防止措施。

⑥ 技术负责人对调试人员进行技术交底。

⑦ 选择合适的调试设备、仪器、仪表，准备好调试用记录表与确定记录人员。

知识贴士　有的调试应事先对参加调试人员进行明确、交代等，以便有条不紊地进行调试。

6.6.4　电气调试的安全注意事项概述

电气调试的安全注意事项如图 6-39 所示。

6.6.5　电气设备常见项目概述

电气设备单体调试常见项目如下。

① 变压器、电抗器、互感器、避雷器等电气设备调试。

② 低压配电装置、馈电线路等的调试。

③ 电能计量装置、电测量指示仪表的调试。

④ 断路器、隔离开关、负荷开关等开关设备的调试。

⑤ 继电保护、安全自动装置的调试。

⑥ 检查所有回路与设备的绝缘情况。

⑦ 接地装置、绝缘装置的调试。

电气调试项目的特点如图 6-40 所示。

① 无电当作有电看，要先验电，以确保安全

② 停电后再验电，要养成习惯

③ 变频器在刚切断电源后，直流母线上也带电。电容放电有一个过程

④ 变频器在切断电源后不能立即送电

⑤ 通电试车必须确认被试环节内有无工作人员，安全第一

⑥ 如果电动机的启动对电网有较大影响，启动前应通知相关供电部门

⑦ 在对大型电动机送电前应制定必要的送电方案(包括安全措施)

⑧ 机械试车时，要听从机装指定的专人指挥

⑨ 送电时，应先送主电源，然后送操作电源，切断时则反之

⑩ 电动机在驱动风机、水泵类负载机械时，要关闭闸门启动

⑪ 电气调试人员要分工负责，要准备必需的安全用具

⑫ 确保调试过程中各个岗位畅通联系

电气调试的安全注意事项

⑬ 调试过程中，操作人员必须坚守岗位，准备随时紧急停车

⑭ 电气调试中必须准确记录各项参数，做好电气调试记录

⑮ 注意静电对电子电气设备的影响，不要用手去摸电路板

⑯ 不要让异物掉入电气设备的内部

⑰ 调试时要采取必要的防护措施

⑱ 受湿受潮的设备不能进行调试

⑲ 要注意转动的部分有危险存在，不能在旋转部位停留，也不能在有危险隐患部位停留

⑳ 上下攀爬梯子时一定要抓稳扶牢

㉑ 不能用身体触及带电部位

㉒ 电气调试时，调试工具要固定好，避免工具掉落伤人

㉓ 对电气设备调试中潜在的可能危险要有充分的认识，并有适当的应急措施和防护措施

㉔ 防止设备短路，防止火灾

㉕ 不能在电气调试时嬉戏打闹

图6-39 电气调试的安全注意事项

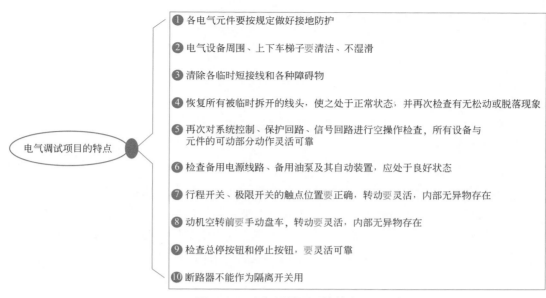

图6-40　电气调试项目的特点

6.6.6　试验调整工作的步骤、注意事项

试验调整工作的步骤如图 6-41 所示。

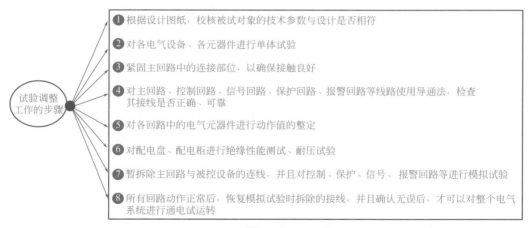

图6-41　试验调整工作的步骤

试验调整工作的注意事项如下。

① 应由两个以上技术熟练的人共同来完成。

② 电气设备的绝缘测试、耐压试验应在干燥晴朗天气情况下进行，试验时环境温度不得低于 +5℃。

③ 单体试验前应先进行绝缘电阻测试。

④ 耐压试验前后，均应测量其绝缘电阻，以比较、确定电气设备的绝缘变化情况。

⑤ 做好原始记录，并且要求准确记录当时相关参数等资料。

6.6.7 试运转的要求与项目

电气设备试运转的要求如下。

① 低压电器调试前，应做好防护、清理工作。

② 操作时，应穿绝缘鞋、戴绝缘手套。

③ 由丰富试运转经验的专业技术人员组成试运转小组。

④ 试车现场应悬挂标志牌，设置遮栏。

⑤ 遵守电气安全工作规程。

⑥ 送电前，应检查送电线路与受电设备的连接情况，以免造成误送电。

⑦ 严格根据送受电步骤进行操作，不允许在变压器二次侧带负荷的情况下送电。

⑧ 试运转过程中，如果发现异常现象，则应立即停止运转，并且迅速切断电源。

⑨ 试运转时，应严密监视电气设备、系统运行中的电压、电流等参数情况，以及形成记录。

电气调试通用项目如图 6-42 所示。

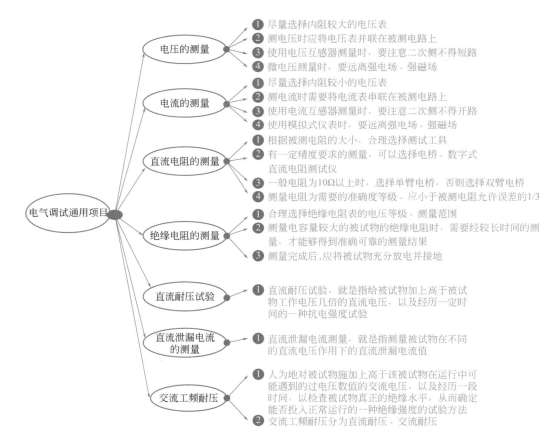

图6-42 电气调试通用项目

知识贴士 对不同电压等级的被试物，施加不同的试验电压值，可以有效地检测出被试物绝缘受潮情况、局部缺陷等情况。

6.7 具体调试

6.7.1 电动机单向运行控制电路的调试

现以电动机单向运行控制电路为例进行介绍。电动机电气控制电路如图 6-43 所示。

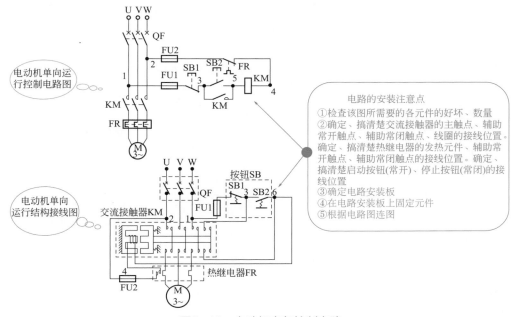

图6-43 电动机电气控制电路

简单的电气电路，只需对照控制电路图、接线图逐一检查即可，必要时采用万用表来检查。

通电调试前经检查无误后，才能够通电调试。

①合上 QF，接通电源。

② 按下启动按钮 SB2，接触器应得电吸合，电动机应连续运转。

③按下停止按钮 SB1，接触器应失电断开，电动机应停转。

6.7.2 并励直流电动机正反转控制电路的调试

并励直流电动机正反转控制电路的安装如图 6-44 所示。

图6-44 并励直流电动机正反转控制电路的安装

并励直流电动机正反转控制电路的试车如图 6-45 所示。

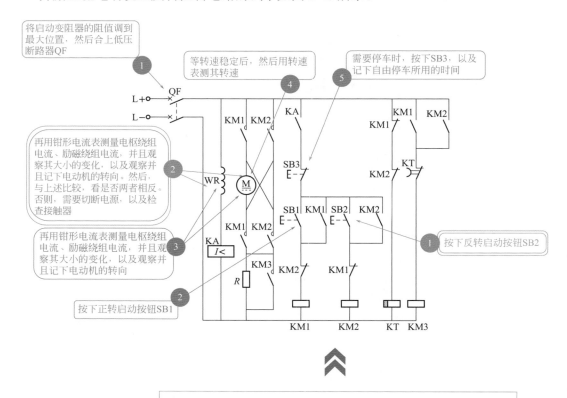

图6-45　并励直流电动机正反转控制电路的试车

6.7.3　避雷器的试验

对于运行中的避雷器，需要进行经常性的监视与定期的预防性试验，具体如下。

① 对于电站型碳化硅避雷器、金属氧化物避雷器，应安装动作次数记录装置，以监视避雷器的动作频繁程度。

② 碳化硅避雷器预防性试验项目、周期、标准应根据电气预防性试验规程等要求进行。

③ 应采用适当的仪器，定期测量运行中的金属氧化物避雷器的持续电流、功率损耗，以判断氧化锌电阻片性能是否稳定。

④ 通过检测发现性能参数超出规定者，应退出运行。

6.7.4　RCD的电气调试

安装 RCD 后，需要对原有的线路、设备的接地保护措施，根据相关要求进行检查、调整。

RCD 电气调试的特点、要求如下。

① RCD 投入运行前，需要操作试验按钮，检验 RCD 工作特性。只有在确认能够正常动作后，才允许投入正常运行。

② RCD 安装后的检验项目如图 6-46 所示。

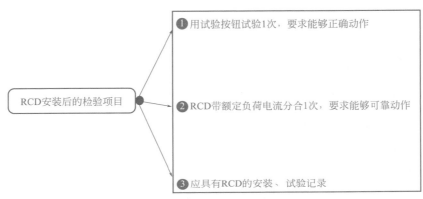

图6-46　RCD安装后的检验项目

RCD 的运行、管理项目、要求如下。

① RCD 投入运行后，需要定期操作试验按钮，以确认其动作特性正常。在雷击活动期、用电高峰期，要增加试验次数。

② 电子式 RCD 工作年限一般为 6 年，超过规定年限应进行全面检测。根据检测结果，决定是否继续运行。

③ 定期对 RCD 进行动作特性试验，项目包括测试剩余动作电流值、测试分断时间、测试极限不驱动时间等。

④ 一般采用专用测试仪器检验剩余电流动作保护装置在运行中的动作特性及其变化。

⑤ 对于手持式电动工具、移动式电气设备、不连续使用的 RCD，要在每次使用前进行试验。

⑥ 因各种原因停运的 RCD 再次使用前，要进行动作特性试验。

> **知识贴士**　对剩余电流断路器、剩余电流继电器和接触器、断路器组成的组合式电器，除了定期进行剩余电流动作试验外，对断路器、接触器部分需要根据有关规程进行检查维护。

6.7.5　星-三角启动器的检查、调整要求

星 - 三角启动器的检查、调整要求如图 6-47 所示。

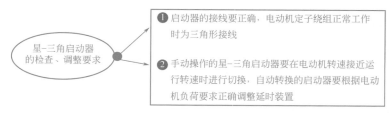

图6-47　星-三角启动器的检查、调整要求

变阻式启动器的变阻器安装后，要检查其电阻切换程序、灭弧装置、启动值，并要符合设计要求或产品技术文件的要求。

6.8　建筑电气调试

6.8.1　建筑电气通电试运行

建筑电气通电试运行的特点、要求如下。

① 照明系统通电试运行时需要检查的内容如图 6-48 所示。

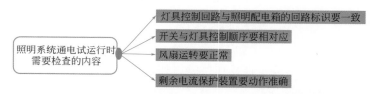

图6-48　照明系统通电试运行时需要检查的内容

② 公用建筑照明系统通电连续试运行时间应为 24h。

③ 民用住宅照明系统通电连续试运行时间应为 8h。

④ 试运行时，所有照明灯具均要开启，且每 2h 记录运行状态 1 次，连续试运行时间内无故障。

⑤ 有自控要求的照明工程，要先进行就地分组控制试验，后进行单位工程自动控制试验，试验结果需要符合设计要求。

照明系统通电试运行后，三相照明配电干线的各相负荷宜分配平衡，其最小相负荷一般不宜小于三相负荷平均值的85％，最大相负荷一般不宜超过三相负荷平均值的115％。

6.8.2　建筑电气照度与功率密度值测量

建筑电气照度与功率密度值测量如下。

① 对于道路、广场的照度测量，可以采用能读到 0.1lx 的照度计来测量。

② 室内照度测量一般宜采用准确度为二级以上的照度计来测量。

③ 室外照度测量一般宜采用准确度为一级的照度计来测量。

④ 照明质量有特定要求的场所，一般需要委托有资质的专业检测机构进行检测。

⑤ 照度测量时需要等光源的光输出稳定后进行测量，并且符合相关规定，如图6-49所示。

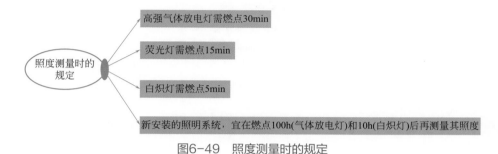

图6-49 照度测量时的规定

⑥ 照度和功率密度值测量记录的内容如图6-50所示。

图6-50 照度和功率密度值测量记录的内容

知识贴士 有照度、功率密度测试要求时，应在无外界光源的情况下，测量并记录被检测区域内的平均照度和功率密度值，每种功能区域检测不少于2处。照度值不得小于设计值，功率密度值应符合现行国家标准有关规定或设计要求。

6.8.3 建筑电气工程的交接验收

建筑电气工程的交接验收如下。

① 其建筑电气工程交接验收时需要检查的项目如图6-51所示。

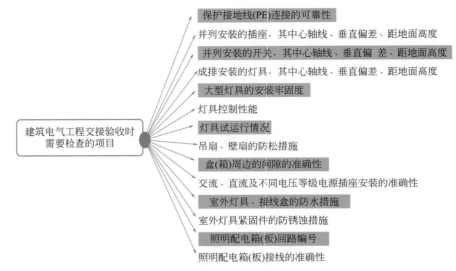

图6-51 建筑电气工程交接验收时需要检查的项目

② 建筑电气工程交接验收时需要提交的技术资料与文件，如图 6-52 所示。

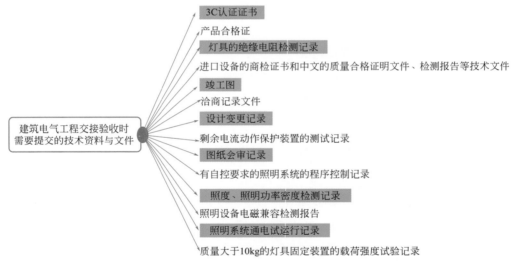

图6-52 建筑电气工程交接验收时需要提交的技术资料与文件

6.8.4 暗装家用配电箱的试验

暗装家用配电箱的试验如下。

① 断路器接线完毕投入使用前，需要通过操作断路器上的试验按钮，模拟检查发生漏电时能否正常动作。即按动断路器上的试验按钮，断路器应能瞬时跳闸切断电源。试验时，应在确保安全的情况下进行。

② 以后在使用过程中，告诉业主需要定期（一般是每 1 个月 1 次）操作试验按钮，检查断路器的保护功能是否正常。

6.9 消防电气调试

6.9.1 电气火灾监控设备的调试

电气火灾监控设备的调试如下。

① 电气火灾监控设备调试时，应切断电气火灾监控设备的所有外部控制连线，并且将任一备调总线回路的电气火灾探测器与监控设备相连接，接通电源，使监控设备处于正常监视状态。

图6-53　电气火灾监控设备的主要功能

② 对电气火灾监控设备的主要功能（图6-53）进行检查并记录。

③ 依次将其他回路的电气火灾探测器与监控设备连接好，使监控设备处于正常的监视状态，并且对监控设备进行功能检查并记录。

6.9.2 电气火灾监控探测器的调试

电气火灾监控探测器的调试如下。

① 对剩余电流式电气火灾监控探测器、测温式电气火灾监控探测器、故障电弧探测器、具有指示报警部位功能的线型感温火灾探测器的监控报警功能进行检查并记录。

② 电气火灾监控探测器的监控报警功能应符合有关的规定、要求，见表6-8。

表6-8　电气火灾监控探测器的监控报警功能应符合的规定、要求

项目	规定、要求
测温式电气火灾监控探测器	① 应根据设计文件的规定进行报警值设定 ② 应采用发热试验装置给监控探测器加热到设定的报警温度，探测器的报警确认灯应在40s内点亮并保持 ③ 监控设备的监控报警、信息显示功能应符合有关规定，并且同时监控设备应显示发出报警信号探测器的报警值
故障电弧探测器	① 应切断探测器的电源线、被监测线路，将故障电弧发生装置接入探测器，并且接通探测器的电源，使探测器处于正常监视状态 ② 应操作故障电弧发生装置，在1s内产生9个及以下半周期故障电弧，探测器不应发出报警信号 ③ 应操作故障电弧发生装置，在1s内产生14个及以上半周期故障电弧，探测器的报警确认灯应在30s内点亮并保持 ④ 监控设备的监控报警、信息显示功能要符合有关规定
具有指示报警部位功能的线型感温火灾探测器	① 应在线型感温火灾探测器的敏感部件随机选取3个非连续检测段，每个检测段的长度为标准报警长度，并且采用专用的检测仪器或模拟火灾的方法，分别给每个检测段加热到设定的报警温度，探测器的火警确认灯要点亮并且保持，以及指示报警部位 ② 监控设备的监控报警、信息显示功能应符合有关规定
探测器的监控报警	① 应根据设计文件的规定进行报警值设定 ② 应采用剩余电流发生器对探测器施加报警设定值的剩余电流，探测器的报警确认灯要在30s内点亮并保持 ③ 监控设备的监控报警、信息显示功能应符合有关规定，并且同时监控设备应显示发出报警信号探测器的报警值

6.9.3　消防设备电源监控系统的调试

消防设备电源监控系统的调试如下。

① 应将任一备调总线回路的传感器与消防设备电源监控器相连接，并且接通电源，使监控器处于正常监视状态。

② 应对消防设备电源监控器的主要功能进行检查、记录，其应符合的规定、要求如图 6-54 所示。

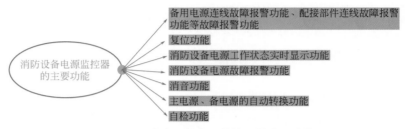

图6-54　消防设备电源监控器的主要功能

③ 依次将其他回路的传感器与监控器相连接，使监控器处于正常监视状态，并且在备电工作状态下，根据有关规定，对监控器进行功能检查、记录。

6.9.4　消防设备应急电源、图形显示与传输设备的调试

应将消防设备与消防设备应急电源相连接，接通消防设备应急电源的主电源，使消防设备应急电源处于正常工作状态。

应将消防控制室图形显示装置与火灾报警控制器、消防联动控制器等设备相连接，并且接通电源，使消防控制室图形显示装置处于正常监视状态。

应将传输设备与火灾报警控制器相连接，并且接通电源，使传输设备处于正常监视状态，以及对传输设备主要功能进行检查、记录。

消防设备应急电源、图形显示与传输装置的调试功能，见表 6-9。

表 6-9　消防设备应急电源、图形显示与传输装置的调试功能

项目	调试功能
消防设备应急电源	① 故障报警功能 ② 消音功能 ③ 正常显示功能 ④ 转换功能
消防控制室图形显示装置、传输设备	① 保护对象的建筑平面图显示功能 ② 复位功能 ③ 建筑总平面图显示功能 ④ 通信故障报警功能 ⑤ 系统图显示功能 ⑥ 消音功能 ⑦ 信号接收、显示功能 ⑧ 信息记录功能

项目	调试功能
传输设备调试	① 复位功能 ② 故障报警功能 ③ 手动报警功能 ④ 消音功能 ⑤ 信号接收和显示功能 ⑥ 主电源、备电源的自动转换功能 ⑦ 自检功能

6.9.5　火灾警报、消防应急广播系统的调试

火灾警报、消防应急广播系统的调试特点、要求见表 6-10。

表 6-10　火灾警报、消防应急广播系统的调试特点、要求

项目	调试特点、要求
火灾警报、消防应急广播	① 将广播控制设备与消防联动控制器相连接，使消防联动控制器处于自动状态，并且根据系统联动控制逻辑设计文件的规定，对火灾警报、消防应急广播系统的联动控制功能进行检查、记录 ② 使报警区域内符合联动控制触发条件的两个火灾探测器，或一个火灾探测器和一个手动火灾报警按钮发出火灾报警信号 ③ 消防联动控制器应发出火灾警报装置与应急广播控制装置动作的启动信号，点亮启动指示灯 ④ 消防应急广播系统与普通广播系统或背景音乐广播系统合用时，消防应急广播控制装置需要停止正常广播 ⑤ 报警区域内所有的火灾声光警报器、扬声器应同时启动，持续工作 8 ～ 20s 后，所有的火灾声光警报器应同时停止警报。警报停止后，所有的扬声器应同时进行 1 ～ 2 次消防应急广播，每次广播 10 ～ 30s 后，所有的扬声器应停止播放广播信息 ⑥ 消防控制器图形显示装置应显示火灾报警控制器的火灾报警信号、消防联动控制器的启动信号，并且显示的信息需要与控制器的显示一致 ⑦ 联动控制功能检查过程中，在报警区域内所有的火灾声光警报器或扬声器持续工作时，对系统的手动插入操作优先功能进行检查、记录
火灾声光警报器	① 对火灾声光警报器的火灾声警报功能、火灾光警报功能进行检查、记录 ② 操作控制器使火灾声警报器启动 ③ 警报器生产企业声称的最大设置间距、距地面 1.5 ～ 1.6m 位置处，声警报的 A 计权声压级应大于 60dB。当环境噪声大于 60dB 时，声警报的 A 计权声压级应高于背景噪声 15dB ④ 带有语音提示功能的声警报器应能清晰播报语音信息 ⑤ 在正常环境光线下，警报器的光信号在警报器生产企业声称的最大设置间距处需要清晰可见
消防应急广播控制设备	① 将各广播回路的扬声器与消防应急广播控制设备相连接，并且接通电源，使消防应急广播控制设备处于正常工作状态，以及对消防应急广播控制设备的主要功能进行检查、记录 ② 消防应急广播控制设备的主要功能包括自检功能、主 / 备电源的自动转换功能、故障报警功能、消音功能、现场语言播报功能、应急广播启动功能、应急广播停止功能等
扬声器	① 对扬声器的广播功能进行检查、记录 ② 操作消防应急广播控制设备使扬声器播放应急广播信息 ③ 语音信息应清晰 ④ 扬声器生产企业声称的最大设置间距，距地面 1.5 ～ 1.6m 位置处，应急广播的 A 计权声压级应大于 60dB。如果环境噪声大于 60dB，则应急广播的 A 计权声压级应高于背景噪声 15dB

知识贴士 联动控制功能系统的手动插入操作优先功能需要符合的规定如下。

① 手动操作消防联动控制器总线控制盘上火灾警报或消防应急广播停止控制按钮、按键，报警区域内所有的火灾声光警报器或扬声器应停止正在进行的警报或应急广播。

② 手动操作消防联动控制器总线控制盘上火灾警报或消防应急广播启动控制按钮、按键，报警区域内所有的火灾声光警报器或扬声器应恢复警报或应急广播。

6.9.6　防火卷帘系统的调试

应将防火卷帘控制器与防火卷帘卷门机、手动控制装置、火灾探测器相连接，并且接通电源，使防火卷帘控制器处于正常监视状态，以及对防火卷帘控制器的主要功能进行检查、记录。

应对防火卷帘控制器配接的点型感烟探测器、感温火灾探测器的火灾报警功能，防火卷帘控制器的控制功能进行检查、记录。

应对防火卷帘手动控制装置的控制功能进行检查、记录。

应使防火卷帘控制器与卷门机相连接，使防火卷帘控制器与消防联动控制器相连接，并且接通电源，使防火卷帘控制器处于正常监视状态，使消防联动控制器处于自动控制工作状态。

应使消防联动控制器处于手动控制工作状态，对防火卷帘的手动控制功能进行检查、记录。

防火卷帘系统的调试特点、要求见表 6-11。

表 6-11　防火卷帘系统的调试特点、要求

项目	细项目	调试特点、要求
防火卷帘控制器的调试	主要功能	① 故障报警功能 ② 手动控制功能 ③ 速放控制功能 ④ 消音功能 ⑤ 主电源、备电源的自动转换功能 ⑥ 自检功能
防火卷帘控制器现场部件调试	卷帘控制器的控制功能要求	① 采用专用的检测仪器或模拟火灾的方法，使探测器监测区域的烟雾浓度、温度达到探测器的报警设定阈值，探测器的火警确认灯应点亮并保持 ② 防火卷帘控制器应在 3s 内发出卷帘动作声、光信号，控制防火卷帘下降到距楼板面 1.8m 处或楼板面
	手动控制装置的控制功能	① 手动操作手动控制装置的防火卷帘下降、停止、上升控制按键（钮） ② 防火卷帘控制器应发出卷帘动作声、光信号，以及控制卷帘执行相应的动作
疏散通道上设置的	防火卷帘系统的联动控制功能（不配接火灾探测器）	① 应使一个专门用于联动防火卷帘的感烟火灾探测器，或报警区域内符合联动控制触发条件的两个感烟火灾探测器发出火灾报警信号。系统设备的功能应符合的规定：消防联动控制器应发出控制防火卷帘下降到距楼板面 1.8m 处的启动信号，点亮启动指示灯。防火卷帘控制器应控制防火卷帘下降到距楼板面 1.8m ② 应使一个专门用于联动防火卷帘的感温火灾探测器发出火灾报警信号。系统设备的功能应符合的规定：消防联动控制器应发出控制防火卷帘下降到楼板面的启动信号，防火卷帘控制器应控制防火卷帘下降到楼板面。消防联动控制器应接收并显示防火卷帘下降到距楼板面 1.8m 位置、楼板面的反馈信号 ③ 消防控制器图形显示装置应显示火灾报警控制器的火灾报警信号、消防联动控制器的启动信号、设备动作的反馈信号，并且显示的信息需要与控制器的显示一致

项目	细项目	调试特点、要求
疏散通道上设置的	防火卷帘系统的联动控制功能（配接火灾探测器）	① 应使一个专门用于联动防火卷帘的感烟火灾探测器发出火灾报警信号。防火卷帘控制器应控制防火卷帘下降到距楼板面 1.8m 位置 ② 应使一个专门用于联动防火卷帘的感温火灾探测器发出火灾报警信号。防火卷帘控制器应控制防火卷帘下降到楼板面 ③ 消防联动控制器应接收并显示防火卷帘控制器配接的火灾探测器的火灾报警信号、防火卷帘下降到距楼板面 1.8m 位置、楼板面的反馈信号 ④ 消防控制器图形显示装置应显示火灾探测器的火灾报警信号、设备动作的反馈信号，并且显示的信息需要与消防联动控制器的显示一致
非疏散通道上设置的	防火卷帘系统的联动控制功能	① 应使报警区域内符合联动控制触发条件的两个火灾探测器发出火灾报警信号 ② 消防联动控制器应发出控制防火卷帘下降到楼板面的启动信号，点亮启动指示灯 ③ 防火卷帘控制器应控制防火卷帘下降至楼板面 ④ 消防联动控制器应接收并显示防火卷帘下降到楼板面的反馈信号 ⑤ 消防控制器图形显示装置应显示火灾报警控制器的火灾报警信号、消防联动控制器的启动信号、设备动作的反馈信号，并且显示的信息应与控制器的显示一致
	防火卷帘的手动控制功能	① 手动操作消防联动控制器总线控制盘上的防火卷帘下降控制按钮、按键，对应的防火卷帘控制器应控制防火卷帘下降 ② 消防联动控制器应接收并显示防火卷帘下降到楼板面的反馈信号

6.9.7 防火门监控系统的调试

防火门监控系统一般由防火门监控器、监控模块、防火门定位与释放装置等组成。

应将任一备调总线回路的监控模块与防火门监控器相连接，并且接通电源，使防火门监控器处于正常监视状态，以及对防火门监控器主要功能进行检查、记录。然后，依次将其他总线回路的监控模块与防火门监控器相连接，使监控器处于正常监视状态，在备电工作状态下，根据相关规定，对监控器进行功能检查、记录。

应对防火门监控器配接的监控模块的离线故障报警功能进行检查、记录，以及要符合有关规定。

应对常闭防火门监控模块的防火门故障报警功能进行检查、记录，以及要符合有关规定。

应对常开防火门监控模块的启动功能、反馈功能进行检查、记录，常开防火门监控模块的启动功能、反馈功能需要符合有关规定。

应对监控模块的连接部件断线故障报警功能进行检查、记录，监控模块的连接部件断线故障报警功能需要符合有关规定。

应使防火门监控器与消防联动控制器相连接，使消防联动控制器处于自动控制工作状态，以及根据系统联动控制逻辑设计文件的规定，对防火门监控系统的联动控制功能进行检查、记录，防火门监控系统的联动控制功能需要符合有关规定。

防火门监控系统的调试特点、要求见表 6-12。

表 6-12　防火门监控系统的调试特点、要求

项目	细项目	调试特点、要求
防火门监控器调试	功能	① 自检功能 ② 主电源、备电源的自动转换功能 ③ 备电源连线故障报警功能 ④ 配接部件连线故障报警功能 ⑤ 消音功能 ⑥ 启动、反馈功能 ⑦ 防火门故障报警功能
防火门监控器现场部件调试	现场部件的离线故障报警功能应符合的规定	① 应使监控模块处于离线状态 ② 监控器应发出故障声、光信号 ③ 监控器应显示故障部件的类型、地址注释信息，并且监控器显示的地址注释信息应符合有关规定
	常闭防火门监控模块的防火门故障报警功能应符合的规定	① 应使常闭防火门处于开启状态 ② 监控器应发出防火门故障报警声、光信号，并且显示故障防火门的地址注释信息，以及监控器显示的地址注释信息需要符合有关规定
	常开防火门监控模块的启动功能、反馈功能应符合的规定	① 应操作防火门监控器，使监控模块动作 ② 监控模块应控制防火门定位装置、释放装置动作，常开防火门需要完全闭合 ③ 监控器应接收并显示常开防火门定位装置的闭合反馈信号、释放装置的动作反馈信号，并且显示发送反馈信号部件的类型、地址注释信息，以及监控器显示的地址注释信息应符合有关规定
	监控模块的连接部件断线故障报警功能应符合的规定	① 应使监控模块与连接部件间的连接线断路 ② 监控器应发出故障声、光信号 ③ 监控器应显示故障部件的类型、地址注释信息，以及监控器显示的地址注释信息需要符合有关规定
防火门监控系统联动控制调试	防火门监控系统的联动控制功能应符合的规定	① 应使报警区域内符合联动控制触发条件的两个火灾探测器，或一个火灾探测器和一个手动火灾报警按钮发出火灾报警信号 ② 消防联动控制器应发出控制防火门闭合的启动信号，点亮启动指示灯 ③ 防火门监控器应控制报警区域内所有常开防火门关闭 ④ 防火门监控器应接收并显示每一常开防火门完全闭合的反馈信号 ⑤ 消防控制器图形显示装置应显示火灾报警控制器的火灾报警信号、消防联动控制器的启动信号、受控设备的动作反馈信号，以及显示的信息需要与控制器的显示一致

知识贴士　疏散通道上的防火门有常闭型、常开型。其中，常闭型防火门有人通过后，闭门器将门关闭，不需要联动。常开型防火门平时开启。常开防火门所在防火分区内的两个独立的火灾探测器或一个火灾探测器与一个手动火灾报警按钮的报警信号，作为常开防火门关闭的联动触发信号。联动触发信号一般由火灾报警控制器或消防联动控制器发出。防火门监控器主要是用于监控防火门的专用设备。

6.9.8　气体、干粉灭火系统的调试

气体灭火控制器连接的现场部件一般由现场启动 / 停止按钮、现场手动 / 自动转换装置、火灾声光警报器、气体喷洒指示灯、模块和启动喷洒装置组成。

对不具有火灾报警功能的气体、干粉灭火控制器，应切断驱动部件与气体灭火装置间的连接，使气体、干粉灭火控制器与消防联动控制器相连接，并且接通电源，使气体、干

粉灭火控制器处于正常监视状态。对气体、干粉灭火控制器的主要功能进行检查、记录，以及控制器的功能符合有关规定。

对具有火灾报警功能的气体、干粉灭火控制器，应切断驱动部件与气体灭火装置间的连接，使控制器与火灾探测器相连接，并且接通电源，使控制器处于正常监视状态。对控制器主要功能进行检查、记录，以及控制器的功能符合有关规定。

对气体、干粉灭火控制器现场部件进行调试，并且进行检查、记录，以及其功能符合有关规定。

气体、干粉灭火系统的调试特点、要求见表6-13。

表6-13　气体、干粉灭火系统的调试特点、要求

项目	细项目	调试特点、要求
气体、干粉灭火控制器调试	控制器的功能（不具有火灾报警功能）	① 反馈信号接收和显示功能 ② 复位功能 ③ 故障报警功能 ④ 手动、自动转换功能 ⑤ 手动控制功能 ⑥ 消音功能 ⑦ 延时设置功能 ⑧ 主电源、备电源的自动转换功能 ⑨ 自检功能
	控制器的功能（具有火灾报警功能）	① 操作级别 ② 短路隔离保护功能 ③ 二次报警功能 ④ 反馈信号接收和显示功能 ⑤ 复位功能 ⑥ 故障报警功能 ⑦ 火警优先功能 ⑧ 屏蔽功能 ⑨ 手动、自动转换功能 ⑩ 手动控制功能 ⑪ 消音功能 ⑫ 延时设置功能 ⑬ 主电源、备电源的自动转换功能 ⑭ 自检功能
联动控制信号	内容	① 关闭防护区域的送风机、排风机、送风阀门、排风阀门 ② 停止通风、空气调节系统，以及关闭设置在该防护区域的电动防火阀 ③ 联动控制防护区域开口封闭装置的启动，包括关闭防护区域的门、窗 ④ 启动气体、干粉灭火装置，气体、干粉灭火控制器可设定不大于30s的延迟喷射时间

6.9.9　自动喷水灭火系统的调试

应使消防泵控制箱、控制柜与消防泵相连接，并且接通电源，使消防泵控制箱、柜处于正常监视状态。对消防泵控制箱、柜的主要功能进行检查、记录，以及消防泵控制箱、柜的功能应符合有关规定。

应对水流指示器、压力开关、信号阀的动作信号反馈功能进行检查、记录，以及水流指示器、压力开关、信号阀的动作信号反馈功能应符合有关规定。

应对消防水箱、消防水池液位探测器的低液位报警功能进行检查、记录，以及液位探测器的低液位报警功能应符合有关规定。

应使消防联动控制器与消防泵控制箱、柜等设备相连接，并且接通电源，使消防联动控制器处于自动控制工作状态。应根据系统联动控制逻辑设计文件的规定，对湿式、干式喷水灭火系统的联动控制功能进行检查、记录，以及湿式、干式喷水灭火系统的联动控制功能应符合有关规定。

应根据系统联动控制逻辑设计文件的规定，在消防控制室对消防泵的直接手动控制功能进行检查、记录，以及消防泵的直接手动控制功能应符合有关规定。

应根据系统联动控制逻辑设计文件的规定，对预作用式灭火系统的联动控制功能进行检查、记录，以及预作用式灭火系统的联动控制功能应符合有关规定。

应根据系统联动控制逻辑设计文件的规定，在消防控制室对预作用阀组、排气阀前电动阀的直接手动控制功能进行检查、记录，以及预作用阀组、排气阀前电动阀的直接手动控制功能应符合有关规定。

应根据系统联动控制逻辑设计文件的规定，对雨淋系统的联动控制功能进行检查、记录，以及雨淋系统的联动控制功能应符合有关规定。

应根据系统联动控制逻辑设计文件的规定，在消防控制室对雨淋阀组的直接手动控制功能进行检查、记录，以及雨淋阀组的直接手动控制功能应符合有关规定。

自动控制的水幕系统用于防火卷帘保护时，需要根据系统联动控制逻辑设计文件的规定，并且对水幕系统的联动控制功能进行检查、记录，以及水幕系统的联动控制功能应符合有关规定。

自动控制的水幕系统用于防火分隔时，应根据系统联动控制逻辑设计文件的规定，对水幕系统的联动控制功能进行检查、记录，以及水幕系统的联动控制功能应符合有关规定。

自动喷水灭火系统的调试特点、要求见表6-14。

表6-14　自动喷水灭火系统的调试特点、要求

项目	细项目	调试特点、要求
消防泵控制箱、柜调试	功能	① 操作级别 ② 手动控制插入优先功能 ③ 手动控制功能 ④ 主泵、备泵自动切换功能 ⑤ 自动、手动工作状态转换功能 ⑥ 自动启泵功能
系统联动部件调试	水流指示器、压力开关、信号阀的动作信号反馈功能	① 应使水流指示器、压力开关、信号阀动作 ② 消防联动控制器应接收并显示设备的动作反馈信号，显示设备的名称、地址注释信息，以及控制器显示的地址注释信息需要符合规定
	液位探测器的低液位报警功能	① 应调整消防水箱、消防水池液位探测器的水位信号，模拟设计文件规定的水位，液位探测器需要动作 ② 消防联动控制器应接收并显示设备的动作信号，并且显示设备的名称、地址注释信息，以及控制器显示的地址注释信息需要符合规定

项目	细项目	调试特点、要求
湿式、干式喷水灭火系统控制调试	湿式、干式喷水灭火系统的联动控制功能	① 应使报警阀防护区域内符合联动控制触发条件的一个火灾探测器或一个手动火灾报警按钮发出火灾报警信号，使报警阀的压力开关动作 ② 消防联动控制器应发出控制消防水泵启动的启动信号，点亮启动指示灯 ③ 消防泵控制箱、柜应控制启动消防泵 ④ 消防联动控制器应接收并显示干管水流指示器的动作反馈信号，显示设备的名称、地址注释信息，以及控制器显示的地址注释信息应符合有关规定 ⑤ 消防控制器图形显示装置应显示火灾报警控制器的火灾报警信号、消防联动控制器的启动信号、受控设备的动作反馈信号，以及显示的信息需要与控制器的显示一致
	消防泵的直接手动控制功能	① 应手动操作消防联动控制器直接手动控制单元的消防泵启动控制按钮、按键，对应的消防泵控制箱、柜应控制消防泵启动 ② 应手动操作消防联动控制器直接手动控制单元的消防泵停止控制按钮、按键，对应的消防泵控制箱、柜应控制消防泵停止运转 ③ 消防控制室图形显示装置应显示消防联动控制器的直接手动启动、停止控制信号
预作用式喷水灭火系统控制调试	预作用式喷水灭火系统的联动控制功能	① 应使报警阀防护区域内符合联动控制触发条件的两个火灾探测器，或一个火灾探测器和一个手动火灾报警按钮发出火灾报警信号 ② 消防联动控制器应发出控制预作用阀组开启的启动信号，系统设有快速排气装置时，消防联动控制器应同时发出控制预作用阀组、排气阀前电动阀开启的启动信号，点亮启动指示灯 ③ 预作用阀组、排气阀前电动阀应开启。 ④ 消防联动控制器应接收并显示预作用阀组、排气阀前电动阀的动作反馈信号，并且显示设备的名称、地址注释信息，以及控制器显示的地址注释信息应符合相关规定 ⑤ 开启预作用式灭火系统的末端试水装置，消防联动控制器应接收、显示干管水流指示器的动作反馈信号，并且显示设备的名称、地址注释信息，以及控制器显示的地址注释信息应符合相关规定 ⑥ 消防控制器图形显示装置应显示火灾报警控制器的火灾报警信号、消防联动控制器的启动信号、受控设备的动作反馈信号，以及显示的信息需要与控制器的显示一致
	预作用阀组、排气阀前电动阀的直接手动控制功能	① 应手动操作消防联动控制器直接手动控制单元的预作用阀组、排气阀前电动阀的开启控制按钮、按键，对应的预作用阀组、排气阀前电动阀应开启 ② 应手动操作消防联动控制器直接手动控制单元的预作用阀组、排气阀前电动阀的关闭控制按钮、按键，对应的预作用阀组、排气阀前电动阀应关闭 ③ 消防控制室图形显示装置应显示消防联动控制器的直接手动启动、停止控制信号
雨淋系统控制调试	雨淋系统的联动控制功能	① 应使雨淋阀组防护区域内符合联动控制触发条件的两个感温火灾探测器，或一个感温火灾探测器和一个手动火灾报警按钮发出火灾报警信号 ② 消防联动控制器应发出控制雨淋阀组开启的启动信号，点亮启动指示灯 ③ 雨淋阀组需要开启 ④ 消防联动控制器应接收并显示雨淋阀组、干管水流指示器的动作反馈信号，并且显示设备的名称和地址注释信息，以及控制器显示的地址注释信息应符合相关规定 ⑤ 消防控制器图形显示装置应显示火灾报警控制器的火灾报警信号、消防联动控制器的启动信号、受控设备的动作反馈信号，并且显示的信息需要与控制器的显示一致
	雨淋阀组的直接手动控制功能	① 应手动操作消防联动控制器直接手动控制单元的雨淋阀组的开启控制按钮、按键，对应的雨淋阀组需要开启 ② 应手动操作消防联动控制器直接手动控制单元的雨淋阀组的关闭控制按钮、按键，对应的雨淋阀组需要关闭 ③ 消防控制室图形显示装置应显示消防联动控制器的直接手动启动、停止控制信号
自动控制的水幕系统控制调试	水幕系统防火卷帘的联动控制功能	① 应使防火卷帘所在报警区域内符合联动控制触发条件的一个火灾探测器或一个手动火灾报警按钮发出火灾报警信号，使防火卷帘下降至楼板面 ② 消防联动控制器应发出控制雨淋阀组开启的启动信号，点亮启动指示灯 ③ 雨淋阀组需要开启 ④ 消防联动控制器应接收、显示防火卷帘下降至楼板面的限位反馈信号和雨淋阀组、干管水流指示器的动作反馈信号，显示设备的名称、地址注释信息，并且控制器显示的地址注释信息应符合相关规定 ⑤ 消防控制器图形显示装置应显示火灾报警控制器的火灾报警信号、防火卷帘下降至楼板面的限位反馈信号、消防联动控制器的启动信号、受控设备的动作反馈信号，并且显示的信息需要与控制器的显示一致

项目	细项目	调试特点、要求
自动控制的水幕系统控制调试	水幕系统的联动控制功能	① 应使报警区域内符合联动控制触发条件的两个感温火灾探测器发出火灾报警信号 ② 消防联动控制器应发出控制雨淋阀组开启的启动信号，点亮启动指示灯 ③ 雨淋阀组需要开启 ④ 消防联动控制器应接收并显示雨淋阀组、干管水流指示器的动作反馈信号，显示设备的名称、地址注释信息，并且控制器显示的地址注释信息应符合相关规定 ⑤ 消防控制器图形显示装置应显示火灾报警控制器的火灾报警信号、消防联动控制器的启动信号、受控设备的动作反馈信号，并且显示的信息需要与控制器的显示一致

6.9.10 消火栓系统的调试

应对消火栓按钮的离线故障报警功能进行检查、记录，以及消火栓按钮的离线故障报警功能应符合有关规定。

对消火栓按钮的启动、反馈功能进行检查、记录，以及消火栓按钮的启动、反馈功能应符合有关规定。

应根据系统联动控制逻辑设计文件的规定，对消火栓系统的联动控制功能进行检查、记录，以及消火栓系统的联动控制功能应符合有关规定。

消火栓系统的调试特点、要求见表 6-15。

表 6-15 消火栓系统的调试特点、要求

项目	细项目	调试特点、要求
系统联动部件调试	消火栓按钮的启动、反馈功能	① 使消火栓按钮动作，消火栓按钮启动确认灯应点亮并保持，消防联动控制器应发出声、光报警信号，记录启动时间 ② 消防联动控制器应显示启动设备名称、地址注释信息，并且控制器显示的地址注释信息应符合相关规定 ③ 消防泵启动后，消火栓按钮回答确认灯需要点亮并保持。
消火栓系统控制调试	消火栓系统的联动控制功能	① 应使任一报警区域的两个火灾探测器，或一个火灾探测器和一个手动火灾报警按钮发出火灾报警信号，同时使消火栓按钮动作 ② 消防联动控制器应发出控制消防泵启动的启动信号，点亮启动指示灯 ③ 消防泵控制箱、柜应控制消防泵启动 ④ 消防联动控制器应接收并显示干管水流指示器的动作反馈信号，显示设备的名称、地址注释信息，并且控制器显示的地址注释信息应符合相关规定 ⑤ 消防控制器图形显示装置需要显示火灾报警控制器的火灾报警信号、消火栓按钮的启动信号、消防联动控制器的启动信号、受控设备的动作反馈信号，以及显示的信息应与控制器的显示需要一致

知识贴士 火灾自动报警系统中的消火栓按钮一般采用二总线制，即引到消防联动控制器总线回路，用于传输按钮的动作信号，同时消防联动控制器接收到消防泵动作的反馈信号后，通过总线回路点亮消火栓按钮的启泵反馈指示灯。

6.9.11 防排烟系统的调试

应使风机控制箱、控制柜与加压送风机或排烟风机相连接，并且接通电源，使风机控

制箱、控制柜处于正常监视状态，以及对风机控制箱、控制柜的主要功能进行检查、记录。

应对电动送风口、电动挡烟垂壁、排烟口、排烟阀、排烟窗、电动防火阀的动作功能、动作信号反馈功能进行检查、记录，以及设备的动作功能、动作信号反馈功能应符合规定。

应对排烟风机入口处的总管上设置的280℃排烟防火阀的动作信号反馈功能进行检查、记录，以及排烟防火阀的动作信号反馈功能应符合规定。

应根据系统联动控制逻辑设计文件的规定，对加压送风系统的联动控制功能进行检查、记录，以及加压送风系统的联动控制功能应符合规定。

应根据系统联动控制逻辑设计文件的规定，在消防控制室对加压送风机的直接手动控制功能进行检查、记录，以及加压送风机的直接手动控制功能应符合规定。

应根据系统联动控制逻辑设计文件的规定，对电动挡烟垂壁、排烟系统的联动控制功能进行检查、记录，以及电动挡烟垂壁、排烟系统的联动控制功能应符合规定。

应根据系统联动控制逻辑设计文件的规定，在消防控制室对排烟风机的直接手动控制功能进行检查、记录，以及排烟风机的直接手动控制功能应符合规定。

防排烟系统的调试特点、要求见表6-16。

表6-16　防排烟系统的调试特点、要求

项目	细项目	调试特点、要求
风机控制箱、柜调试	风机控制箱、柜的功能	① 操作级别 ② 手动控制插入优先功能 ③ 手动控制功能 ④ 自动、手动工作状态转换功能 ⑤ 自动启动功能
系统联动部件调试	设备的动作功能、动作信号反馈功能	① 手动操作消防联动控制器总线控制单元电动送风口、电动挡烟垂壁、排烟口、排烟阀、排烟窗、电动防火阀的控制按钮、按键，对应的受控设备需要灵活启动 ② 消防联动控制器应接收并显示受控设备的动作反馈信号，并且显示动作设备的名称、地址注释信息，以及控制器显示的地址注释信息应符合相关规定
	排烟防火阀的动作信号反馈功能	① 排烟风机处于运行状态时，使排烟防火阀关闭，风机需要停止运转 ② 消防联动控制器应接收排烟防火阀关闭、风机停止的动作反馈信号，并且显示动作设备的名称、地址注释信息，以及控制器显示的地址注释信息应符合相关规定
加压送风系统控制调试	加压送风系统的联动控制功能	① 应使报警区域内符合联动控制触发条件的两个火灾探测器，或一个火灾探测器和一个手动火灾报警按钮发出火灾报警信号 ② 消防联动控制器应按设计文件的规定发出控制电动送风口开启、加压送风机启动的启动信号，点亮启动指示灯 ③ 相应的电动送风口应开启，风机控制箱、柜需要控制加压送风机启动 ④ 消防联动控制器应接收并显示电动送风口、加压送风机的动作反馈信号，并且显示设备的名称、地址注释信息，以及控制器显示的地址注释信息应符合相关规定 ⑤ 消防控制器图形显示装置应显示火灾报警控制器的火灾报警信号、消防联动控制器的启动信号、受控设备的动作反馈信号，以及显示的信息需要与控制器的显示一致
	加压送风机的直接手动控制功能	① 手动操作消防联动控制器直接手动控制单元的加压送风机开启控制按钮、按键，对应的风机控制箱、柜应控制加压送风机启动 ② 手动操作消防联动控制器直接手动控制单元的加压送风机停止控制按钮、按键，对应的风机控制箱、柜应控制加压送风机停止运转 ③消防控制室图形显示装置应显示消防联动控制器的直接手动启动、停止控制信号

项目	细项目	调试特点、要求
电动挡烟垂壁、排烟系统控制调试	电动挡烟垂壁、排烟系统的联动控制功能	① 应使防烟分区内符合联动控制触发条件的两个感烟火灾探测器发出火灾报警信号 ② 消防联动控制器应按设计文件的规定发出控制电动挡烟垂壁下降，控制排烟口、排烟阀、排烟窗开启，控制空气调节系统的电动防火阀关闭的启动信号，点亮启动指示灯 ③ 电动挡烟垂壁、排烟口、排烟阀、排烟窗、空气调节系统的电动防火阀应动作 ④ 消防联动控制器应接收并显示电动挡烟垂壁、排烟口、排烟阀、排烟窗、空气调节系统电动防火阀的动作反馈信号，并且显示设备的名称、地址注释信息，以及控制器显示的地址注释信息需要符合规定 ⑤ 消防联动控制器接收到排烟口、排烟阀的动作反馈信号后，应发出控制排烟风机启动的启动信号 ⑥ 风机控制箱、柜应控制排烟风机启动 ⑦ 消防联动控制器应接收并显示排烟分机启动的动作反馈信号，并且显示设备的名称、地址注释信息，以及控制器显示的地址注释信息需要符合规定 ⑧ 消防控制器图形显示装置应显示火灾报警控制器的火灾报警信号、消防联动控制器的启动信号、受控设备的动作反馈信号，以及显示的信息需要与控制器的显示一致
	排烟风机的直接手动控制功能	① 手动操作消防联动控制器直接手动控制单元的排烟风机开启控制按钮、按键，对应的风机控制箱、柜应控制排烟风机启动 ② 手动操作消防联动控制器直接手动控制单元的排烟风机停止控制按钮、按键，对应的风机控制箱、柜应控制排烟风机停止运转 ③ 消防控制室图形显示装置应显示消防联动控制器的直接手动启动、停止控制信号

6.9.12　消防应急照明和疏散指示系统控制的调试

应使消防联动控制器与应急照明控制器等设备相连接，接通电源，使消防联动控制器处于自动控制工作状态。根据系统设计文件的规定，对消防应急照明、疏散指示系统的控制功能进行检查、记录，以及系统的控制功能应符合规定。

应使火灾报警控制器与应急照明集中电源、应急照明配电箱等设备相连接，并且接通电源。根据设计文件的规定，对消防应急照明和疏散指示系统的应急启动控制功能进行检查、记录，以及系统的应急启动控制功能符合规定。

消防应急照明和疏散指示系统控制的调试特点、要求见表6-17。

表6-17　消防应急照明和疏散指示系统控制的调试特点、要求

项目	细项目	调试特点、要求
集中控制型消防应急照明和疏散指示系统控制调试	消防应急照明和疏散指示系统控制功能	① 应使报警区域内任两个火灾探测器，或一个火灾探测器和一个手动火灾报警按钮发出火灾报警信号 ② 火灾报警控制器的火警控制输出触点应动作，或消防联动控制器需要发出相应联动控制信号，点亮启动指示灯 ③ 应急照明控制器应按预设逻辑控制配接的消防应急灯具光源的应急点亮、系统蓄电池电源的转换 ④ 消防联动控制器应接收并显示应急照明控制器应急启动的动作反馈信号，并且显示设备的名称、地址注释信息，以及控制器显示的地址注释信息需要符合规定 ⑤ 消防控制器图形显示装置应显示火灾报警控制器的火灾报警信号、消防联动控制器的启动信号、受控设备的动作反馈信号，以及显示的信息需要与控制器的显示一致
非集中控制型消防应急照明和疏散指示系统控制调试	系统的应急启动控制功能	① 应使报警区域内任两个火灾探测器，或一个火灾探测器和一个手动火灾报警按钮发出火灾报警信号 ② 火灾报警控制器的火警控制输出触点应动作，控制系统蓄电池电源的转换、消防应急灯具光源的应急点亮

6.9.13 相关系统联动控制与系统整体联动控制功能的调试

应使消防联动控制器与电梯、非消防电源等相关系统的控制设备相连接，并且接通电源，使消防联动控制器处于自动控制工作状态。根据系统联动控制逻辑设计文件的规定，对电梯、非消防电源等相关系统的联动控制功能进行检查、记录，以及电梯、非消防电源等相关系统的联动控制功能应符合规定。

应按设计文件的规定将所有分部调试合格的系统部件、受控设备或系统相连接并通电运行，在连续运行120h无故障后，使消防联动控制器处于自动控制工作状态。根据系统联动控制逻辑设计文件的规定，对火灾警报、消防应急广播系统、用于防火分隔的防火卷帘系统、防火门监控系统、防烟排烟系统、消防应急照明和疏散指示系统、电梯和非消防电源等自动消防系统的整体联动控制功能进行检查、记录，以及系统整体联动控制功能应符合规定。

相关系统联动控制与系统整体联动控制功能的调试特点、要求见表6-18。

表6-18 相关系统联动控制与系统整体联动控制功能的调试特点、要求

项目	细项目	调试特点、要求
电梯、非消防电源等相关系统联动控制调试	电梯、非消防电源等相关系统的联动控制功能	① 应使报警区域符合电梯、非消防电源等相关系统联动控制触发条件的火灾探测器、手动火灾报警按钮发出火灾报警信号 ② 消防联动控制器应按设计文件的规定发出控制电梯停于首层或转换层，切断相关非消防电源、控制其他相关系统设备动作的启动信号，点亮启动指示灯 ③ 电梯应停于首层或转换层，相关非消防电源应切断，其他相关系统设备应动作 ④ 消防联动控制器应接收并显示电梯停于首层或转换层、相关非消防电源切断、其他相关系统设备动作的动作反馈信号，并且显示设备的名称、地址注释信息，以及控制器显示的地址注释信息需要符合规定 ⑤ 消防控制器图形显示装置应显示火灾报警控制器的火灾报警信号、消防联动控制器的启动信号、受控设备的动作反馈信号，以及显示的信息应与控制器的显示一致
系统整体联动控制功能调试	系统整体联动控制功能	① 应使报警区域内符合火灾警报，消防应急广播系统，防火卷帘系统，防火门监控系统，防烟排烟系统，消防应急照明，疏散指示系统，电梯、非消防电源等相关系统联动触发条件的火灾探测器、手动火灾报警按钮发出火灾报警信号 ② 消防联动控制器应发出控制火灾警报，消防应急广播系统，防火卷帘系统，防火门监控系统，防烟排烟系统，消防应急照明和疏散指示系统，电梯、非消防电源等相关系统动作的启动信号，点亮启动指示灯 ③ 火灾警报、消防应急广播的联动控制功能应符合相关规定 ④ 防火卷帘系统的联动控制功能、防火门监控系统的联动控制功能、防火门监控系统的联动控制功能、加压送风系统的联动控制功能、消防应急照明和疏散指示系统的联动控制功能应符合相关规定 ⑤ 电动挡烟垂壁、防烟排烟系统的联动控制功能应符合相关规定 ⑥ 电梯、非消防电源等相关系统的联动控制功能应符合相关规定

第7章

电气维修

7.1 电气维修的基础

7.1.1 开关面板的检测与通断状态判断

开关按下是开还是关的确定（通断状态判断）：开关按下一般是开（图7-1），也就是单开为关下开（上按是关，下按是开），除了一些特殊应用环境除外。

同一套房内，开关操作状态要统一一致。

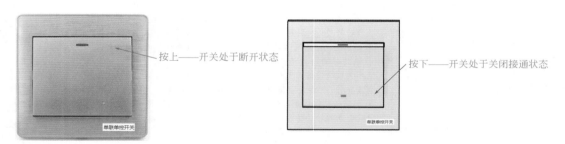

按上——开关处于断开状态

按下——开关处于关闭接通状态

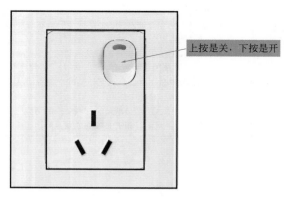

上按是关，下按是开

图7-1 开关

晚上进屋开灯时，一般习惯摸到开关往下用力比较容易，符合惯例、操作习惯。

开关 on 标志为开关开状态。一般开关是有指示的，当有红色标记等指示弹出的状态时为开关的开状态。

开关标志 L、L1，L 一般是开关进线端，L1 一般是开关出线端（也就是接负载线端），如图 7-2 所示。

如果操作状态错误，只需要改变接线上下即可。

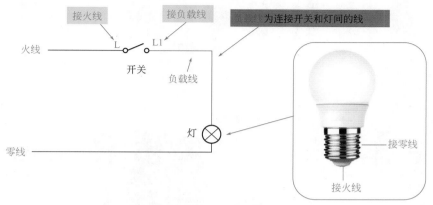

图7-2　开关照明电路

知识贴士　空气开关、漏电保护器一般向上为开的情况比较多。因为如果漏电，开关会从高处落下（符合重力作用）跳闸，电源就会断开。如果相反，漏电后开关不能向上而断电，则会出现事故。对于这些电器，向上是合闸，向下是拉闸。

7.1.2　底盒修复器的应用

86 撑杆补救修复器适用于 86 型底盒，先确定底盒型号。修复器伸缩距离为 65 ～ 90mm，直径为 6mm。86 撑杆补救修复器如图 7-3 所示。

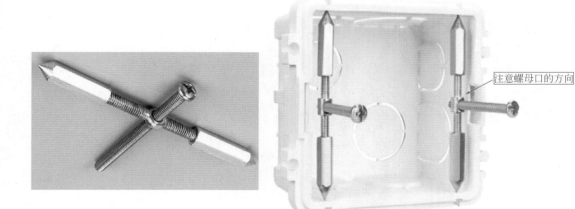

图7-3　86撑杆补救修复器

支撑支架修复器和卡片式底盒修复器分别如图 7-4、图 7-5 所示。

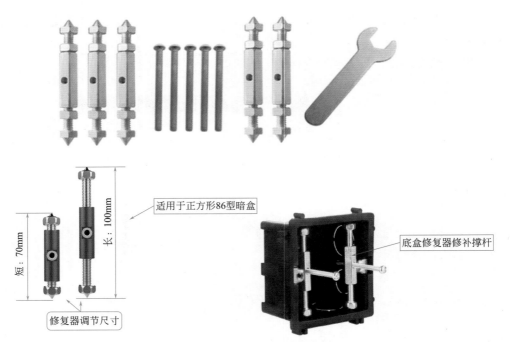

图7-4 支撑支架修复器

图中标注：
- 适用于正方形86型暗盒
- 短：70mm
- 长：100mm
- 修复器调节尺寸
- 底盒修复器修补撑杆

图7-5 卡片式底盒修复器

118型底盒修复器伸缩距离为50～60mm，如图7-6所示。

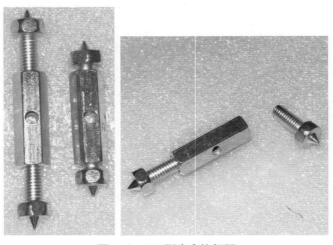

图7-6 118型底盒修复器

7.1.3　简单判定交流电动机好坏的方法

简单判定交流电动机好坏的方法：一是确认线圈情况，可以通过检测其线圈电阻值来判断；二是确认轴承（滚珠轴承）情况，可以通过看其旋转情况来判断；三是确认电容器情况，可以通过检测其容量来判断，具体如图7-7所示。

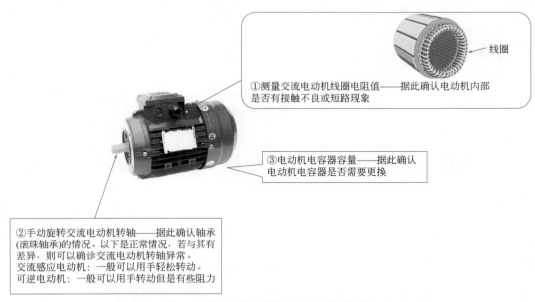

①测量交流电动机线圈电阻值——据此确认电动机内部是否有接触不良或短路现象

线圈

③电动机电容器容量——据此确认电动机电容器是否需要更换

②手动旋转交流电动机转轴——据此确认轴承(滚珠轴承)的情况。以下是正常情况，若与其有差异，则可以确诊交流电动机转轴异常。
交流感应电动机：一般可以用手轻松转动。
可逆电动机：一般可以用手转动但是有些阻力

图7-7　简单判定交流电动机好坏的方法

7.1.4　塑料护套线绝缘层的剖削

塑料护套线绝缘层的剖削如图 7-8 所示。

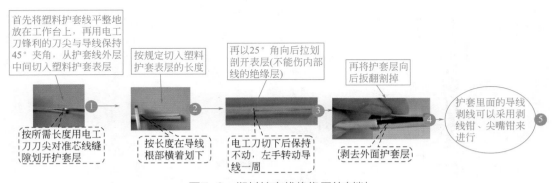

首先将塑料护套线平整地放在工作台上，再用电工刀锋利的刀尖与导线保持45°夹角，从护套线外层中间切入塑料护套表层

按规定切入塑料护套表层的长度

再以25°角向后拉划剖开表层(不能伤内部线的绝缘层)

再将护套层向后扳翻割掉

护套里面的导线剥线可以采用剥线钳、尖嘴钳来进行

按所需长度用电工刀刀尖对准芯线缝隙划开护套层

按长度在导线根部横着划下

电工刀切下后保持不动，左手转动导线一周

剥去外面护套层

图7-8　塑料护套线绝缘层的剖削

7.1.5　橡胶线绝缘层的剖削

橡胶线绝缘层的剖削如图 7-9 所示。

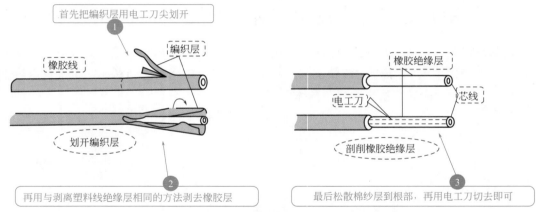

图7-9　橡胶线绝缘层的剖削

7.1.6　橡胶软线的剖削

橡胶软线的剖削如图 7-10 所示。

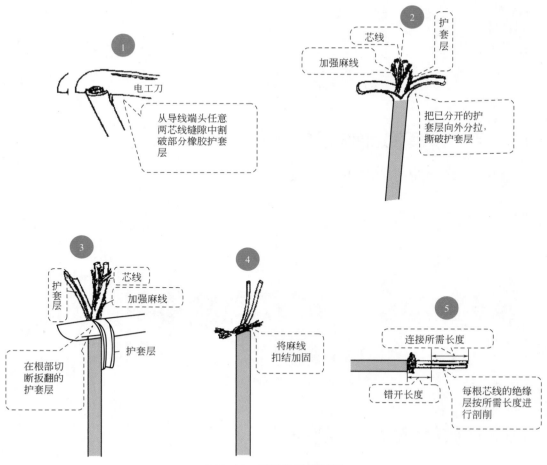

图7-10　橡胶软线的剖削

7.1.7　单股铜芯导线的直接连接

单股铜芯导线的直接连接图解如图 7-11 所示。

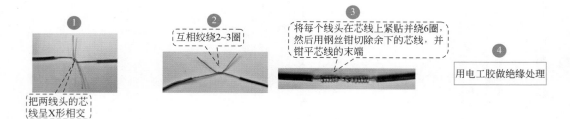

图7-11　单股铜芯导线的直接连接

7.1.8　单股铜芯导线的 T 字形分支连接

单股铜芯导线的 T 字形分支连接如图 7-12 所示。

图7-12　单股铜芯导线的 T 字形分支连接

7.1.9　单股铜芯导线的十字分支连接

单股铜芯导线的十字分支连接如图 7-13 所示。

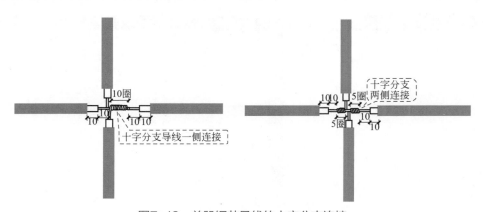

图7-13　单股铜芯导线的十字分支连接

7.1.10　多芯铜导线的直接连接（单卷法）

多芯铜导线的直接连接（单卷法）如图 7-14 所示。

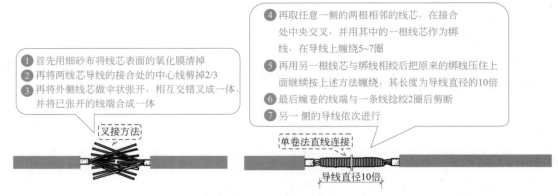

④ 再取任意一侧的两根相邻的线芯，在接合处中央交叉，并用其中的一根线芯作为绑线，在导线上缠绕5~7圈

⑤ 再用另一根线芯与绑线相绞后把原来的绑线压住上面继续按上述方法缠绕，其长度为导线直径的10倍

⑥ 最后缠卷的线端与一条线捻绞2圈后剪断

⑦ 另一侧的导线依次进行

① 首先用细砂布将线芯表面的氧化膜清掉

② 再将两线芯导线的接合处的中心线剪掉2/3

③ 再将外侧线芯做伞状张开，相互交错叉成一体，并将已张开的线端合成一体

叉接方法

单卷法直线连接

导线直径10倍

图7-14　多芯铜导线的直接连接（单卷法）

7.1.11　多芯铜导线的分支连接（缠卷法）

多芯铜导线的分支连接（缠卷法）如图 7-15 所示。

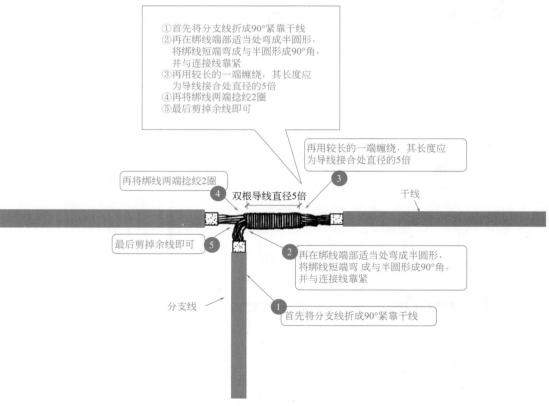

①首先将分支线折成90°紧靠干线

②再在绑线端部适当处弯成半圆形，将绑线短端弯成与半圆形成90°角，并与连接线靠紧

③再用较长的一端缠绕，其长度应为导线接合处直径的5倍

④再将绑线两端捻绞2圈

⑤最后剪掉余线即可

再用较长的一端缠绕，其长度应为导线接合处直径的5倍

再将绑线两端捻绞2圈

双根导线直径5倍

干线

最后剪掉余线即可

再在绑线端部适当处弯成半圆形，将绑线短端弯成与半圆形成90°角，并与连接线靠紧

分支线

首先将分支线折成90°紧靠干线

图7-15　多芯铜导线的分支连接（缠卷法）

7.1.12　多芯铜导线的分支连接（单卷法）

多芯铜导线的分支连接（单卷法）如图 7-16 所示。

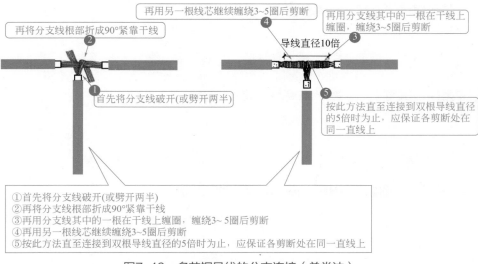

①首先将分支线破开(或劈开两半)
②再将分支线根部折成90°紧靠干线
③再用分支线其中的一根在干线上缠圈，缠绕3~5圈后剪断
④再用另一根线芯继续缠绕3~5圈后剪断
⑤按此方法直至连接到双根导线直径的5倍时为止，应保证各剪断处在同一直线上

图7-16　多芯铜导线的分支连接（单卷法）

7.1.13　多芯铜导线的分支连接（复卷法）

多芯铜导线的分支连接（复卷法）图解如图 7-17 所示。

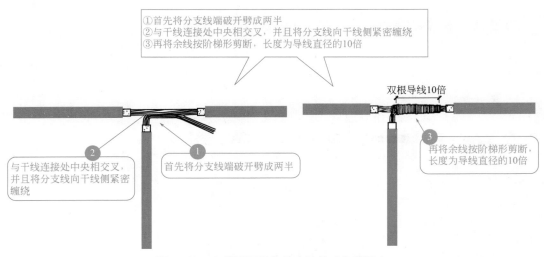

①首先将分支线端破开劈成两半
②与干线连接处中央相交叉，并且将分支线向干线侧紧密缠绕
③再将余线按阶梯形剪断，长度为导线直径的10倍

与干线连接处中央相交叉，并且将分支线向干线侧紧密缠绕

首先将分支线端破开劈成两半

再将余线按阶梯形剪断，长度为导线直径的10倍

图7-17　多芯铜导线的分支连接（复卷法）

7.1.14　七芯铜线的直线连接

七芯铜线的直线连接如图 7-18 所示。

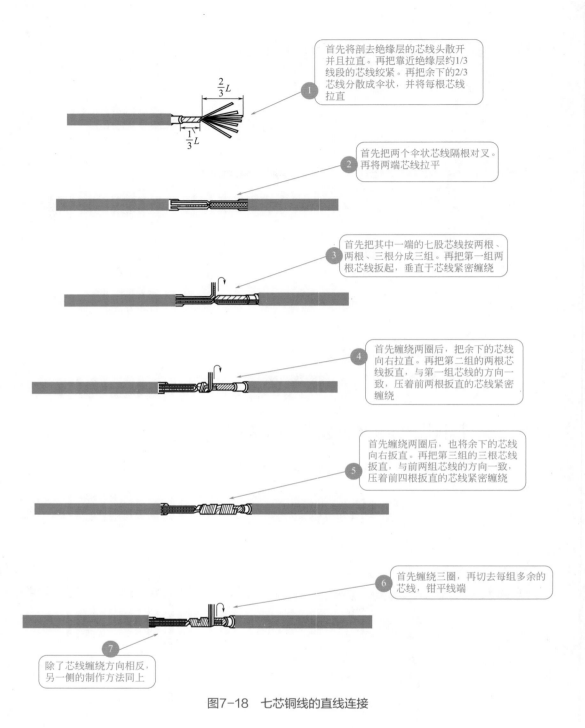

图7-18 七芯铜线的直线连接

① 首先将剖去绝缘层的芯线头散开并且拉直。再把靠近绝缘层约1/3线段的芯线绞紧。再把余下的2/3芯线分散成伞状，并将每根芯线拉直

② 首先把两个伞状芯线隔根对叉。再将两端芯线拉平

③ 首先把其中一端的七股芯线按两根、两根、三根分成三组。再把第一组两根芯线扳起，垂直于芯线紧密缠绕

④ 首先缠绕两圈后，把余下的芯线向右拉直。再把第二组的两根芯线扳直，与第一组芯线的方向一致，压着前两根扳直的芯线紧密缠绕

⑤ 首先缠绕两圈后，也将余下的芯线向右扳直。再把第三组的三根芯线扳直，与前两组芯线的方向一致，压着前四根扳直的芯线紧密缠绕

⑥ 首先缠绕三圈，再切去每组多余的芯线，钳平线端

⑦ 除了芯线缠绕方向相反，另一侧的制作方法同上

7.1.15 套管压接的连接

套管压接法是用相应的模具在一定压力下将套在导线两端的连接套管压在两端导线上，使导线与连接套管间形成金属互相渗透，两者成为一体构成导电通路。

套管压接的连接如图 7-19 所示。

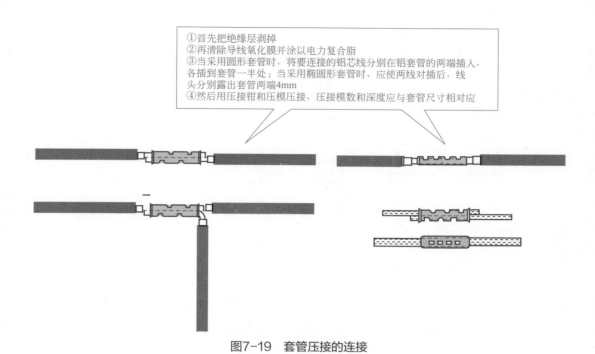

①首先把绝缘层剥掉
②再清除导线氧化膜并涂以电力复合脂
③当采用圆形套管时，将要连接的铝芯线分别在铝套管的两端插入，各插到套管一半处；当采用椭圆形套管时，应使两线对插后，线头分别露出套管两端4mm
④然后用压接钳和压模压接，压接模数和深度应与套管尺寸相对应

图7-19　套管压接的连接

7.1.16　铜芯导线接头处浇焊处理

如果铜芯导线截面积不大于 $10mm^2$，它们的接头可用 150W 电烙铁进行锡焊。如果是铜芯导线截面积大于 $16mm^2$ 的铜芯导线接头，一般采用浇焊法。铜芯导线接头处浇焊处理如图 7-20 所示。

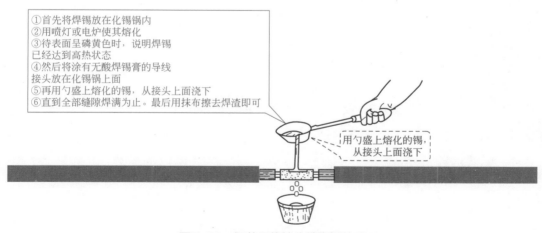

①首先将焊锡放在化锡锅内
②用喷灯或电炉使其熔化
③待表面呈磷黄色时，说明焊锡已经达到高热状态
④然后将涂有无酸焊锡膏的导线接头放在化锡锅上面
⑤再用勺盛上熔化的锡，从接头上面浇下
⑥直到全部缝隙焊满为止。最后用抹布擦去焊渣即可

用勺盛上熔化的锡，从接头上面浇下

图7-20　铜芯导线接头处浇焊处理

7.1.17　T字形连接接头的绝缘恢复

T 字形连接接头的绝缘恢复如图 7-21 所示。

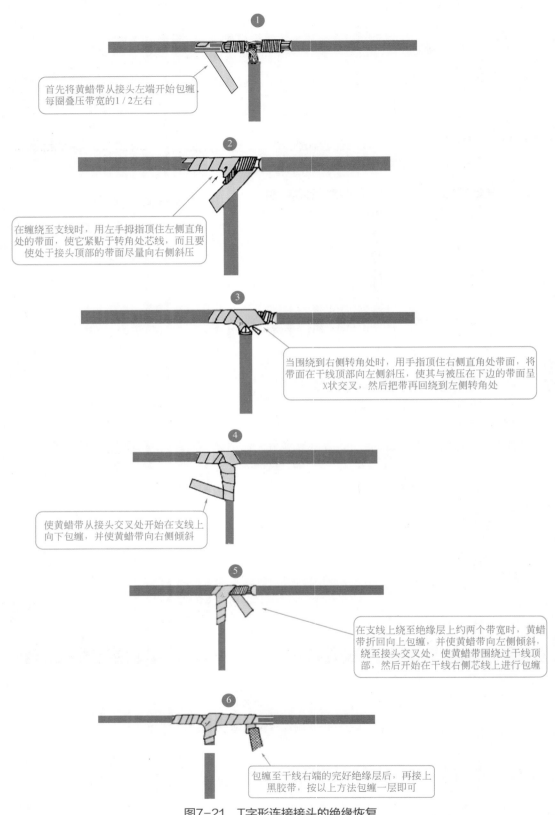

① 首先将黄蜡带从接头左端开始包缠，每圈叠压带宽的1／2左右

② 在缠绕至支线时，用左手拇指顶住左侧直角处的带面，使它紧贴于转角处芯线，而且要使处于接头顶部的带面尽量向右侧斜压

③ 当围绕到右侧转角处时，用手指顶住右侧直角处带面，将带面在干线顶部向左侧斜压，使其与被压在下边的带面呈X状交叉，然后把带再回绕到左侧转角处

④ 使黄蜡带从接头交叉处开始在支线上向下包缠，并使黄蜡带向右侧倾斜

⑤ 在支线上绕至绝缘层上约两个带宽时，黄蜡带折回向上包缠，并使黄蜡带向左侧倾斜，绕至接头交叉处，使黄蜡带围绕过干线顶部，然后开始在干线右侧芯线上进行包缠

⑥ 包缠至干线右端的完好绝缘层后，再接上黑胶带，按以上方法包缠一层即可

图7-21　T字形连接接头的绝缘恢复

7.1.18　单股导线压接圈的弯法

单股导线压接圈的弯法如图 7-22 所示。

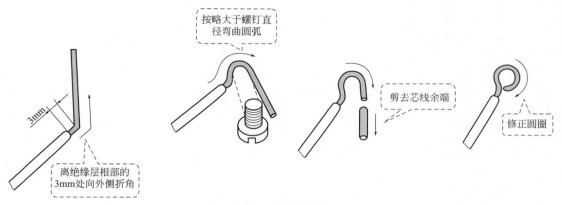

按略大于螺钉直径弯曲圆弧

剪去芯线余端

修正圆圈

3mm

离绝缘层根部的3mm处向外侧折角

图7-22　单股导线压接圈的弯法

7.1.19　多股芯线线头的连接

多股芯线线头的连接如图 7-23 所示。

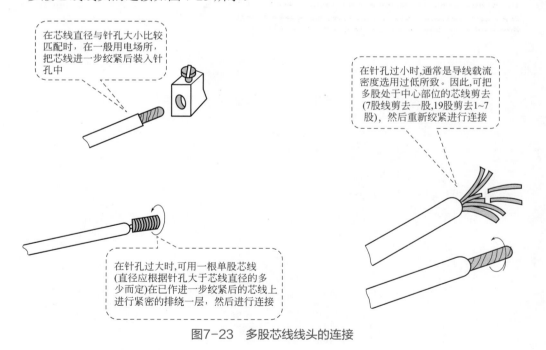

在芯线直径与针孔大小比较匹配时，在一般用电场所，把芯线进一步绞紧后装入针孔中

在针孔过小时，通常是导线载流密度选用过低所致。因此，可把多股处于中心部位的芯线剪去(7股线剪去一股，19股剪去1~7股)，然后重新绞紧进行连接

在针孔过大时，可用一根单股芯线(直径应根据针孔大于芯线直径的多少而定)在已作进一步绞紧后的芯线上进行紧密的排绕一层，然后进行连接

图7-23　多股芯线线头的连接

7.1.20　两根铜导线线盒内封端操作

两根铜导线线盒内封端操作如图 7-24 所示。

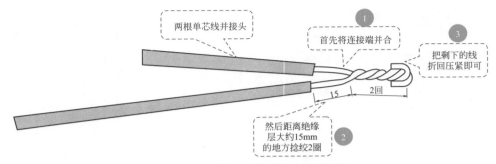

图7-24　两根铜导线线盒内封端操作

7.1.21　三根及以上铜导线线盒内封端操作

三根及以上铜导线线盒内封端操作如图 7-25 所示。

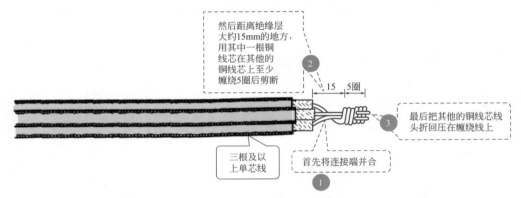

图7-25　三根及以上铜导线线盒内封端操作

7.1.22　软线线头与平压式接线桩的连接

软线线头的连接也可用平压式接线桩，但是，导线线头与压接螺钉之间应做绕结处理，如图 7-26 所示。

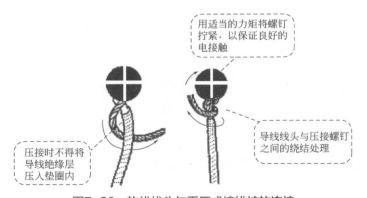

图7-26　软线线头与平压式接线桩的连接

7.1.23　多股线压接圈的制作

多股线压接圈的主要制作步骤如图 7-27 所示。

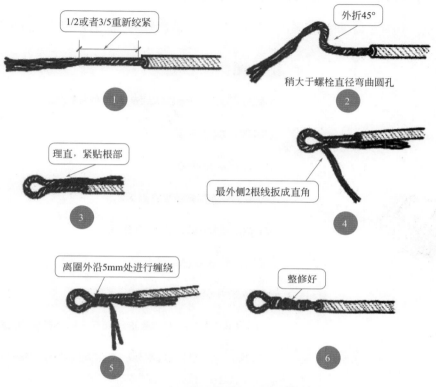

图7-27　多股线压接圈的主要制作步骤

7.1.24　线头与瓦形接线桩的连接

线头与瓦形接线桩的连接如图 7-28 所示。

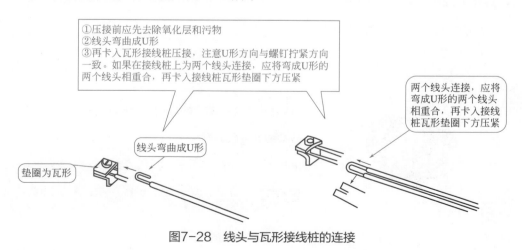

图7-28　线头与瓦形接线桩的连接

7.2 三相异步电动机的常见故障与维修

7.2.1 电动机过热甚至冒烟的维修

电动机过热甚至冒烟的原因主要有 10 个，具体的故障排除方法如图 7-29 所示。

①电源电压过高，引起铁芯发热大增
故障排除——降低电源电压

②电源电压过低，电动机又带额定负载运行，引起电流过大使得绕组发热
故障排除——提高电源电压或更换粗一些的供电导线

③修理拆除绕组时，采用热拆法不当，烧伤铁芯
故障排除——检修铁芯

④定转子铁芯相擦
故障排除——消除擦点

⑤电动机过载或频繁启动
故障排除——根据规定次数控制启动

⑥笼型转子断条
故障排除——检查以及消除转子绕组故障

⑦电动机缺相，存在两相运行
故障排除——恢复三相运行

⑧重绕后定子绕组浸漆不充分
故障排除——采用二次浸漆及真空浸漆工艺

⑨环境温度高，电动机表面污垢多，或通风管道堵塞
故障排除—— 清洗电动机，改善环境温度，或者采用降温措施

⑩电动机风扇故障，通风不良;定子绕组故障
故障排除——检查修复风扇，必要时更换风扇。检修定子绕组，消除故障

图7-29　电动机过热甚至冒烟的原因与排除方法

7.2.2 通电后电动机不能转动的维修

三相异步电动机通电后不转动，但是没有异响，也没有异味、冒烟现象的原因主要有 4 个，具体的故障排除方法如图 7-30 所示。

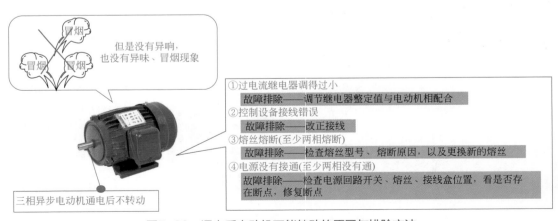

但是没有异响，也没有异味、冒烟现象

①过电流继电器调得过小
故障排除——调节继电器整定值与电动机相配合

②控制设备接线错误
故障排除——改正接线

③熔丝熔断(至少两相熔断)
故障排除——检查熔丝型号、熔断原因，以及更换新的熔丝

④电源没有接通(至少两相没有通)
故障排除——检查电源回路开关、熔丝、接线盒位置，看是否存在断点，修复断点

三相异步电动机通电后不转动

图7-30　通电后电动机不能转动的原因与排除方法

7.2.3　电动机空载与过负载时，电流表指针不稳定的维修

三相异步电动机空载与过负载时，电流表指针不稳定的原因主要有 2 个，具体的故障排除方法如图 7-31 所示。

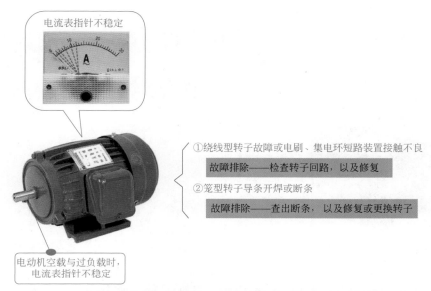

图7-31　电动机空载与过负载时，电流表指针不稳定的原因与排除方法

7.2.4　通电后电动机不转，接着烧断了熔丝的维修

三相异步电动机通电后不转，接着烧断了熔丝的原因主要有 6 个，具体的故障排除方法如图 7-32 所示。

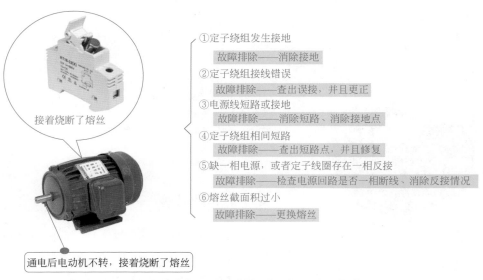

图7-32　通电后电动机不转，接着烧断了熔丝的原因与排除方法

7.2.5 通电后电动机不转动但是有"嗡嗡"声的维修

三相异步电动机通电后不转动，但是有"嗡嗡"声的原因主要有 7 个，具体的故障排除方法如图 7-33 所示。

①电源回路接点松动，接触电阻大
故障排除——紧固松动的接线螺钉，检测判断各接头是否假接。如果损坏，则应修复

②电动机负载过大或转子卡住了
故障排除——减轻负载，消除机械故障

③轴承卡住
故障排除——修复、更换轴承

④定子、转子绕组有断路或电源一相失电
故障排除——查明断点，进行修复

⑤绕组引出线始末端接错、绕组内部接反
故障排除——检查绕组极性，判断绕组末端是否异常

⑥电源电压过低
故障排除——检查是否接法误错，电源导线过细则予以纠正

⑦小型电动机装配太紧，轴承内油脂过硬
故障排除——重新装配，更换油脂

图7-33 通电后电动机不转动，但是有"嗡嗡"声的原因与排除方法

7.2.6 电动机启动困难的维修

三相异步电动机启动困难，额定负载时电动机转速低于额定转速比较多，其常见的原因主要有 5 个，具体的故障排除方法如图 7-34 所示。

①修复电机绕组时增加的匝数过多
故障排除——恢复正确匝数

②笼型转子开焊、断裂
故障排除——检查开焊、断点，予以修复

③电动机过载
故障排除——减载

④电源电压过低
故障排除——检测电源电压，并且改善电源

⑤电动机接法错误
故障排除——定子、转子局部线圈错接、接反，应纠正接法

图7-34 电动机启动困难的原因与排除方法

7.2.7 电动机轴承过热的维修

三相异步电动机轴承过热的原因主要有 8 个，具体的故障排除方法如图 7-35 所示。

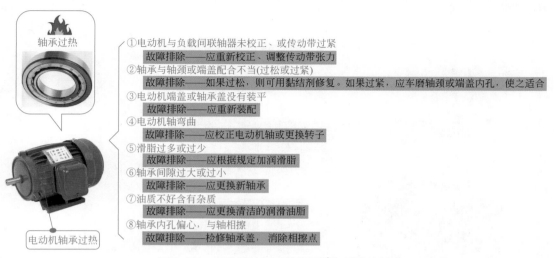

①电动机与负载间联轴器未校正、或传动带过紧
故障排除——应重新校正、调整传动带张力
②轴承与轴颈或端盖配合不当(过松或过紧)
故障排除——如果过松，则可用黏结剂修复。如果过紧，应车磨轴颈或端盖内孔，使之适合
③电动机端盖或轴承盖没有装平
故障排除——应重新装配
④电动机轴弯曲
故障排除——应校正电动机轴或更换转子
⑤滑脂过多或过少
故障排除——应根据规定加润滑脂
⑥轴承间隙过大或过小
故障排除——应更换新轴承
⑦油质不好含有杂质
故障排除——应更换清洁的润滑油脂
⑧轴承内孔偏心，与轴相擦
故障排除——检修轴承盖，消除相擦点

图7-35　电动机轴承过热的原因与排除方法

7.2.8 电动机空载电流不平衡较严重的维修

三相异步电动机空载电流不平衡较严重的原因主要有 4 个，具体的故障排除方法如图 7-36 所示。

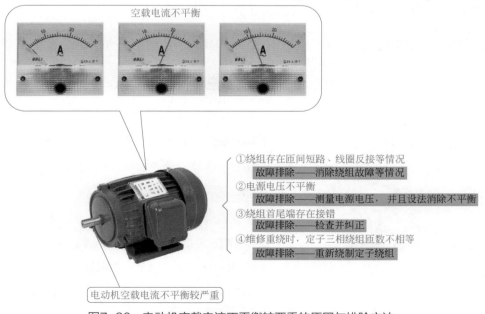

①绕组存在匝间短路、线圈反接等情况
故障排除——消除绕组故障等情况
②电源电压不平衡
故障排除——测量电源电压，并且设法消除不平衡
③绕组首尾端存在接错
故障排除——检查并纠正
④维修重绕时，定子三相绕组匝数不相等
故障排除——重新绕制定子绕组

图7-36　电动机空载电流不平衡较严重的原因与排除方法

7.2.9　电动机空载电流平衡，但是电流值偏大的维修

三相异步电动机空载电流平衡，但是电流值偏大的原因主要有 6 个，具体的故障排除方法如图 7-37 所示。

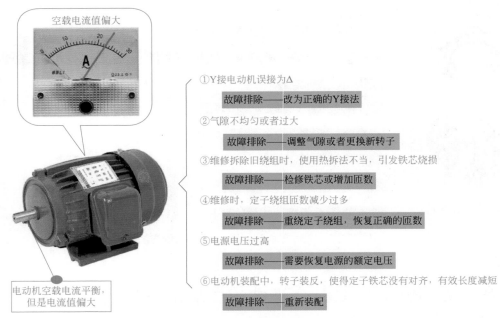

①Y接电动机误接为△

故障排除——改为正确的Y接法

②气隙不均匀或者过大

故障排除——调整气隙或者更换新转子

③维修拆除旧绕组时，使用热拆法不当，引发铁芯烧损

故障排除——检修铁芯或增加匝数

④维修时，定子绕组匝数减少过多

故障排除——重绕定子绕组，恢复正确的匝数

⑤电源电压过高

故障排除——需要恢复电源的额定电压

⑥电动机装配中，转子装反，使得定子铁芯没有对齐，有效长度减短

故障排除——重新装配

图7-37　电动机空载电流平衡，但是电流值偏大的原因与排除方法

7.2.10　运行中电动机振动较大的维修

运行中电动机振动较大的原因主要有 10 个，具体的故障排除方法如图 7-38 所示。

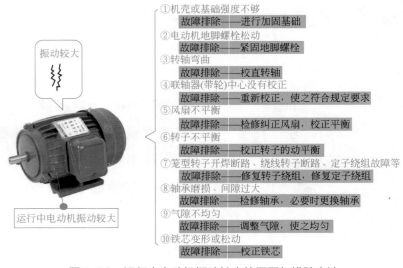

①机壳或基础强度不够

故障排除——进行加固基础

②电动机地脚螺栓松动

故障排除——紧固地脚螺栓

③转轴弯曲

故障排除——校直转轴

④联轴器(带轮)中心没有校正

故障排除——重新校正，使之符合规定要求

⑤风扇不平衡

故障排除——检修纠正风扇，校正平衡

⑥转子不平衡

故障排除——校正转子的动平衡

⑦笼型转子开焊断路、绕线转子断路、定子绕组故障等

故障排除——修复转子绕组，修复定子绕组

⑧轴承磨损、间隙过大

故障排除——检修轴承，必要时更换轴承

⑨气隙不均匀

故障排除——调整气隙，使之均匀

⑩铁芯变形或松动

故障排除——校正铁芯

图7-38　运行中电动机振动较大的原因与排除方法

7.2.11　电动机运行时存在异响的维修

三相异步电动机运行时存在异响的原因主要有 8 个，具体的故障排除方法如图 7-39 所示。

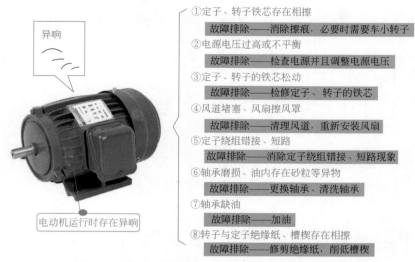

① 定子、转子铁芯存在相擦
　故障排除——消除擦痕，必要时需要车小转子
② 电源电压过高或不平衡
　故障排除——检查电源并且调整电源电压
③ 定子、转子的铁芯松动
　故障排除——检修定子、转子的铁芯
④ 风道堵塞、风扇擦风罩
　故障排除——清理风道，重新安装风扇
⑤ 定子绕组错接、短路
　故障排除——消除定子绕组错接、短路现象
⑥ 轴承磨损、油内存在砂粒等异物
　故障排除——更换轴承、清洗轴承
⑦ 轴承缺油
　故障排除——加油
⑧ 转子与定子绝缘纸、槽楔存在相擦
　故障排除——修剪绝缘纸，削低槽楔

图7-39　电动机运行时存在异响的原因与排除方法

7.3　维修参考线路

7.3.1　排气扇自动控制电路

排气扇自动控制电路如图 7-40 所示。

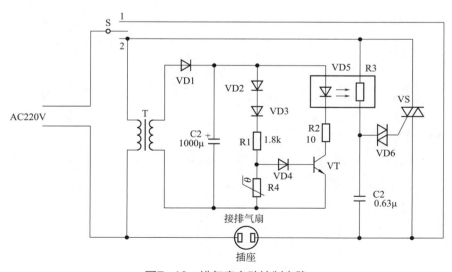

图7-40　排气扇自动控制电路

7.3.2 自动节水电路

自动节水电路如图 7-41 所示。

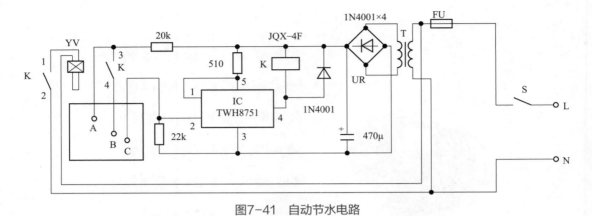

图7-41 自动节水电路

7.3.3 单相照明双路互备自投供电电路

单相照明双路互备自投供电电路如图 7-42 所示。

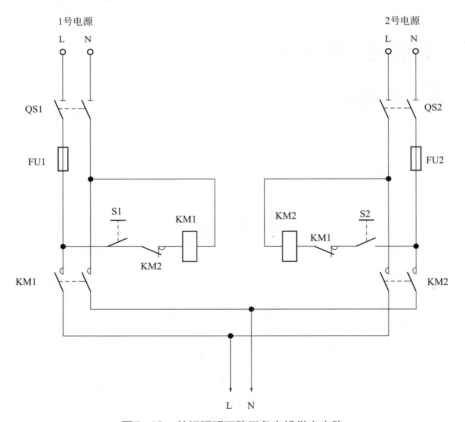

图7-42 单相照明双路互备自投供电电路

7.3.4 晶闸管投切电容器电路

晶闸管投切电容器电路简称为 TSC，就是交流电力电子开关电路的应用，其具有无功补偿方式、代替机械开关投切电容器等特点，如图 7-43 所示。

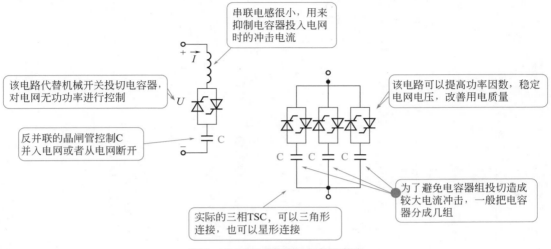

串联电感很小，用来抑制电容器投入电网时的冲击电流

该电路代替机械开关投切电容器，对电网无功功率进行控制

该电路可以提高功率因数，稳定电网电压，改善用电质量

反并联的晶闸管控制C并入电网或者从电网断开

为了避免电容器组投切造成较大电流冲击，一般把电容器分成几组

实际的三相TSC，可以三角形连接，也可以星形连接

图7-43　晶闸管投切电容器电路

7.3.5 500万用表维护维修参考线路图

500 万用表维护维修参考线路图如图 7-44 所示。

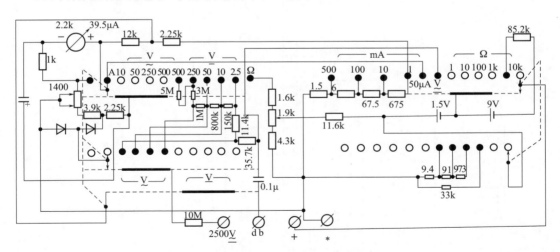

图7-44　500万用表维护维修参考线路图

7.3.6 500HA万用表维护维修参考线路图

500HA 万用表维护维修参考线路图如图 7-45 所示。

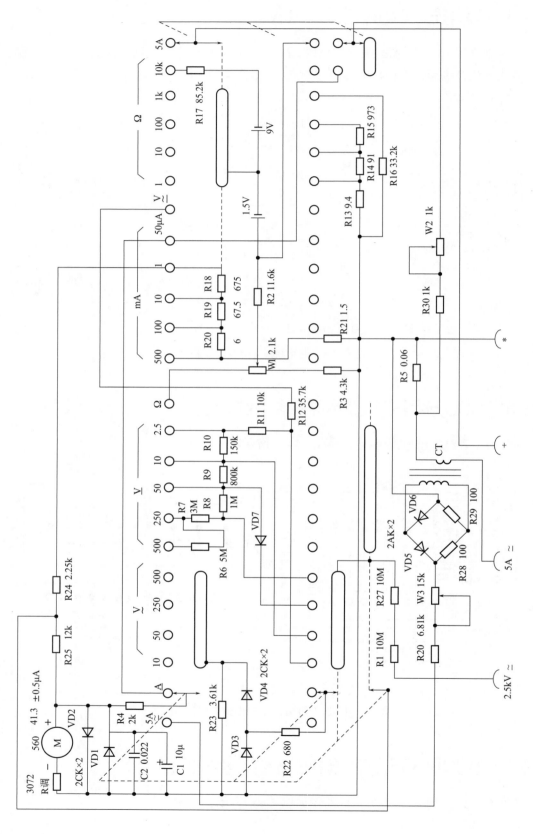

图7-45 500HA万用表维护维修参考线路图

7.3.7 MF-47万用表维护维修参考线路图

MF-47 万用表维护维修参考线路图如图 7-46 所示。

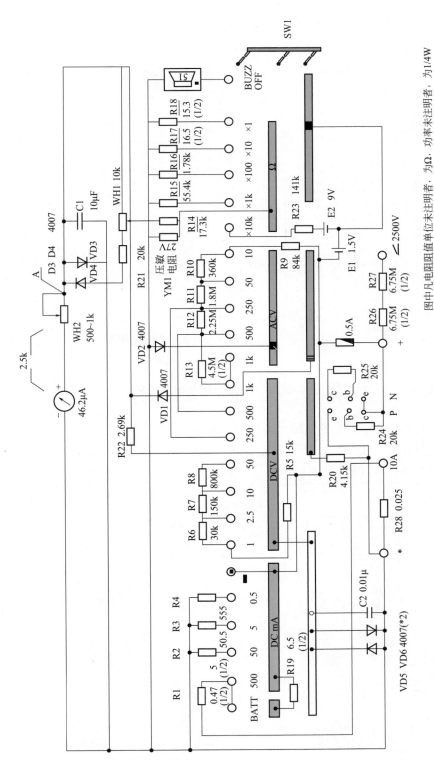

图7-46 MF-47万用表维护维修参考线路图

7.3.8 电动阀门控制电路

电动阀门控制电路如图 7-47 所示。

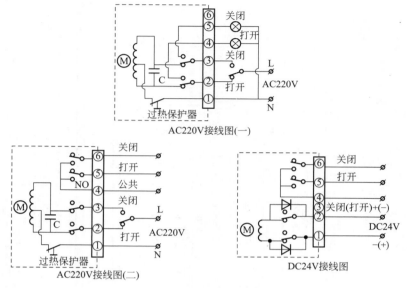

图7-47 电动阀门控制电路

7.3.9 机械滑台一次工进控制电路

机械滑台一次工进控制电路如图 7-48 所示。

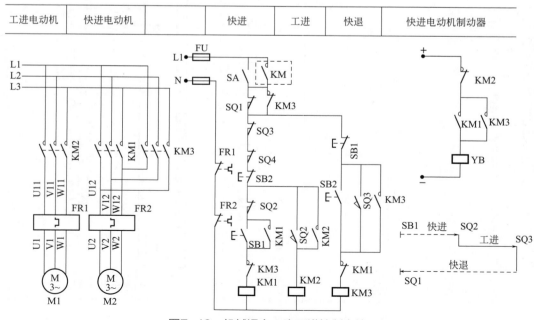

图7-48 机械滑台一次工进控制电路

7.3.10 生活水泵两用一备直接启动控制电路

生活水泵两用一备直接启动控制电路如图 7-49 所示。

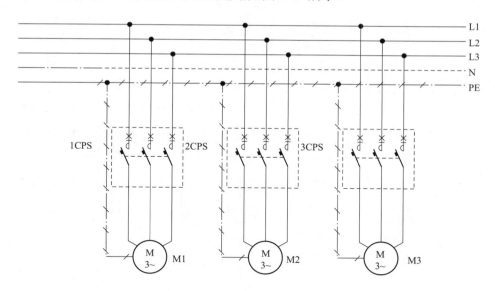

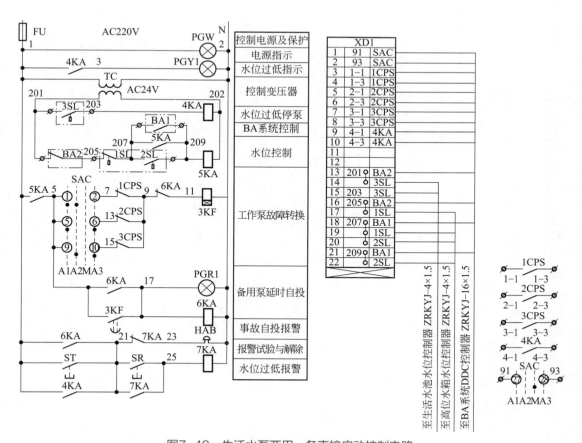

图7-49 生活水泵两用一备直接启动控制电路

7.3.11 接触器双电源自投自复控制电路

接触器双电源自投自复控制电路如图 7-50 所示。

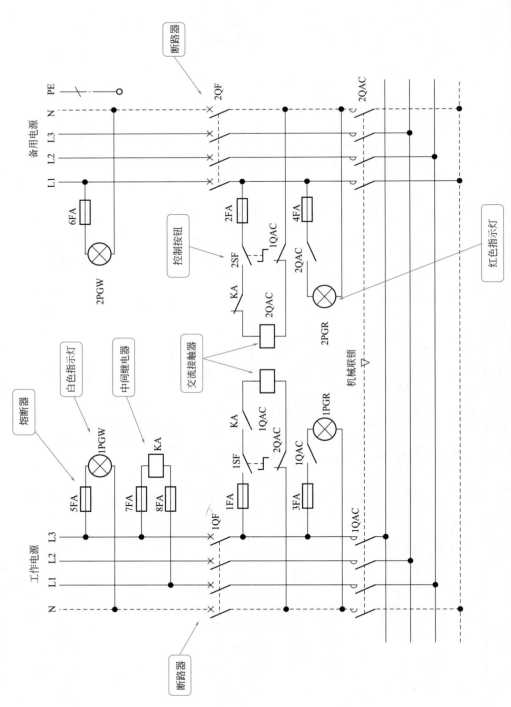

图7-50 接触器双电源自投自复控制电路

7.3.12　加压风机、排烟风机控制电路

加压风机、排烟风机控制电路如图 7-51 所示。

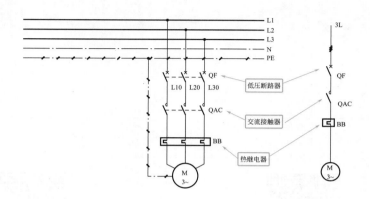

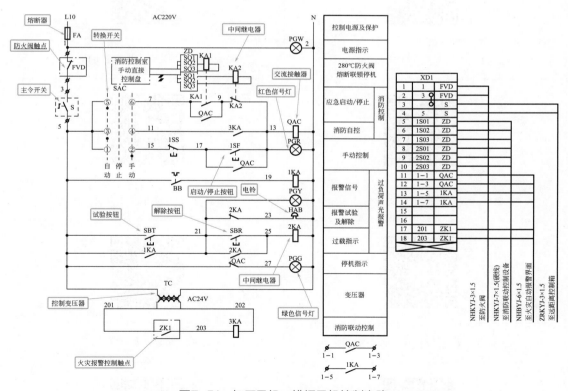

图7-51　加压风机、排烟风机控制电路

1.4.4　软铜芯电线	1.7　保护、整理材料
2.5.2　剩余电流保护电器的特点	2.5.3　剩余电流保护电器的应用
2.11　线盒、插座、面板与灯头	2.11.4　工业插头插座的特点与规格
2.11.5　金属拨杆开关面板的类型	2.11.6　插座接线标志的识读

2.11.7　灯头的类型、特点与规格尺寸	4.4.5　住宅住户电源插座的设计
5.1.1　插头的接线安装	5.1.2　插座开关的接触类型与安装固线 1
5.1.2　插座开关的接触类型与安装固线 2	5.2.4　低压电器的安装注意事项
5.3.3　线管管槽的深度受底盒埋深的影响 1	5.3.3　线管管槽的深度受底盒埋深的影响 2
5.4.1　建筑电气临时配电箱的安装、接线与布线	5.4.3　电能表的安装
5.4.4　建筑电气插座的安装要求	5.4.5　插座墙壁开槽位置

5.4.8　灯具安装的一般规定	5.4.11　常用灯具的安装要求
5.5.1　电气控制柜的要求	6.5.1　万用表的特点、分类与结构

参考文献

［1］GB 50254—2014电气装置安装工程　低压电器施工及验收规范.

［2］GB 50617—2010建筑电气照明装置施工与验收规范.

［3］GB/T 13955—2017剩余电流动作保护装置安装和运行.

［4］GB 50166—2019火灾自动报警系统施工及验收标准.

［5］阳鸿钧，等.实用水电工手册：第二版［M］.北京：中国电力出版社，2018.

［6］阳许倩，阳鸿钧，等.图解万用表使用［M］.北京：化学工业出版社，2019.